組合せ理論とその応用

高橋磐郎著

目　　次

序　　論 ………… 1

第1章　ガロア体，有限体 ………… 9

§1　有限体の例，ガロア体 ………… 9

§2　有限体の基本定理 ………… 18

§3　有限体の構造 ………… 25

§4　ガロア体の構成 ………… 30

§5　フロベニウスサイクル ………… 38

§6　ガロア体上の代数方程式，円分多項式 ………… 47

§7　ガロア体上の多項式の因数分解 ………… 55

§8　ガロア体内の演算について ………… 63

第2章　実験計画への応用 ………… 67

§1　要因計画 ………… 67

§2　完全計画 ………… 71

§3　直交計画 ………… 86

§4　交互作用に対する直交計画 ………… 98

§5　直交計画の最適性 ………… 105

§6　有限幾何 ………… 120

§7　有限幾何の構造 ………… 130

§8　有限射影幾何による割りつけ ………… 137

第3章　誤り訂正符号への応用 ………… 147

§1　誤り訂正符号の問題 ………… 147

§2　線形符号 ………… 153

§3 巡回符号 ……163
§4 BCH 符号 ……174

第4章 組合せ回路への応用 ……187

§1 ディジタル情報処理の問題 ……187
§2 真理表のガロア体による表現 ……192
§3 多値論理への拡張 ……199
§4 拡大体の利用による1変数への帰着 ……204
§5 フロベニウスサイクルの利用 ……212
§6 情報圧縮，漢字印刷のためのガロア関数 ……216
§7 記憶から演算へ ……221

附　録 ……227

§A1 代数学の基礎概念 ……227
§A2 ユークリッドアルゴリズム ……236
§A3 可換体論の基礎 ……241

附　表 ……255

T1 原始既約多項式 ……256
T2 ガロア体の巡回表現 ……257
T3 フロベニウスサイクルとトレース ……260
T4 有限幾何の初期直線 ……266

参考文献 ……267

あとがき ……269

索　引 ……271

序　　論

組合せ理論とその応用分野

組合せ論とか組合せ数学とかいう分野は，昔はパズル的興味としてごく少数の人々の関心の対象に過ぎなかったが，現在では理論，応用ともに多くの分野を含んで日進月歩の盛況を呈している学問ではある．しかし必ずしもまだしっかりと体系化されているとはいえず，一体何をやり，どんな意味があるのかということを初めにのべておくことが必要であろうかと思われる．

ニュートン以来の解析学は物理学や工学をはじめ自然科学，社会科学へ適用され，それがどんなに多くの貢献を人類に齎したかは，測り知れないものがある．この解析学はなんといっても計量を抽象化した実数(あるいはその拡大である複素数)を対象とするものである．計量化できない対象への数学の貢献は残念ながらきわめて貧弱であったといわざるを得ない．

組合せ数学というのはなんらかの意味でこの解析学の扱えなかった非計量化問題への挑戦であるといっても過言ではないと筆者は考えている．勢い，解析学の特徴が，無限，連続であるのに対して，組合せ数学は有限，離散を特徴とするといえよう．有限で離散な対象ならば，いざとなればすべてを調べ尽すことができるのだから問題はないとも考えられる．そしてこのことが，多くの数学者がこの分野に真剣に取り組まなかった，したがって比較的とり残されていた，原因かも知れない．

しかし実際に物事を処理するという工学的応用の立場に立つと，現代のコンピュータをフルに稼動しても100億年もかかるような有限では，有限回ですむということはなんら解決になっていない．そして組合せ問題には一見比較的簡単に見える問題にもこうしたことはしばしば起るのである．こうして，大きな有限は無限よりはるかに難しいという認識が次第に高まってきたといえよう．

このような意味で，組合せ数学というのはかなりいろいろな分野が雑多に含まれているが，筆者には三つに大別されると考えられる．

第1は数え上げの問題とでも呼ばれるもので，馴染みのある順列組合せ問題から発展した分野で，組合せ理論と名のついた書物[1)]にはここにかなりの重点がおかれているものが多い．ここでは組合せ構造の同型ということをうまくとらえるということが解決の鍵であるように思える．この分野の直接の応用は確率論などであるとも言えるが，どちらかと言うと基礎的なもので，あとでのべる第3の分野の箱あるいは外枠を与えるのに役立っているといえるかも知れない．

第2の分野は最適化の問題といえる分野で，一つ一つの組合せにある評価値が与えられていて，そのうち最適な値をもつ組合せを見出そうとする問題である．これはオペレーションズリサーチの分野で，スケジューリング問題，ネットワーク問題，ゲームの最適手の発見問題など多くの応用をもつ問題で，整数計画法や分枝限定法などの技法が考えられているが，問題の規模 n に対して解を得るための手間が，n の多項式以上のオーダ，たとえば e^n とか $n!$ とかになる可能性が多く，このような場合比較的大きな n に対しては，上にものべたように手間が天文学的な数になり，まず不可能とみた方がよいと考えられている．この分野では NP 完

1) 代表的なものとして，M. Hall, Jr.: Combinatorial Theory, Blaisdell (1967).

全性の議論が基礎論的な意味で重要な働きをしている[1)].

さて本書の内容はじつは以上のいずれでもなく，構成問題と呼ばれるべき第3の分野であるといえる．とはいってもそれは一体どんなことなのか．さし当って身近な問題でその例を示そう；16人で麻雀を5回戦行なう(各回で4卓ずつ延20組できる)とき，どの2人もちょうど1回ずつ顔が合うような集合を作れ．

この問題は16人の集合を$\{0,1,\cdots,15\}=\Omega$としておくと，Ωの部分集合B_{ij}の集り

$$\boldsymbol{B}=\{B_{11},B_{12},B_{13},B_{14};B_{21},B_{22},B_{23},B_{24};\cdots;\\ B_{51},B_{52},B_{53},B_{54}\}$$

でつぎの条件を満たすものを作ることに他ならない；

(i)　B_{ij}の大きさ(元の数)はすべて4

(ii)　$B_{i1}\cup B_{i2}\cup B_{i3}\cup B_{i4}=\Omega \qquad (i=1,\cdots,5)$

(iii)　Ωの中の任意の二つの番号m,n $(m\neq n)$に対して$B_{ij}\ni m$, $B_{ij}\ni n$なるB_{ij}が$\boldsymbol{B}$の中にただ一つ存在する．

この16人麻雀総当り問題はパズル的な例ではあるが，組合せ論の構成問題の特徴をよく表わしている問題である．これを一般的に定義するとすれば，或る条件を満たす記号の部分集合や配列を構成したり，その性質を論じたりする学問であるとでもいえようか．そしてこの例でもわかるように従来の解析学ではまったく歯が立たず，一見試行錯誤的で個々に工夫をこらす以外にないといった感を受ける．またあらゆる可能な場合は確かに有限であるが，その総数はすぐに天文学的になる．上の例の組合せの総数は$({}_{16}C_4\times{}_{12}C_4\times{}_{8}C_4)^5$であるが，これは約$10^{39}$であり，一つの組合せが条件を満たすか否かの判定を1マイクロ秒(10^{-6}秒)ですますとして

1)　茨木俊秀：整数計画はなぜ難しい？　第5回シンポジウム数理計画，OR学会(1977年3月)．

も，10^{33} 秒 $\fallingdotseq 3\times10^{25}$ 年かかる．1000万台のコンピュータで分業させるとしてもなんと 3×10^{18} 年であり，100億年(10^{10} 年)などという生やさしいものではないのである．

さてこの組合せ的構成問題の現実問題への応用の萌芽は，R.A. Fisher や F. Yates らによって1930年前後，英国の農事試験における麦の品種改良という場で創始された実験計画法の中の直交表やブロックデザインの中にあったと思われる．これらはいずれも対象から必要な情報をできるだけ少ない手間で吸収するための実験の仕方を教える技術であり，農事試験にとどまらずその後工場実験や標本調査など広い範囲に適用されて行った．

この直交表やブロックデザインはその後主として C.R. Rao や R.C. Bose らインドの統計学者によってガロア体(有限体)と呼ばれる代数系によって構成する理論体系が作られ，複雑な実験計画の割りつけも見通しよく行えるようになるといった実践上の貢献のほか有限幾何などと関連して理論的にも大きな貢献がなされた．

一方1948年 C.E. Shannon により通信理論の基礎が確立されたが，その中の一分野として，離散情報はそれを十分多くの冗長度を与えて符号化すれば，誤りをいくらでも訂正できるという可能性が示されていた．その後 Hamming らによってその符号化の具体的技術が発展させられたが，ここにもガロア体上の線形代数や多項式環の理論が生き生きと活躍し出した．そして1960年代の宇宙開発時代に入るや，雑音の多い宇宙空間中の通信の技術として誤り訂正符号の理論は欠かせないものとなってきたのである．さらに従来は誤りの検出程度で十分であったコンピュータの記憶装置に，その高速化にともなって，自動的に訂正ができる機能がどうしても必要になってきた．もともと通信とは情報を空間的に伝達することであり，記憶とは時間的に伝達することであることを考えれば，記憶装置に誤り訂正の技術が適用されるようになってきたのは自然の流れといえよう．

さてこの実験計画法における直交表や誤り訂正理論における符号というものを抽象化して考えれば，これは記号の配列に過ぎないといえる．必要な情報をできるだけ少ない手間で得るような実験を行なうことは，そしてまた一定の情報をできるだけ少ない冗長度で誤りなく伝達するための符号を作ることは，結局において或る特性をもつ記号の配列を構成するという組合せ論の構成的問題に帰着されるのである．

そして以上二つの応用例はいずれも離散的情報を取り扱う工学的な問題であるといえるが，このことから組合せ構成問題が離散情報処理工学への応用に将来とも重要な役割を果すであろうことが期待される．最近になって上記の R.C. Bose らによって実験計画法における直交表やブロックデザインが情報検索におけるファイル構成の問題に応用されることが提案された[1)]が，これはその一つの現われとも見られる．

さて組合せ構成問題の応用に必要な数学は主として(有限の)代数学であると考えられるが，その中でもすでにのべたガロア体がもっとも重要な役割を果す．ガロア体とは一口でいえば，実数の四則の性質をそのまま持っている有限集合であるといえる．計量化問題が実数を基礎とする解析学で取り扱われ，非計量化問題の処理にガロア体がきわめて有力であるというのもいわば当然かも知れない．事実上にのべた 16 人麻雀総当りの難問はガロア体を

1) たとえば，R.C. Bose & G.G. Koch: The Design of Combinatorial Information Retrieval System for Files with Multiple Valued Attributes, SIAMJ App. Math., Vol. 17(1969). また高橋磐郎：組合せ的ファイリングシステム，早大生産研紀要，No. 4(1973).

用いると苦もなく解けてしまうのである(→あとがき).

またこのガロア体は，従来ブール代数によって行なわれていた組合せ回路の設計に適用するとブール代数には見られなかった統一的処理が可能であり，回路の設計や生産の効率が高まるのではないかと期待される．この考えを発展させると，従来記憶，検索，分類，照合などいわゆる記号処理として考えられていた技術が，ガロア体の演算で置き換わるのではないかと期待される．

本書の特徴

さて本書は以上のような組合せ構成問題の中でのごく基本的なものだけを解り易く解説したものである．その特徴は；ガロア体の基本をその応用に即してかなり詳しく書いた(第1章)．上記の応用のうち三つの課題，実験計画法(第2章)，誤り訂正符号(第3章)，組合せ回路(第4章)をとり上げ，細部の技術ははぶいてその骨子をのべた．

このうち実験計画法はすでに多くの解説書があるが，ここでは主として直交計画の方法をガロア体とその有限幾何上の割りつけという形式でコンパクトにまとめたことに特徴があるといえよう．また直交計画の最適性については他の解説書にないのでかなり詳しく述べたつもりである．第3章は誤り訂正符号のうち，とくに代数的な符号理論の基本を解説したものである．この分野もすでに多くの解説書があるが，その骨子を最小限のページで理解するのに役立つであろう．第4章は上記したように従来ブール代数で行なうことが常識であった組合せ回路設計の問題にガロア体を適用したら，どうなるかという問題の解説であるが，ここにはかなり多くの新しい内容が盛られているはずである．

またできるだけ自己完結たらしめるため附録の節をもうけて本

書に必要な代数学の基礎知識を最小限でまとめた．また主として検証や自主研究に供するため，ガロア体に関するいろいろな表をそなええた．これらはコンピュータがあればいくらでも作れるものであるが，筆者が10年近く使いこなしたもので多分読者にも便利であろうと期待してのせた．なお，読みやすくするため問や例を随所に入れた．問題のなかには単に注意をうながすような軽いものから，後でその結果を引用するような重要なものも含まれている．後者には各節の終りに答をつけた．

以上をふり返ると，結局本書は，ガロア体とその離散情報処理への応用，といった表題の方がふさわしいほどガロア体が中心になっていると言える．しかしガロア体こそ，上記のように，組合せ理論の基本となる数学であることを考えれば，あながち的はずれな内容であるとはいえないであろう．

第1章　ガロア体，有限体

§1　有限体の例，ガロア体

実数，もう少し詳しく言うと，実数全体のなす集合は，三つの性質をもつと考えられる．第1は四則の性質，第2は大小関係，第3は連続性である．このうちの四則の性質を抽象化したものがつぎの六つの公理である．

2個以上の元をもつ集合 F がつぎの公理[1] F1, …, F6 を満たすとき F を可換体と呼ぶ．

F1　任意の $x, y \in F$ に対して2種の算法が定義され，その結果が F に含まれる(算法の一つを加法といい $x+y$ で，他を乗法といい $x \cdot y$ で表わす習慣である)．

F2　結合律：任意の $x, y, z \in F$ に対してつぎが成り立つ，

$$(x+y)+z = x+(y+z), \qquad (x \cdot y) \cdot z = x \cdot (y \cdot z)$$

F3　交換律：任意の $x, y \in F$ に対してつぎが成り立つ，

$$x+y = y+x, \qquad x \cdot y = y \cdot x$$

F4　分配律：任意の $x, y, z \in F$ に対してつぎが成り立つ，

$$x \cdot (y+z) = x \cdot y + x \cdot z$$ [2]

F5　単位元の一意存在：任意の $x \in F$ に対して共通に $x+0=x$ を満たす元 $0 \in F$ がただ一つある．これを加法単位元あるいはゼロと呼ぶ．任意の $x \in F$ に対して共通に $x \cdot 1 = x$ を満たす元1

---

1)　この公理系は必ずしも独立な命題ではない．たとえば単位元の存在のみを言えば一意性は帰結として導出できる(→§A1)など．しかし実数の算法としてわれわれがもっとも馴染んでいる性質を自然に表現した公理系である．

2)　・と ＋ の算法の順序は前者を先に行なうこと．また $x \cdot y$ を xy と書くこともあるなどの普通の習慣に従うものとする．

$\in F$ がただ一つある．これを乗法単位元と呼ぶ[1)]．

F 6　逆元の一意存在：任意の $x \in F$ に対して，$x+y=0$ となる $y \in F$ がただ一つ存在し，この y を x の加法逆元(あるいは負数)といい $-x$ で表わす．0以外の任意の $x \in F$ に対して $x \cdot y = 1$ となる $y \in F$ がただ一つ存在し，この y を x の乗法逆元(あるいは逆数)といい x^{-1} で表わす．

問1　可換体 F の任意の元 x に対して $x \cdot 0 = 0$ を示せ．

問2　可換体の0と1とは異なることを示せ．——

公理F3で乗法の交換律 $xy=yx$ を除外すると，上は体の公理系となるが，本書ではほとんど可換体を考えるので今後単に体といえば可換体をさすものとする．

実数全体は明らかに上の公理系を満たす，つまり体であるが無限集合である．有限集合であって上の公理系を満たすものがつまり有限体である．有限体とはいいかえれば実数の四則[2)]の性質だけをそのまま保存している有限集合であるといえるが，実数のもつ大小性や連続性はもっていない．有限体の具体例としてどんなものがあるだろうか，以下に例をあげてみよう．

例1　素数 p に対する mod p の演算：p を素数とし，

$$F = \{0, 1, \cdots, p-1\} \tag{1}$$

として，F の中で整数としての加法乗法をほどこしその結果が p 以上になれば p で割った余りをとるという演算，つまり mod p の演算(→詳しくは§A1例1)を考えるとき，F は有限体である．

---

1)　可換体 F の加法単位元や乗法単位元を表わす記号としては $0_F, 1_F$ などが適切であろうが，多くの場合混同の恐れがないのでここでは単に 0, 1 と書くことにする．

2)　四則というのは加，減，乗，除の4種の算法をさすが，負数を知っていれば減法は不要，逆数を知っていれば除法は不要であるから，公理F1に示したように2種の算法だけで十分である．

F が公理 F1-F5 を満たすことは自明だから F6 を調べればよい．たとえば $p=5$ として mod 5 の加法乗法を列挙すると表1のようになる．各元の負数は $-0=0$, $-1=4$, $-2=3$, $-3=2$, $-4=1$ となり，0以外の逆数は $1^{-1}=1$, $2^{-1}=3$, $3^{-1}=2$, $4^{-1}=4$ となっていることは表1をみれば直接求められる．したがってこの場合 F6 を満たすことは直接確かめられた．

表1

加法　$x+y$

x \ y	0	1	2	3	4
0	0	1	2	3	4
1	1	2	3	4	0
2	2	3	4	0	1
3	3	4	0	1	2
4	4	0	1	2	3

乗法　$x\cdot y$

x \ y	0	1	2	3	4
0	0	0	0	0	0
1	0	1	2	3	4
2	0	2	4	1	3
3	0	3	1	4	2
4	0	4	3	2	1

一般の素数 p については，任意の $x\in F$ に対して $p-x$ が x の負数でその一意性も明らかだから，まず F6 の負数の一意存在は容易にいえる．また0でない任意の $x\in F$ に対して x^{p-2} をつくるとフェルマーの定理(→§A1(18))から $x\cdot x^{p-2}=x^{p-1}=1$ であるから，x^{p-2} が x の逆数，すなわち

(2)
$$x^{-1}=x^{p-2}\qquad(\forall x\in F,\ x\neq 0)$$

であることがわかり，逆数の一意存在が言えた．また(2)は逆数を求める具体的アルゴリズムを与えてくれる．

このような有限体 F のことを大きさ[1] p のガロア体と言い，$GF(p)$ と書くことにする．(なお(1)の F が体であることは§A1 定理3にも示されているが，上では直接公理に当てはめてみたわ

1)　有限体や有限群の元の総数のことを位数と呼ぶこともあるが，元の位数との混同をさけるため本書では大きさという言葉を一貫して用いることにする．

けである．もっとも本書ではフェルマーの定理自身がこの定理から導かれているから，いずれにせよこの定理が根拠になっている.）

注1　(1)でもみたように今後しばしば簡略的に $GF(p)=\{0,1,\cdots,p-1\}$ などと書いて，$0,1,\cdots,p-1$ を $GF(p)$ の元とみなすが，これは§A1例1でみたように $\bar{0},\bar{1},\cdots,\overline{p-1}$ を意味するものである．したがって，たとえば $GF(3)=\{0,1,2\}$，$GF(5)=\{0,1,2,3,4\}$ と書いても $GF(3)$ の中の2と $GF(5)$ の中の2とは働きが異るから，現在どのガロア体で論じているかを注意しておく必要がある．まして $GF(3)\subseteqq GF(5)$ だから $GF(3)$ は $GF(5)$ の部分体(→§A1)であるなどと錯覚してはならない．

問3　$GF(13)$ の中で 7^{-1} を求めよ．$GF(67)$ の中で 50^{-1} を求めよ．（ヒント：(2)を用いてもよいが，大きな p に対してはユークリッドアルゴリズム(→§A2)が適切である．これによって $ax+py=1$ なる x,y を求めれば x が $GF(p)$ の中で a の逆数になる.）

問4　素数でない整数 a に対しては $\bmod a$ の演算は有限体にならないことを示せ．

例2　$GF(p)$ 上の既約多項式 $p(\theta)$ に対する $\bmod p(\theta)$ の演算：$GF(p)$ 上の，つまり $GF(p)$ の元を係数とする，不定元[1] θ の多項式を考えよう．この中から n 次の $GF(p)$ 上既約多項式(→§A3脚注)を一つ選びこれを $p(\theta)$ としよう．

いま $GF(p)$ 上の θ の $n-1$ 次以下の多項式全体を F とし，F の中で普通の多項式に加法乗法をほどこしその結果が n 次以上にな

1）　不定元というのは普通変数と呼んでいるものと同じものとみてよいが，厳密にいうと，体 F 上の不定元 θ とは，F に属さない元で，θ と F の元あるいは θ 自身に F としての算法が定義できる以外には，いかなる特性ももっていない記号とでもいえばよいだろう．

ったら $p(\theta)$ で割った余りをとるという演算，つまり $\bmod p(\theta)$ の演算，を考えると F は有限体となることがわかる．このことは §A 1 例 2 定理 3 で証明してあるが，ここでは直接公理 F 1-F 6 に当って調べて行こう．

いまたとえば $GF(3)$ 上で

(3) $$p(\theta)=2+2\theta+\theta^2$$

を考えると，これが $GF(3)$ 上既約であることは容易に確かめられる[1)](→問 5)．そこで

(4) $$F=\{0,1,2,\theta,1+\theta,2+\theta,2\theta,1+2\theta,2+2\theta\}$$

の中で $\bmod p(\theta)$ の演算を行なってみると，その加算乗算表は表 2 のようになる．たとえば $1+2\theta$ と $2+\theta$ との積を考えると係数については $GF(3)$ の演算を行なえばよいから，$(1+2\theta)(2+\theta)=2+2\theta+2\theta^2$ となるが，これを $p(\theta)=2+2\theta+\theta^2$ で割った余りは $1+\theta$ となり，結局 F での演算として

(5) $$(1+2\theta)(2+\theta)=1+\theta$$

となる．

この F が公理 F 1-F 5 を満たすことは自明であるが，さらに表 2 の加法表をみれば，各行(列)に 0 がちょうど 1 回ずつ出現しているから加法逆元(負数)の一意存在性が，乗法表をみれば 0 の行(列)以外の各行(列)に 1 がちょうど 1 回ずつ出現しているから乗法逆元(逆数)の一意存在性が確かめられ，したがって(4)の F は有限体であることが言える．

さて，一般の場合に戻ってみる．まず公理 F 1-F 5 の確認は容易であり，さらに F の元 $f(\theta)=f_0+\cdots+f_{n-1}\theta^{n-1}$ に対して $f_i\in GF(p)$ の $GF(p)$ としての負数 $-f_i$ の一意存在はすでに言えてい

---

1) 一般に低次多項式の既約性の判定は容易であるが，高次になると容易ではない．$GF(p)$ 上多項式の既約性の判定の一般的アルゴリズムについては §7 をみよ．

表 2

$+$	0	1	2	θ	$\theta+1$	$\theta+2$	2θ	$2\theta+1$	$2\theta+2$
0	0	1	2	θ	$\theta+1$	$\theta+2$	2θ	$2\theta+1$	$2\theta+2$
1	1	2	0	$\theta+1$	$\theta+2$	θ	$2\theta+1$	$2\theta+2$	2θ
2	2	0	1	$\theta+2$	θ	$\theta+1$	$2\theta+2$	2θ	$2\theta+1$
θ	θ	$\theta+1$	$\theta+2$	2θ	$2\theta+1$	$2\theta+2$	0	1	2
$\theta+1$	$\theta+1$	$\theta+2$	θ	$2\theta+1$	$2\theta+2$	2θ	1	2	0
$\theta+2$	$\theta+2$	θ	$\theta+1$	$2\theta+2$	2θ	$2\theta+1$	2	0	1
2θ	2θ	$2\theta+1$	$2\theta+2$	0	1	2	θ	$\theta+1$	$\theta+2$
$2\theta+1$	$2\theta+1$	$2\theta+2$	2θ	1	2	0	$\theta+1$	$\theta+2$	θ
$2\theta+2$	$2\theta+2$	2θ	$2\theta+1$	2	0	1	$\theta+2$	θ	$\theta+1$

$\times$	0	1	2	θ	$\theta+1$	$\theta+2$	2θ	$2\theta+1$	$2\theta+2$
0	0	0	0	0	0	0	0	0	0
1	0	1	2	θ	$\theta+1$	$\theta+2$	2θ	$2\theta+1$	$2\theta+2$
2	0	2	1	2θ	$2\theta+2$	$2\theta+1$	θ	$\theta+2$	$\theta+1$
θ	0	θ	2θ	$\theta+1$	$2\theta+1$	1	$2\theta+2$	2	$\theta+2$
$\theta+1$	0	$\theta+1$	$2\theta+2$	$2\theta+1$	2	θ	$\theta+2$	2θ	1
$\theta+2$	0	$\theta+2$	$2\theta+1$	1	θ	$2\theta+2$	2	$\theta+1$	2θ
2θ	0	2θ	θ	$2\theta+2$	$\theta+2$	2	$\theta+1$	1	$2\theta+1$
$2\theta+1$	0	$2\theta+1$	$\theta+2$	2	2θ	$\theta+1$	1	$2\theta+2$	θ
$2\theta+2$	0	$2\theta+2$	$\theta+1$	$\theta+2$	1	2θ	$2\theta+1$	θ	2

るから，$-f(\theta)=-f_0+\cdots+(-f_{n-1})\theta^{n-1}$ を考えれば，これが $f(\theta)$ の負数であることは自明である．したがって，F の加法逆元の一意存在はすぐ言える．問題は F の乗法逆元の一意存在である．

任意の $n-1$ 次多項式 $f(\theta)\in F$ に対して，$p(\theta)$ は n 次の既約多項式だから $f(\theta)$ と $p(\theta)$ とは互いに素[1]であり，したがって§A 2 定理 2 より

$$f(\theta)g(\theta)+p(\theta)h(\theta)=1 \tag{6}$$

1) 一般に体 F 上の多項式 $f(x)$ と $g(x)$ とが互いに素であるというのは，$f(x)$ と $g(x)$ とが 1 次以上の共通因子(F 上の多項式)をもたないことを言う．

なる多項式 $g(\theta), h(\theta)$ が存在する．(6)において $\mathrm{mod}\, p(\theta)$ を考えれば明らかに

(7) $f(\theta)\bar{g}(\theta)=1$ （$\bar{g}(\theta)$ は $g(\theta)$ を $p(\theta)$ で割った余り）

で $\bar{g}(\theta)\in F$ が $f(\theta)$ の逆数である．逆数がただ一つであることを見るには；もし

(8) $$f(\theta)k(\theta)=1$$

なる $k(\theta)\in F$ があったとすると，(7)から(8)を引いて $f(\theta)(\bar{g}(\theta)-k(\theta))=0$ を得るが，これに $\bar{g}(\theta)$ を掛ければ，(7)より $\bar{g}(\theta)-k(\theta)=0$ で $k(\theta)$ は $\bar{g}(\theta)$ に等しくなる．

以上によってわれわれの F は有限体であることがわかった．またこの大きさは p^n であるが，これを大きさ p^n のガロア体と呼び $GF(p^n)$ と書く．またこのときの $p(\theta)$ を $GF(p^n)$ の表現多項式と呼ぶ．

注2 一般に体 F 上の多項式全体を $F[\theta]$ とし，$f(\theta)=f_0+f_1\theta+\cdots+f_n\theta^n\in F[\theta]$ に対して，$\mathrm{mod}\, f(\theta)$ の演算を考えるということは，$F(\theta)$ の中に

(9) $$f_0+f_1\theta+\cdots+f_n\theta^n=0$$

あるいは

(10) $$\theta^n=-f_n{}^{-1}f_0-f_n{}^{-1}f_1\theta-\cdots-f_n{}^{-1}f_{n-1}\theta^{n-1}$$

なる関係を与えることに他ならない．したがって，たとえば乗算の結果 n 次以上の多項式が得られれば，(10)によって $n-1$ 次以下の多項式に変換しさえすればよい．これが $f(\theta)$ で割った余りをとるという操作と同じことであることは容易に確かめられよう．

注3 以上の例では，$GF(p)$ 上 n 次既約多項式 $p(\theta)$ を考察し，$\mathrm{mod}\, p(\theta)$ の系で $GF(p^n)$ を作るということを考えたが，これは $F=GF(p)$ 上 $p(x)=0$ の一つの根を α とするとき，α を含む F の最小の拡大体 $F(\alpha)$ と同型になる(§A3定理2)．したがって $F(\alpha)$ と

して $GF(p^n)$ を作ってもよい．$p(x)=p_0+p_1x+\cdots+p_{n-1}x^{n-1}+x^n$ とするとき，$p(x)=0$ の根を α とすると，α は

$$(11)\qquad \alpha^n = -p_0-p_1\alpha-\cdots-p_{n-1}\alpha^{n-1}$$

で特徴づけられているから，$F(\alpha)$ の中での実際の演算操作は α の $n-1$ 次以下の多項式に対して，多項式としての和や積を作り，その結果が n 次以上になったら，(11)によって $n-1$ 次以下に変換すればよいことになり，$\mathrm{mod}\, p(\theta)$ の演算と事実上変りはないのである．

問5　$GF(3)$ 上 x^2+2x+2, x^2+1 が既約であることを確かめよ．$GF(2)$ 上 x^4+x+1, x^4+x^2+1 は既約か．

問6　$GF(2)$ 上 $p(\theta)=1+\theta+\theta^3$ が既約であることを確かめ $\mathrm{mod}\, p(\theta)$ の演算によって $GF(2^3)$ を作り加法乗法表を作れ．

問7　$GF(3)$ 上 $p(\theta)=2+2\theta+\theta^4$ が既約であることを知って $\mathrm{mod}\, p(\theta)$ によって作られる $GF(3^4)$ の中で，$1+\theta+2\theta^2+2\theta^3$ の逆数を求めよ．

問8　$f(\theta)=1+\theta+\theta^2$ は $GF(3)$ 上既約ではない．$GF(3)$ 上の θ の1次式全体に $\mathrm{mod}\, f(\theta)$ の演算を考えたものは有限体とはならないことを示せ．

問9　$GF(3)$ 上 $q(x)=1+x^2$ は既約であることを問5でみたが，$F'=\{0, 1, 2, x, 1+x, 2+x, 2x, 1+2x, 2+2x\}$ に $\mathrm{mod}\, q(x)$ を考えて作られる大きさ $3^2=9$ のガロア体は，例2の(4)で作った F と同型(→§A1(9))であることが示される(→§2定理4)が，その同型写像を見出せ．——

問5でみたように一般に $GF(p)$ 上の n 次既約多項式はいくつもあり得る．したがってこれらから大きさ p^n のガロア体は見かけ上いくつも作られるが，これらはあとでのべる定理(→§2定理4)によってすべて同型(→§A1(9))であることがわかる(問9でも

その一例をみた)．したがって，どのような既約多項式を選ぶかに関係なく，例2のようにしてできる有限体を大きさ p^n のガロア体 $GF(p^n)$ と呼ぶのである．

以上の例1，例2にガロア体と呼ばれる有限体の例を示した．ところが驚くべきことに，有限体は(同型のものを同一視すると)このガロア体以外に存在しないことが示されるのである(→§2)．言いかえれば，いかなる方法で有限体を作ってみても，それらはどれも上記のいずれかのガロア体と同型になってしまうのである．このことから有限体とは実質的にガロア体であると言ってさしつかえない．この意味でこの二つの言葉は現在では同義語のように使われる．どちらかというと，数学関係の人は有限体といい(体の拡大体の議論のとき正規拡大体のことをガロア拡大体と呼ぶ習慣があるため)，工学関係の人がガロア体という傾向が強いようである．

問の答

1　0の定義から $0+0=0$．よって $x(0+0)=x0$．分配律から $x0+x0=x0$．両辺に $-x0$ を加えれば $x0=0$．

2　F には2個以上の元があるから $a\neq 0$, $a\in F$ なる元 a を考えると，$a1=a\neq 0$，したがって1は問1の0の性質をもっていないから $1\neq 0$．

9　例2によるガロア体を F_1，問9によるものを F_2 とする．$x^2+2x+2=0$ の根を α とすると $GF(3)(\alpha)$ の α をそのまま θ におきかえたものが F_1 である(注3)．F_1 の中で，

(イ)　$x^2+1=0$

の根を見出すと $1+\theta$, $2+2\theta$ であるからつぎの2通りの対応がともに同型写像を与える；

$$\underset{(F_1)}{1+\theta} \text{——} \underset{(F_2)}{x}, \qquad \underset{(F_1)}{2+2\theta} \text{——} \underset{(F_2)}{x}$$

§2 有限体の基本定理

任意の一つの有限体 F を考えよう．公理F5から F の中には乗法単位元1がある．1を順次加えて行くとやがて0になることがわかる．なぜなら1を順次加えて行くと，これは公理F1, F2からすべて F の元であるが，F は有限だから，いつか同一のものが現われるはずで，いま k 個加えたものが l 個 $(k>l)$ 加えたものに等しくなったとすると，$\sum_{i=1}^{k}1=\sum_{i=1}^{l}1$. したがって $\sum_{i=1}^{k-l}1=0$. そこでいま1を p 個加えたときはじめて0となったとする．つまり

(1) $$\sum_{i=1}^{m}1=0$$

となる最小の m が p であるとするとき，p を F の<u>標数</u>と呼ぶ.

このとき正の整数 $n(\leqq p)$ に対して $\sum_{i=1}^{n}1$ を n と書くことにすれば，F の部分集合

(2) $$P=\{0,1,\cdots,p-1\}$$

の中に F の演算を考えたものは，mod p の演算と同型となることは明らかであろう．

さらに F の標数 p は素数でなければならないことがわかる．なぜなら $p=mn(1<m,n<p)$ とすると，$mn=0$ で m は P の，したがって F の，元だから乗法逆元 m^{-1} が F の中にあり(公理F6)，したがって $m^{-1}mn=0$. 故に $n=0$ となり p が(1)を満たす最小数であることに反する.

かくして標数が p である有限体 F はガロア体 $GF(p)$ (→§1例1)を部分体(→§A1)としてもつことがわかった．これを F の<u>素体</u>と呼ぶ．以上をまとめると，つぎの定理が得られる.

定理1 有限体 F の標数は素数であり，これを p とすると，F は大きさ p のガロア体 $GF(p)$ を部分体としてもつ.

問1 標数 p の有限体 F の任意の元 a について，a を p 回加え

ると0となる，つまり $\sum_{i=1}^{p} a=0$ を示せ.

問2 標数 p の有限体で

$$(a_1+\cdots+a_n)^{p^k} = a_1{}^{p^k}+\cdots+a_n{}^{p^k} \tag{3}$$

を示せ.

定理2 有限体 F の大きさは素数の累乗 p^n (p は素数，n は正の整数)である．ここで p は F の標数.

証明 F の0以外の任意の一つの元を a_1 とするとき，異なる $l, m\in GF(p)\subseteqq F$ に対して la_1 と ma_1 とは異なる(a_1 が逆数 $a_1{}^{-1}$ をもつから)から

$$F_1 = \{ma_1;\ m\in GF(p)\} \tag{4}$$

の大きさは p，つまり $|F_1|=p$[1].

F_1 以外に F の元があればその任意の一つを a_2 とすると，$(l_1, l_2)\neq(m_1, m_2)$ $(l_i, m_i\in GF(p))$ に対して $l_1a_1+l_2a_2$ と $m_1a_1+m_2a_2$ とは異なる．なぜならもし両者が等しいなら

$$(l_1-m_1)a_1+(l_2-m_2)a_2 = 0 \tag{5}$$

となり，$l_2-m_2=0$ なら $a_1\neq 0$ だから $l_1-m_1=0$ で $(l_1, l_2)=(m_1, m_2)$ となる．また $l_2-m_2\neq 0$ なら(5)に $(l_2-m_2)^{-1}$ を掛ければ $a_2\in F_1$. したがって

$$F_2 = \{l_1a_1+l_2a_2;\ l_1, l_2\in GF(p)\} \tag{6}$$

とすると $|F_2|=p^2$.

F_2 以外に F の元があればその任意の一つを a_3 とすると，$(l_1, l_2, l_3)\neq(m_1, m_2, m_3)$ $(l_i, m_i\in GF(p))$ に対して $l_1a_1+l_2a_2+l_3a_3$ と $m_1a_1+m_2a_2+m_3a_3$ とは異なる．なぜならもし両者が等しいなら

$$(l_1-m_1)a_1+(l_2-m_2)a_2+(l_3-m_3)a_3 = 0 \tag{7}$$

となるが，$l_3-m_3=0$ なら $l_1-m_1=0$, $l_2-m_2=0$ である(そうでな

---

1) 集合 A の大きさを本書では $|A|$ で表わす.

ければ a_2 は F_1 に属することになるから)．$l_3-m_3 \neq 0$ ならその逆数を(7)に掛けると $a_3 \in F_2$．したがって，

$$(8)\qquad F_3=\{l_1a_1+l_2a_2+l_3a_3;\ l_1, l_2, l_3 \in GF(p)\}$$

の大きさは p^3 である．

この操作をつづけると，或る正の整数 n に対して $F_n=F$ となる．▎

一般に標数 p の有限体は，公理 F1, F2, F4, F5 から，$GF(p)$ 上のベクトル空間[1]であることが容易にわかる．定理2の証明の中で考えた $a_1, a_2, \cdots$ は，F を $GF(p)$ 上のベクトル空間とみなしたとき，1次独立な元であり，もし $|F|=p^n$ なら $a_1, \cdots, a_n$ は F の基底となる．そしてこのとき F は $GF(p)$ 上 n 次元ベクトル空間である．この観点からすれば $|F|=p^n$ であることは直観的に見通せる．またこのとき F のことを $GF(p)$ の n 次拡大体と呼ぶ．

こうして有限体の大きさはつねに素数の累乗であること，つまり素数の累乗以外の大きさをもつ有限体は存在し得ないことが証明された．逆に任意の素数 p と正の整数 n に対して，$GF(p)$ 上 n 次の既約多項式が存在[2]するならば，§1例2の方法でガロア体 $GF(p^n)$ つまり大きさ p^n の有限体が作れる．

大きさが素数の累乗つまり

$$2,\ 3,\ 4,\ 5,\ 7,\ 8,\ 9,\ 11,\ 13, \cdots$$

1) 可換体 K 上のベクトル空間(あるいは線形空間) V とはつぎの公理 V1-V5 を満たす加群(→§A1)をいう；V1: 任意の $\lambda \in K$, $x \in V$ に対して x の λ 倍(あるいは λ と x との積)が定義され，その結果 λx が V に含まれる．V2: 任意の $\lambda \in K$, $x, y \in V$ に対して $\lambda(x+y)=\lambda x+\lambda y$．V3: 任意の $\lambda, \mu \in K$, $x \in V$ に対して $(\lambda+\mu)x=\lambda x+\mu x$．V4: 任意の $\lambda, \mu \in K$, $x \in V$ に対して $(\lambda\mu)x=\lambda(\mu x)$．V5: 任意の $x \in V$ に対して $1 \cdot x=x$．

2) あとでのべる定理5によってこの仮定がなくても任意の n, p にたいする $GF(p^n)$ の存在は証明される．またこの仮定も§3によって自動的に正しいことがわかってくる．

などの有限体は存在するが，これ以外 6, 10, 12, … などの大きさをもつ有限体は存在し得ないことは，有限体愛好者にとってまことに悲しむべきことであるがいかんともなしがたい．このような穴をうめるためには有限環(→§A1)を考えるべきであろうが，環は体に比べてその取扱いがはるかに不如意である．

さて大きさが等しい有限体が同型であることを示す準備としてつぎの定理を証明しよう．

定理3　有限体 F の任意の元はつねに

(9) $$x^q - x = 0 \qquad (q = |F|)$$

なる方程式の根である，つまり $|F|$ 乗して不変である．

証明　F の 0 以外の元全体を

(10) $$F^+ = \{a_1, a_2, \cdots, a_{q-1}\}$$

とする．F^+ の任意の一つの元 a_i を F^+ の各元に乗じて出来る集合は

(11) $$\{a_i a_1, a_i a_2, \cdots, a_i a_{q-1}\}$$

であるが，(11)の各元は F^+ の元でそれらのどれも等しくはない．もし，たとえば $a_i a_1 = a_i a_2$ なら a_i^{-1} を掛けて $a_1 = a_2$ となってしまうから．

したがって(11)は F^+ と一致し，故に全体の積も等しい．すなわち

$$\begin{aligned} a_1 a_2 \cdots a_{q-1} &= (a_i a_1)(a_i a_2) \cdots (a_i a_{q-1}) \\ &= a_i^{q-1}(a_1 a_2 \cdots a_{q-1}) \qquad (\text{公理 F2, F3}). \end{aligned}$$

故に公理 F6 より $a_i^{q-1} = 1$ であり a_i は $x^{q-1} - 1 = 0$ の根，つまり(9)の根である．0 が(9)の根であることは明らかだから F の任意の元は(9)の根である．

問3　§1問6の例 $GF(2^3)$ で $1 + \theta^2$ が方程式 $x^8 - x = 0$ を満たすことを確かめよ．

問4　F^+ のすべての元の積は $(-1)^q=-1$ に等しいことを示せ．(F の標数を p とすると，$q=p^n$ だから，$p=2$ なら q は偶数だから $(-1)^q=1$ となり，$p>2$ なら p は奇数だから $(-1)^q=-1$ となるが，$p=2$ のときは $1=-1$ だから結局 $(-1)^q=-1$.)

問5　F のすべての元の和は 0 に等しいことを示せ．

問6　$F=\{a_0, a_1, \cdots, a_{q-1}\}$ とすると，つぎを示せ．

$$\sum_{i<j} a_i a_j = 0, \qquad \sum_{i<j<k} a_i a_j a_k = 0, \cdots \tag{12}$$
——

以上からもし大きさが等しい二つの有限体 F, G があれば，その大きさ q は定理2によって素数 p の累乗 p^n だから，定理1から F, G はともに $GF(p)$ を部分体としてもち，定理3から F, G の元はすべて $x^q-x=0$ の根だから，ともに $GF(p)$ 上 x^q-x の最小分解体(→§A 3)である．したがって§A 3 定理4から，F, G は同型である．以上のことを定理の形でのべると，つぎのようになる．

定理4　大きさの等しい二つの有限体は同型である．——

以上の諸定理から，有限体の大きさは素数の累乗 p^n に限られ，任意の素数 p と正の整数 n に対してつねにガロア体 $GF(p^n)$ が作られ，大きさの等しい有限体は同型であるから，§1 でのべたようにどんな有限体もすべてガロア体に同型となることがわかったのである．

問7　$\xi^2+\xi+1$ は $GF(2)$ 上既約多項式である．これによって $GF(2^2)=\{0, 1, \xi, \xi+1\} \bmod (\xi^2+\xi+1)$ を作り，さらに $GF(2^2)$ 上 η の多項式 $\eta^2+\eta+\xi$ を考えると，これは $GF(2^2)$ 上既約多項式であることがわかる(→各自確かめよ)．そこで $GF(2^2)$ 上の1次以下の多項式全体に $\bmod (\eta^2+\eta+\xi)$ の演算を考えた系

$$F = \{0, 1, \xi, \xi+1, \eta, \eta+1, \eta+\xi, \eta+\xi+1, \xi\eta, \xi\eta+1,$$

$$\xi\eta+\xi, \xi\eta+\xi+1, (\xi+1)\eta, (\xi+1)\eta+1,$$
$$(\xi+1)\eta+\xi, (\xi+1)\eta+\xi+1\} \bmod (\eta^2+\eta+\xi)$$

は，§A 1例2定理3から，大きさ16の有限体となるから，定理4から，これは$GF(2^4)$と同型でなければならない．$GF(2^4)$として$\bmod (\theta^4+\theta+1)$($\theta^4+\theta+1$は既約多項式である．→§1問5)を考え上の$F$との同型写像を求めよ．

注1　上の問7を一般的に拡張すると，つぎのことがいえる：$GF(p^m)$上のn次の既約多項式$p(\theta)$によって(§1例2のように)$GF(p^m)$上$\bmod p(\theta)$の系を考えると，これは$GF(p^{mn})$と同型になる．——

最後に定理2の逆に相当するもう一つの基本定理をのべておこう．

定理5　大きさp(pは素数)のガロア体$GF(p)$上の方程式

$$x^q-x=0, \qquad q=p^n \tag{13}$$

の根[1]全体は大きさqの有限体を作る．

証明　まず(13)の根はすべて単根であることを示そう．もし(13)が重根θをもつとすると(§A 3注2より)

$$x^q-x=(x-\theta)^r g(x) \qquad (r>1)$$

となるから，両辺の導関数をとり

$$qx^{q-1}-1=r(x-\theta)^{r-1}g(x)+(x-\theta)^r g'(x)$$

となり，xにθを代入すると左辺は-1(問1)，右辺は0となって矛盾する．したがって(13)の根はちょうどq個ある．

ところでy, zが(13)の根なら$(y+z)^q=y^q+z^q=y+z$だから和$y+z$も(13)の根，$(yz)^q=y^q\cdot z^q=yz$だから積yzも(13)の根である．したがって，(13)の根全体Tを含む$GF(p)$の最小の拡大体

1)　§A 3定理3によりこのような根の存在が保証される．

(この存在は§A3定理3より保証されている)は T 自身と一致する．▮

定理5は有限体の今後の理論の展開に重要な役割を果すが，さし当ってこれによって任意の素数 p と正の整数 n に対して大きさ p^n の有限体の存在が，既約多項式の存在の仮定なしに保証される．

定理3から大きさ q の有限体の元はすべて $x^q-x=0$ の根であり，定理5から q が素数の累乗 $(q=p^l)$ であるかぎり $x^q-x=0$ の $(GF(p)$ の拡大体の中の$)$ 根全体は大きさ q の有限体 F を構成することが示された．この意味で $x^q-x=0$ は F を特徴づける方程式でこれを F の<u>特性方程式</u>といい，

$$\pi_F(x) = x^q - x \tag{14}$$

を F の<u>特性多項式</u>と呼ぶことにしよう．F の特性方程式の意味するところは；F の素体の拡大体の中で $|F|$ 乗して不変である元全体が F であるということである．

問の答

1 $a+\cdots+a = a\times1+\cdots+a\times1 = a\times(1+\cdots+1) = 0$

2 はじめに $(a_1+a_2)^p=a_1{}^p+a_2{}^p$．なぜなら $n<p$ に対して2項係数 $\binom{p}{n}=p(p-1)\cdots(p-n+1)/(n(n-1)\cdots2\cdot1)$ は p の倍数である(なぜなら分子は p を因数にもち，分母はもたないから)．これを繰り返すと $(a_1+a_2)^{p^k}=a_1{}^{p^k}+a_2{}^{p^k}$．また

$$(a_1+a_2+a_3)^{p^k} = (a_1+a_2)^{p^k}+a_3{}^{p^k} = a_1{}^{p^k}+a_2{}^{p^k}+a_3{}^{p^k}.$$

これを n 回繰り返すと(3)が得られる．

4, 5, 6 方程式(9)の根と係数の関係．

7 $\mathrm{mod}\,(\theta^4+\theta+1)$ による体を F' とすると，$\{0, \theta^0=1, \theta^5, \theta^{10}\}$ がこの部分体 $GF(2^2)$ を構成する(§4定理1)から，

$$\xi \text{ —— } \theta^5, \qquad \xi+1 \text{ —— } \theta^{10} \tag{イ}$$

とし，さらに θ のこの部分体 $GF(2^2)$ 上の最小多項式を求めると(§4例2)，$x^2+x+\theta^5$ であることがわかり，(イ)の対応で，F の η の最小多項

式と同一であることがわかる．したがってさらに，つぎの対応を与えれば同型対応が導出される．

(ロ) η —— θ

§3 有限体の構造

有限体のいろいろな性質や構造の多くは前節の終りにのべた特性多項式から導かれる．この節ではこれらについてのべよう．

F を大きさ q の有限体，$p(x)$ を F 上 n 次既約多項式とする．$p(x)=0$ の(F の拡大体の中の)任意の一つの根を α とするとき，α を含む F の最小の拡大体 $K=F(\alpha)$ は大きさ q^n の有限体である(§1注3あるいは§A3定理2)から，§2定理3より，K の元はすべて

$$\pi_K(x)=x^{q^n}-x=0 \tag{1}$$

の根である．

α も無論 $F(\alpha)$ の元だから $\pi_K(\alpha)=0$ となるが，同時に $p(\alpha)=0$ だから，§A3定理2系1(または問2)から，$p(x)$ は $\pi_K(x)$ の因子である．これらをまとめてつぎの定理が得られる．

定理1 大きさ q の有限体 F 上の n 次既約多項式を $p(x)$，$p(x)=0$ の任意の一つの根を α とするとき，$p(x)$ は $K=F(\alpha)$ の特性多項式 $\pi_K(x)=x^{q^n}-x$ の因子である．つまり

$$p(x)\,|\,(x^{q^n}-x). \tag{2}$$ ——

この定理から当然 $p(x)=0$ の根はすべて $F(\alpha)$ に含まれる．つまり $F(\alpha)$ は正規拡大体[1]であることが結論される．

定理1は F の拡大体 $F(\alpha)$ を作るもとになった既約多項式つま

---

1) 一般に体 F 上の既約多項式 $p(x)$ に対して $p(x)=0$ の任意の一つの根を α とするとき，$F(\alpha)$ の中に $p(x)=0$ の他のすべての根が含まれているとき，$F(\alpha)$ を正規拡大体あるいはガロア拡大体という．

り $F(\alpha)$ の表現多項式 $p(x)$ が $F(\alpha)$ の特性多項式を割ることを主張している．ところが F 上の任意の n 次既約多項式 $q(x)$ を考え，$q(x)=0$ の一つの根 β を含む F の最小の拡大体 $F(\beta)$ を考えても，その特性多項式はやはり $x^{q^n}-x$ だから $q(x)$ も $x^{q^n}-x$ を割る．したがって，

定理2　$\pi_K(x)=x^{q^n}-x$ は F 上の任意の n 次既約多項式を因子としてもつ．——

という驚くべき結果が得られる．また以上のことからつぎの基本的定理が容易に導ける．

定理3　大きさ q^n(q は素数の累乗，n は正の整数)の有限体 F は，$m|n$ のときそしてそのときに限って，大きさ q^m の部分体をただ一つ含む．

証明　つぎの補題1に示す一般的性質から

(3)[1]　$$m|n \Longleftrightarrow (q^m-1)|(q^n-1) \Longleftrightarrow (x^{q^m-1}-1)|(x^{q^n-1}-1).$$

したがって，$m|n$ ならば大きさ q^n の有限体 F の特性多項式 $x(x^{q^n-1}-1)$ の因子に $x(x^{q^m-1}-1)$ があるから，§2定理5によって，F の中に大きさ q^m の部分体が存在する．また F の中に大きさ q^m の部分体 G があれば，§2定理3により G の元は $x^{q^m}-x=0$ を満たし当然 $x^{q^n}-x=0$ も満たすから，§A3定理2系1より $x^{q^n}-x$ の因子に $x^{q^m}-x$ がある．したがって，$m|n$ である．

また有限体の特性多項式は等根をもたない(§2定理5の証明)から，部分体はただ一つである．

補題1　正の整数 m, n と体 K 上の多項式 x^m-1, x^n-1 について，

(4)　$$m|n \Longleftrightarrow (x^m-1)|(x^n-1).$$

また(4)は x が任意の正の整数の場合にも成り立つ．ただし $x\neq 1$.

1)　$\Longleftrightarrow$ はその左辺の命題が右辺の必要十分条件であることを示す．

証明 n を m で割った商を q，余りを r とすると，$n=qm+r$, $0\leqq r<m$. したがって

$$x^n-1=x^{mq}\cdot x^r-1$$

で

$$(x^m)^q-1=(1+x^m+x^{2m}+\cdots+x^{(q-1)m})(x^m-1)$$

だから

$$\begin{aligned}x^n-1&=((1+x^m+x^{2m}+\cdots+x^{(q-1)m})(x^m-1)+1)x^r-1\\&=(1+x^m+x^{2m}+\cdots+x^{(q-1)m})(x^m-1)x^r+x^r-1.\end{aligned}$$

したがって，x^n-1 を x^m-1 で割った余りは x^r-1 である($r<m$ だから)．したがって，$r=0$ なら $x^r-1=0$ かつ逆も真．上の証明は x が正の整数の場合にもまったく同様に成立する．▍

定理3を利用すると定理1, 2を包含するつぎの定理を得る．

定理4 大きさ q^n(q は素数の累乗)の有限体 K の特性多項式 $\pi_K(x)=x^{q^n}-x$ は，次数が n の約数であるすべての $F=GF(q)$ 上のモニック[1]既約多項式の積に一致する．

証明 まず $m|n$ とし，$p(x)$ を F 上任意の m 次(モニック)既約多項式とするとき $p(x)|\pi_K(x)$ を示そう．定理3から K は大きさ q^m の部分体 M をただ一つもつ．M の特性多項式は $\pi_M(x)=x^{q^m}-x$ だから，$p(x)$ は定理2から $\pi_M(x)$ の因子であり，補題1より $\pi_M(x)|\pi_K(x)$ だから $p(x)|\pi_K(x)$.

$\pi_K(x)$ の因子がこれ以外にないことを見るには，つぎのようにすればよい．F 上 k 次の既約多項式 $q(x)$ が $q(x)|\pi_K(x)$ なら，$q(x)=0$ の根 α は K の中になければならず，しかも $F(\alpha)(\subseteq K)$ は大きさ q^k でなければならない．したがって K が大きさ q^k の部分体をもつから定理3より $k|n$. ▍

例1 $F=GF(2)$ に関するもの；

1) 最高次の係数が1である多項式をモニック多項式と言う．

$$n=2 \qquad x^4-x=x(x+1)\underline{(x^2+x+1)},$$

$$n=3 \qquad x^8-x=x(x+1)\underline{(x^3+x+1)}\underline{(x^3+x^2+1)},$$

$$\begin{aligned} n=4 \qquad x^{16}-x &= x(x+1)(x^2+x+1)(x^4+x^3+x^2+x+1) \\ &\quad \times\underline{(x^4+x+1)}\underline{(x^4+x^3+1)}, \end{aligned}$$

$$\begin{aligned} n=5 \qquad x^{32}-x &= x(x+1)\underline{(x^5+x^2+1)}\underline{(x^5+x^3+1)} \\ &\quad \times\underline{(x^5+x^4+x^3+x^2+1)}\underline{(x^5+x^4+x^3+x+1)} \\ &\quad \times\underline{(x^5+x^4+x^2+x+1)}\underline{(x^5+x^3+x^2+x+1)}, \end{aligned}$$

$$\begin{aligned} n=6 \qquad x^{64}-x &= x(x+1)(x^2+x+1)(x^3+x+1)(x^3+x^2+1) \\ &\quad \times(x^6+x^3+1)(x^6+x^4+x^2+x+1) \\ &\quad \times(x^6+x^5+x^4+x^2+1)\underline{(x^6+x+1)} \\ &\quad \times\underline{(x^6+x^5+x^2+x+1)}\underline{(x^6+x^5+x^3+x^2+1)} \\ &\quad \times\underline{(x^6+x^4+x^3+x+1)}\underline{(x^6+x^5+x^4+x+1)} \\ &\quad \times\underline{(x^6+x^5+1)} \end{aligned}$$

$F=GF(3)$ に関するもの；

$$\begin{aligned} n=2 \qquad x^9-x &= x(x+1)(x+2)(x^2+1)\underline{(x^2+2x+2)} \\ &\quad \times\underline{(x^2+x+2)}, \end{aligned}$$

$$\begin{aligned} n=3 \qquad x^{27}-x &= x(x+1)(x+2)\underline{(x^3+2x+1)}(x^3+x^2+x+2) \\ &\quad \times(x^3+x^2+2)\underline{(x^3+x^2+2x+1)}\underline{(x^3+2x^2+1)} \\ &\quad \times(x^3+2x^2+2x+2)(x^3+2x+2) \\ &\quad \times\underline{(x^3+2x^2+x+1)} \end{aligned}$$

問1 有限体 F 上の既約多項式を $p(x)$ とすると，$p(x)=0$ は重根をもたないことを示せ． ——

また定理4の証明および例1から明らかなように，

定理4の系 $GF(q^n)$ の特性多項式は

$$x^{q^n}-x=\prod_{d|n}\prod_j p_{dj}(x) \tag{5}$$

（$p_{dj}(x)$ は $GF(q)$ 上 d 次のモニック既約多項式）

と因子分解され，$p_{d,j}(x)=0$ の根は部分体 $GF(q^d)$ に属していて，$GF(q^e)\subset GF(q^d))(e|d, e<d)$ に属さない．

注1 実数全体というものはつねにただ一つ(the set of real numbers)であるが，有限体はたくさんある．そこで有限体を論ずるときは現在どの標数の有限体を考えているかを銘記しておかねばならない．たとえば，$x^9-x=0$ は $GF(3^2)$ の特性方程式であるが，$GF(2)$ 上で考えるときは単なる普通の 9 次代数方程式に過ぎない．したがって，この根を論ずるには§6の議論をまたねばならない．——

大きさ q の有限体 F の 0 を除いた F^+ の元は明らかに

$$x^{q-1}-1=0 \tag{6}$$

の方程式の根である．つまり 1 の $(q-1)$ 乗根となっている．一般に F^+ の元 a が e 乗して始めて 1 となるとき，つまり $x^m-1=0$ の根であるような最小の m が e であるとき，e を a の位数という．e は明らかに $q-1$ の約数である．位数がちょうど $q-1$ となる元を F の原始元あるいは 1 の原始 $(q-1)$ 乗根と呼ぶ．

$F^+=\{a_1, a_2, \cdots, a_{q-1}\}$ の位数最大の元の一つを α，その位数を e とすると a_i の位数 e_i は e の約数となる(なぜなら $a_i\alpha\in F^+$ の位数は e_i と e の最小公倍数であり，e_i が e の約数でないとこれは e より大となるから)．よって $x-a_i$ は x^e-1 を割り切る．以上のことがすべての $i=1,2,\cdots,q-1$ について成り立つから，x^e-1 は $(x-a_1)(x-a_2)\cdots(x-a_{q-1})$ なる因子をもち，$e=q-1$ である．故に位数がちょうど $q-1$ に一致するもの，つまり原始元 α，があり

$$\alpha^0,\ \alpha^1,\ \alpha^2,\ \cdots,\ \alpha^{q-2} \tag{7}$$

はすべて異なるから F^+ の元を尽す．このことから F^+ を乗法群とみるとき，これは巡回群であることがわかる．以上をまとめると，

定理5 有限体 F には少なくとも一つ原始元 α が存在し，F^+ は α を生成元とする巡回群[1]を構成する．——

ガロア体 $GF(p^n)(n\geqq 2)$ の原始元 α の $GF(p)$ 上の最小多項式は§A3問3でみたように $GF(p)$ 上 n 次既約多項式である．これを原始既約多項式という．これも $GF(p^n)$ の特性多項式の因子として含まれているはずであり，例1でアンダラインが引いてあるものが n 次原始既約多項式である．

$GF(p)$ 上与えられた n 次多項式が原始既約多項式か否かの判定は§7に示す方法で行なえるが，現在では主として第3章に示すコーディング理論などの実用上の要請からかなりの範囲に対して原始既約多項式の表が作られているし，また更に作られつつある．その一部が附表T1に示されている．

問の答

1 $|F|=q$ として F 上モニックな n 次既約多項式 $p(x)$ は定理4より特性多項式 $x^{q^n}-x$ の因子として含まれる．特性方程式は重根をもたない(§2定理5の証明)から $p(x)$ も重根をもたない．

§4 ガロア体の構成

すでに§1例1でみたように，大きさが素数 p のガロア体 $GF(p)$ は $\bmod p$ の演算として実現し得たし，§1例2でみたように，$GF(p)$ 上 n 次既約多項式 $p(\theta)$ を一つ見つけさえすれば，mod $p(\theta)$ の演算によって $GF(p^n)$ を構成することができた．この場合 $GF(p^n)$ の元の表現形式は θ の $n-1$ 次多項式となる．この他にも行列による表現など表現形式はいろいろ考えられるが，応用上はしばしば大きなガロア体を用いるので表現や演算ができるだけ簡

1) 群 G(§A1)の各元が(算法を乗法で考えたとき)或る特定の元 θ の累乗で表わせるような場合，G を巡回群，θ を G の生成元という．

潔であって効率がよいことが望まれる．

その意味で $GF(p^n)$ の構成としてもっとも普通に用いられるものは $GF(p^n)$ の原始元の累乗で $GF(p^n)^+$ を表現しておく方法である．これを実際に行なうには，§1 例 2 で考えた n 次既約多項式 $p(\theta)$ として一つの原始既約多項式をとり，§1 注 3 に示すように，$GF(p)$ 上

$$p(x)=0 \tag{1}$$

の一つの根を α とすると，α は $GF(p^n)$ の原始元であるから，この累乗で $GF(p^n)^+$ を表現すればよいのである．

例 1　$GF(3^2)$ の構成：$GF(3)$ 上 2 次の原始既約多項式の一つ $p(x)$ を附表 T 1 から選んで，$p(x)=x^2+2x+2$ としよう．α を $p(x)=0$ の一つの根つまり原始元とする，つまり

$$\alpha^2+2\alpha+2=0 \quad \text{あるいは} \quad \alpha^2=1+\alpha \tag{2}$$

とする．§1 注 3 に示すことに注意して，α の累乗を順次作って行くと，表 1 のようになる．$GF(3^2)$ の 0 をも α の累乗で表わすのに $\alpha^\infty=0$ のような形式的表現を用いておくと便利である．

表 1　$GF(3^2)$ の構成

$(\alpha^2=1+\alpha)$	
$\alpha^\infty=0$	$\alpha^4=2$
$\alpha^0=1$	$\alpha^5=\quad 2\alpha$
$\alpha^1=\quad \alpha$	$\alpha^6=2+2\alpha$
$\alpha^2=1+\ \alpha$	$\alpha^7=2+\ \alpha$
$\alpha^3=1+2\alpha$	$(\alpha^8=1)$

こうして $GF(3^2)$ の元が α^i の形と α の 1 次式との両方で表現されたことになり，乗法を行なうには左辺の α^i の形で，加法を行なうには右辺の α の 1 次式の形で行なうとよい．この意味で表 1 は一種の対数表である．たとえば α^5 と α^6 との積は

$$\alpha^5\cdot\alpha^6=\alpha^{11}=\alpha^3 \qquad (\alpha^8=1 \text{ だから})$$

となり，§1例2表2のような計算を行なわないですむ．

この表現でさらに重要なことは，$\alpha^4=2$ となっているから，それ以降の累乗は前の結果を2倍すればよいということ，つまり

(3) $$\alpha^{4+i}=\alpha^4\cdot\alpha^i=2\alpha^i$$

で計算をすればよいということである．したがって $\alpha^0\sim\alpha^3$ の表があれば，あとはその2倍をすればよいから表を作る必要はない．

つまり α の累乗は $\alpha^0=1\in GF(3)$ から出発してちょうど半周したところで $2\in GF(3)$ に到着し，全周で1に戻る(図1)．——

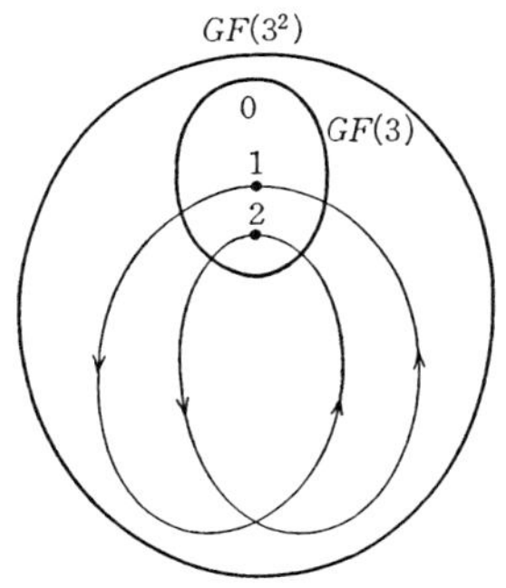

図1

原始既約多項式は，その根によって表1のようにそのガロア体のすべての元に一連の番号がつけられることから，しばしば<u>インデクスィング</u>(indexing)<u>多項式</u>と呼ばれることがある．

問1 $p(x)=x^3+x+1$ が $GF(2)$ 上3次の原始既約多項式であることを知って，$p(x)=0$ の一つの根 α の累乗で $GF(2^3)$ の元を構成せよ．

問2 例1で $\beta=\alpha^3$ とすると β は $x^2+2x+2=0$ のもう一つの根となるが，これも $GF(3^2)$ の原始元であることを確かめよ．β^i を α の1次式で表現せよ，β^i を β の1次式で表現せよ $(i=0,1,\cdots,7)$．

問3 $GF(3)$ 上 x^2+x+2 は2次の原始既約多項式である．こ

の零点を β とし，β の累乗で $GF(3^2)$ の元を表現せよ．表1の元とどのような対応をつければ同型になるか．——

例1でみたように $GF(p^n)$ の一つの原始元を α とすると，α の累乗によって $GF(p^n)$ のすべての元が

$$\alpha^i = \xi_{i,0}+\xi_{i,1}\alpha+\cdots+\xi_{i,n-1}\alpha^{n-1}, \qquad \xi_{ij}\in GF(p) \tag{4}$$
$$(i=0, 1, \cdots, p^n-2, \infty)$$

のように表現される．このような表現を $GF(p^n)$ の元の巡回的表現と呼ぶことにする．いろいろなガロア体についての巡回的表現が附表T2にある．

さて，§3定理3で $GF(p^n)$ は，$m|n$ のときそしてその時に限って，部分体 $GF(p^m)$ をただ一つもつことが明らかになったが，その具体的構成はどのようにすべきか，それに答えるのがつぎの定理である．

定理1 $GF(p^n)$ の原始元を α とする．$m|n$ であるとき，そしてその時に限って，

$$\beta = \alpha^v, \qquad v=\frac{p^n-1}{p^m-1} \tag{5}$$

できまる β が部分体 $GF(p^m)\subseteqq GF(p^n)$ の原始元である．つまり

$$GF(p^m) = \{\beta^\infty, \beta^0, \beta^1, \cdots, \beta^{p^m-2}\}. \tag{6}$$

証明 (6)の任意の元を $\theta=\beta^i$ とすると，$0\leqq i\leqq p^m-2$ なら，

$$\theta^{p^m-1} = \beta^{i(p^m-1)} = \alpha^{vi(p^m-1)} = \alpha^{i(p^n-1)} = 1 \tag{7}$$

だから θ は $x^{p^m-1}-1=0$ なる方程式の根で，$\theta=\beta^\infty=0$ なら $x=0$ の根だから，(6)の任意の元全体は $x(x^{p^m-1}-1)=0$ の根，したがって§2定理5より，大きさ p^m の有限体を作る．∎

初等整数論(たとえば[3])でよく知られた概念に mod p における原始根と呼ばれるものがある．たとえば mod 7 で 3 は，表2のように，その累乗で $\{0, 1, \cdots, 6\}$ の 0 以外の元を限なく尽すので

表2　原始根

(mod 7)	$3^3=6$
$3^0=1$	$3^4=4$
$3^1=3$	$3^5=5$
$3^2=2$	$(3^6=1)$

mod 7 における原始根と呼ばれる．これは $GF(p)$ の原始元に他ならない．

上の定理1の特別な場合として $m=1$ のとき

(8) $$GF(p)=\{\beta^\infty, \beta^0, \cdots, \beta^{p-2}\}$$

となる．したがって β^i はすべて $GF(p)$ の元つまり整数として書けるが，この β は mod p の原始根になっていることがわかる．

またこの定理から例1図1でみたように α の累乗がちょうど 1/2 周で $GF(3)$ の元に到着する理由が明らかになった．さらにたとえば $GF(5^n)$ の場合なら，最初の 1/4 周で mod 5 の原始根の一つ β に，つぎの 1/4 周で β^2 に，さらにつぎの 1/4 周で β^3 に到着することも明らかになる(→附表 T 2)．

問4　(5)のようにして決まる β の満たすべき最小多項式を求める方針をのべよ．またこれによって $GF(p^m)$ の $GF(p)$ 上の m 次元ベクトル空間としての座標表現を求めよ．またこれが $GF(p)$ 上 m 次の原始既約多項式となることを示せ．α を $\alpha^6=1+\alpha$ なる $GF(2^6)$ の原始元であるとして $\beta=\alpha^{21}$ $(21=(2^6-1)/(2^2-1))$ を例にとって上のことを確かめよ(附表 T 2 参照)．——

さてすでに§2定理2の後でのべたように $GF(p^n)$ は $GF(p)$ 上の n 次元ベクトル空間とみなすことができる．$GF(p^n)$ の原始元を α とすると，$\alpha^0=1, \alpha, \alpha^2, \cdots, \alpha^{n-1}$ はその基底となり，(4)のような表現の右辺の $(\xi_{i,0}, \xi_{i,1}, \cdots, \xi_{i,n-1})$ は α^i の座標表現でもある．

また一方，$m|n$ ならば $GF(p^n)$ は $GF(p^m)$ 上の $k=n/m$ 次元ベ

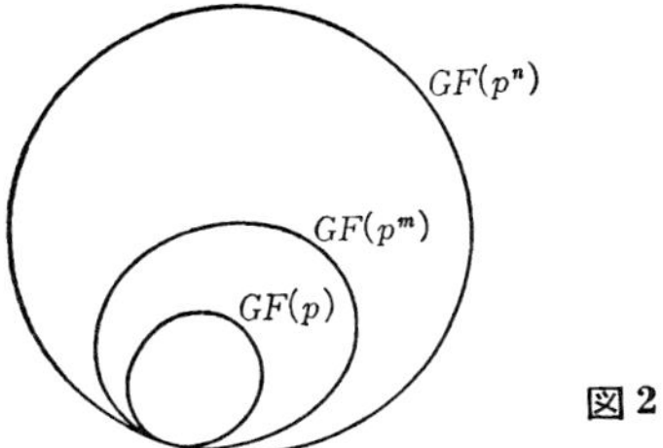

図 2

クトル空間であるとも考えられる(図 2).

いま α の $GF(p^m)$ 上の最小多項式が r 次であるとしよう．つまり

(9) $$\alpha^r = a_0 + a_1\alpha + \cdots + a_{r-1}\alpha^{r-1}, \qquad a_i \in GF(p^m)$$

で，$s<r$ に対して α^s は α の $s-1$ 次以下の $GF(p^m)$ 上の多項式として表現できないとする.

そうすると任意の $i(=0, 1, \cdots, p^n-1)$ に対して α^i は(9)を繰り返し用いることによって，α の $r-1$ 次以下の多項式で表わせるから，$r \geqq k$ でなければならない.

また

(10) $$\{\xi_0 + \xi_1\alpha + \xi_2\alpha^2 + \cdots + \xi_{r-1}\alpha^{r-1};\ \xi_i \in GF(p^m),\ 0 \leqq i \leqq r-1\}$$

の元はすべて異なり，しかも $GF(p^n)$ に含まれているのだから，$r \leqq k$ でなければならない．したがって $r=k$.

故に α の $GF(p^m)$ 上の最小多項式は k 次でなければならず,

(11) $$\alpha^0 = 1, \alpha, \alpha^2, \cdots, \alpha^{k-1}$$

は $GF(p^m)$ 上 1 次独立で $GF(p^n)$ の基底となり得る.

実際に α の最小多項式を求めるには，つぎの例 2 のような方法によればよい.

例 2 $GF(2^6)$ の原始元を α，α を規定する最小多項式を $\alpha^6=\alpha$

$+1$ とすると，$GF(2^6)$ は $GF(2)$ 上6次元空間となり，その基底は $1, \alpha, \alpha^2, \cdots, \alpha^5$ であり，その座標表現は附表T2に示す通り．

$$\beta=\alpha^{21} \quad \text{とすると，} GF(2^2)=\{\beta^\infty, \beta^0, \beta, \beta^2\} \subseteqq GF(2^6)$$

で，$GF(2^6)$ は $GF(2^2)$ 上3次元空間となる．その座標表現を作るため，α の $GF(2^2)$ 上最小多項式を以下に示す方法で求めると，

(12) $$\alpha^3=\beta+\beta^2\alpha+\alpha^2$$

となり，これによって座標表現を作ると表3のようになる．

表3　$GF(2^2)$ 上 $GF(2^6)$
$(\alpha^3=\beta+\beta^2\alpha+\alpha^2)$

$\alpha^0=1$	$\alpha^{11}=\beta+\beta\alpha+\beta^2\alpha^2$
$\alpha^1=\alpha$	$\alpha^{12}=1+\alpha^2$
$\alpha^2=\alpha^2$	$\alpha^{13}=\beta+\beta\alpha+\alpha^2$
$\alpha^3=\beta+\beta^2\alpha+\alpha^2$	$\alpha^{14}=\beta+\alpha+\beta^2\alpha^2$
$\alpha^4=\beta+\alpha+\beta\alpha^2$	$\alpha^{15}=1+\beta\alpha^2$
$\alpha^5=\beta^2+\beta^2\alpha+\beta^2\alpha^2$	$\alpha^{16}=\beta^2+\beta\alpha^2$
$\alpha^6=1+\alpha$	$\alpha^{17}=\beta^2+\beta\alpha+\beta\alpha^2$
$\alpha^7=\alpha+\alpha^2$	$\alpha^{18}=\beta^2+\beta\alpha$
$\alpha^8=\beta+\beta^2\alpha$	$\alpha^{19}=\beta^2\alpha+\beta\alpha^2$
$\alpha^9=\beta\alpha+\beta^2\alpha^2$	$\alpha^{20}=\beta^2+\alpha+\alpha^2$
$\alpha^{10}=1+\beta\alpha+\alpha^2$	$(\alpha^{21+i}=\beta\alpha^i, \alpha^{42+i}=\beta^2\alpha^i)$ $(\theta\leqq i\leqq 20)$

(12)の求め方は，まず α の $GF(2^2)$ 上の最小多項式は3次だから

(13) $$\alpha^3=\theta_0+\theta_1\alpha+\theta_2\alpha^2 \qquad (\theta_i\in GF(2^2))$$

とし，θ_i を β の座標表現(問4の答)で表わしておくと

(14) $$\alpha^3=(a_0+b_0\beta)+(a_1+b_1\beta)\alpha+(a_2+b_2\beta)\alpha^2$$
$$(a_i, b_i\in GF(2)).$$

(14)の β に $\beta=\alpha^{21}=1+\alpha+\alpha^3+\alpha^4+\alpha^5$ (附表T2)を代入して，$\alpha^6=1+\alpha$ に注意して，係数を比較すると，

$$(15)\qquad \begin{cases} a_0=0 & a_1=1 & a_2=1 \\ b_0=1 & b_1=1 & b_2=0 \end{cases}$$

を得る．したがって(12)が求める最小多項式である．

問5 x^4+2x+2 が $GF(3)$ 上4次の原始既約多項式であることを知って，この零点 α の $GF(3^2)$ 上の最小多項式を求めよ．これによって α^i を $GF(3^2)$ 上 α の1次式として表現せよ $(0\leqq i\leqq 80)$(附表T2参照)．

問6 x^6+x+2 が $GF(3)$ 上6次の原始既約多項式であることを知って，この零点 α の $GF(3^2)$ 上の最小多項式を求めよ．

問7 $GF(2^n)$ の元はつねに平方数であり，標数が2でないガロア体 $GF(q)$ は $(q+1)/2$ 個の平方数，$(q-1)/2$ 個の非平方数をもつ．(或る体 K の元 x が平方数であるとは $x=y^2$ なる $y\in K$ が存在すること.)

問 の 答

1 附表T2参照.

3 表1の元上 $x^2+x+2=0$ の根を求めると，($x=x_0+x_1\alpha$, $x_i\in GF(3)$ とおいて上の方程式に代入して x_0, x_i を求める) 2α, $2+\alpha$ の2根が得られるから，(i) 2α —— β，(ii) $2+\alpha$ —— β のおのおので決まる二つの同型対応が得られる．

4 β の最小多項式は2次だから

$$\beta^2=a_0+a_1\beta \qquad (a_i\in GF(2))$$

として a_i を求める．

$$\beta=\alpha^{21}=1+\alpha+\alpha^3+\alpha^4+\alpha^5 \qquad (\text{附表T2より})$$

$$\beta^2=\alpha^{42}=\alpha+\alpha^3+\alpha^4+\alpha^5 \qquad (\text{附表T2より})$$

これらを上式に代入して係数を比較すると，$a_0=1$, $a_1=1$．したがって x^2-x-1 が β の最小多項式である．したがって

$$\beta^\infty=0,\qquad \beta^0=1,\qquad \beta^1=\beta,\qquad \beta^2=1+\beta$$

の右辺が $GF(2^2)$ を $GF(2)$ 上の2次元ベクトル空間と見たときの座標表

現である(§4(4)).

また $x^2-x-1=0$ の根 β が $GF(2^2)$ の原始元であるから，x^2-x-1 は原始既約多項式である.

一般の場合も上と同様にすればよい.

5　$GF(3^2)$ は $\beta=\alpha^{10}$ の1次式で表わせる(問4にならって作ると表4のようになる)から，α の $GF(3^2)$ 上最小多項式を $x^2+(a_0+a_1\beta)x+(b_0+b_1\beta)$ として $a_i, b_i\in GF(3)$ を決定すると，

$$\alpha^2+(a_0+a_1\alpha^{10})\alpha+(b_0+b_1\alpha^{10}) = 0$$

$$\alpha^2+a_0\alpha+a_1(\alpha^3+\alpha^2+2)+b_0+b_1(2\alpha^3+\alpha^2+\alpha+1) = 0$$

(附表T2).

これから，$a_0=2, a_1=1, b_0=0, b_1=1$ となる．したがって，$\alpha^2=2\beta+(1+2\beta)\alpha$，あるいは $\alpha^2=\beta^5+\beta^2\alpha$ として

$$\alpha^0 = 1,\quad \alpha^1 = \alpha,\quad \alpha^2 = \beta^5+\beta^2\alpha,\quad \alpha^3 = \beta^7+\beta^3\alpha,\quad \cdots$$

と以下同様の手順で表4を用いて進めればよい.

表4　$(\beta^2=1+2\beta)$

$\beta^0 = 1$	$\beta^4 = 2$
$\beta^1 = \beta$	$\beta^5 = 2\beta$
$\beta^2 = 1+2\beta$	$\beta^6 = 2+\beta$
$\beta^3 = 2+2\beta$	$\beta^7 = 1+\beta$

7　まず0は平方数である．$GF(2^n)$ の原始元を α とすると，任意の i $(0\leqq i\leqq 2^n-2)$ に対して $\alpha^i=(\alpha^j)^2$ となる，つまり $i=2j(\mathrm{mod}\ 2^n-1)$ となる整数 j の存在をいえばよい．それにはもし i が偶数ならば $j=i/2$，i が奇数ならば $j=(i+2^n-1)/2$ とすればよい.

標数が2でないとき $GF(q)$ については，$q-1$ は偶数だから $i=2j(\mathrm{mod}\ q-1)$ なる j は i が奇数($(q-1)/2$ 個)ならば存在せず(非平方数)，i が偶数($(q-1)/2$ 個)ならば $j=i/2$ となればよい．これに0を含めて平方数は $(q-1)/2+1$ 個.

§5　フロベニウスサイクル

有限体 L が部分体 K をもつとき，L の元 x に対する

(1)
$$x \to x^q, \qquad |K| = q$$

なる変換をK-フロベニウス変換といい，(1)によって到達可能な元の作る類をK-フロベニウスサイクルという．$\theta \in L$ を含むK-フロベニウスサイクルは，$\theta^{q^m}=\theta$ となる最小の m を m_0 とすると，

$$\theta,\ \theta^q,\ \theta^{q^2},\ \cdots,\ \theta^{q^{m_0-1}}$$

であり，その長さは m_0 である．L が K の n 次拡大ならば $\theta^{q^n}=\theta$ で，$m_0|n$ となる．K が前後の関係で自明であるときは単にフロベニウス変換，フロベニウスサイクルということが多い．

この簡単な変換がガロア体の議論の中で測り知れないほど重要な役割を果す．附表T3にいろいろなガロア体上のフロベニウスサイクルがのせてある．

定理1　(i)　$\theta \in L$ が K 上の代数方程式 $f(x)=0$ の根ならば，θ の K-フロベニウスサイクルのすべての元は $f(x)=0$ の根である．

(ii)　L 上の K-フロベニウス変換(1)は L 上 K-自己同型写像[1]であり，L 上の任意の K-自己同型写像は K-フロベニウス変換の積で表わせる．

証明　(i)　$\theta \in L$ が $f(x)=0$ の根，つまり $f(\theta)=a_0+a_1\theta+\cdots+a_k\theta^k=0$ $(a_i \in K)$ならば，両辺を q 乗すると(§2問2から)，$a_0^q+a_1^q\theta^q+\cdots+a_k^q(\theta^q)^k=0$ で，§2定理3から $a_i^q=a_i$ だから θ^q も $f(x)=0$ の根である．

(ii)　まず，K-フロベニウス変換が K-自己同型写像であることは明らかである．ところで K が有限体 L の部分体であるから(§3定理3から) $|L|=|K|^n=q^n$．そこで K 上 n 次既約多項式 $p(x)$ の零点 α に対して $L=K(\alpha)$ とおくことができる(§1注3)．

したがって L の任意の元 x は

1)　一般に体 L の中の部分体 K があるとき，L の自己同型写像(§A1)であって，K の元を固定するものを L の K-自己同型写像という．

(2)　$$x = x_0 + x_1\alpha + x_2\alpha^2 + \cdots + x_{n-1}\alpha^{n-1} \qquad (x_i \in K)$$

と表わせる．$p(x)=0$ の n 個の根を $\alpha_1=\alpha, \alpha_2, \cdots, \alpha_n$ とすると，これらはすべて異なり(§3問1)，$K(\alpha)$ に含まれているから(§3定理1)，任意の K-自己同型を τ とすると，$\tau(\alpha)$ は $p(x)=0$ の根でなければならず，τ に対応して i が決まり，$\tau(\alpha)=\alpha_i$ とすると(2)からつぎを得る．

(3)　$$\tau(x) = x_0 + x_1\alpha_i + x_2\alpha_i^2 + \cdots + x_{n-1}\alpha_i^{n-1}.$$

したがって K-フロベニウス変換(1)を τ_q で表わすと，τ_q^k はいずれも(3)の式で表わされる．$\tau_q^n=I$ (恒等変換)であるが，$k<n$ に対して $\tau_q^k=I$ となることはない(なぜなら，これは任意の $x\in L$ に対して $x^{q^k}=x$ を意味することになり，$x\in L$ がつねに大きさ q^k の部分体に含まれることになり矛盾)．したがって

(4)　$$\tau_q^0 = I, \ \tau_q, \ \tau_q^2, \ \cdots, \ \tau_q^{n-1}$$

の n 個の異なる K-フロベニウス変換があり，そのおのおのが(3)のどれかの i に対応している．

問1　(1)を τ_q で表わすとき

(5)　$$\theta, \ \tau_q(\theta), \ \tau_q^2(\theta), \ \cdots, \ \tau_q^{n-1}(\theta)$$

が K 上1次独立となるような $\theta\in L$ が存在することを示せ．このとき(5)は L の基底となりうるが，これを正規基底と呼んでいる．

定理2　$K=GF(q)$ の拡大体を $L=GF(q^n)$ とするとき，$\theta\in L$ の K-フロベニウス変換について

$$\theta, \ \theta^q, \ \theta^{q^2}, \ \cdots, \ \theta^{q^m} = \theta$$

が成り立てば，θ は $M=GF(q^m)\subseteq L$ に属する．

証明　α を L の原始元とすると，$m|n$ だから

$$\beta = \alpha^v, \qquad v = \frac{q^n-1}{q^m-1}$$

と置けて，β は M の原始元となり，元を α の指数表現をしたときの指数が v の整数倍 $(\mathrm{mod}\,(q^n-1)$ で) になるとき，そしてその時に限ってその元は M に属する．

$\theta=\alpha^u$ とするとき，$\theta^{q^m}=\theta$ となるなら

$$u = uq^m \quad (\mathrm{mod}(q^n-1))$$

となるから，$uq^m=N(q^n-1)+u$ (N は整数)，故に $u=N(q^n-1)/(q^m-1)=Nv$ となり，u は $\mathrm{mod}\,(q^n-1)$ で v の整数倍となる．

問 2　$GF(q)$ 上 d 次の既約多項式を $p(x)$，$p(x)=0$ の一つの根を α とすると，α の $GF(q)$-フロベニウスサイクルは $p(x)=0$ の根全体に一致することを示せ．——

さきに §3 例 1 で $GF(p^n)$ の特性多項式の既約多項式への因子分解を見たが，問 2 によって，その各既約多項式の零点が一つのフロベニウスサイクルに対応していることがわかる．

例 1　附表 T 2 に見るように，$GF(2^4)$ の元をその原始元 α で表現すると，

$$GF(2^4) = \{\alpha^\infty, \alpha^0, \alpha^1, \alpha^2, \cdots, \alpha^{14}\} \qquad (\alpha^4=1+\alpha)$$

となるが，α の指数のみをとって簡略的に

$$GF(2^4) = \{\infty, 0, 1, 2, \cdots, 14\}$$

と表わすことにしよう．

フロベニウスサイクルと §3 例 1 の既約多項式との対応は；

$$(6)\quad \begin{cases} \{\infty\} & \text{——}\quad x \\ \{0\} & \text{——}\quad x+1 \\ \{1, 2, 4, 8\} & \text{——}\quad x^4+x+1 \\ \{3, 6, 12, 9\} & \text{——}\quad x^4+x^3+x^2+x+1 \\ \{7, 14, 13, 11\} & \text{——}\quad x^4+x^3+1 \\ \{5, 10\} & \text{——}\quad x^2+x+1. \end{cases}$$

まず α は $x^4+x+1=0$ の根としたのだから，α (つまり 1) の属

するサイクルは x^4+x+1 に対応する．つぎに $\theta=\alpha^3$ の $GF(2)$ 上の最小多項式をつぎのようにして求める(→§4 問 4)；

$$(7)\quad \begin{cases} \theta = \alpha^3 & \\ \theta^2 = \alpha^6 = \alpha^2+\alpha^3 & \text{(附表 T 2 より)} \\ \theta^3 = \alpha^9 = \alpha+\alpha^3 & \text{(附表 T 2 より)} \\ \theta^4 = \alpha^{12} = 1+\alpha+\alpha^2+\alpha^3 & \text{(附表 T 2 より)} \end{cases}$$

より，

$$(8)\qquad a_0+a_1\theta+a_2\theta^2+a_3\theta^3+\theta^4 = 0 \qquad (a_i\in GF(2))$$

を満たす a_i を求めればよい．(7)を(8)に代入して

$$a_0+a_1\alpha^3+a_2(\alpha^2+\alpha^3)+a_3(\alpha+\alpha^3)+(1+\alpha+\alpha^2+\alpha^3) = 0,$$

$1, \alpha, \alpha^2, \alpha^3$ は $GF(2)$ 上独立だから

$$a_0+1=0,\qquad a_3+1=0,\qquad a_2+1=0,\qquad a_1+a_2+a_3+1=0.$$

故に $a_0=1$, $a_1=1$, $a_2=1$, $a_3=1$. したがって α^3 の最小多項式は $x^4+x^3+x^2+x+1$. 以下同様にして(6)の対応が得られた．

——

フロベニウスサイクルの応用のもう一つの例として，$GF(p)$ 上の n 次原始既約多項式が何個あるかを知る方法，またそのうち一つを与えて残りのすべてを求める方法をのべておこう．

§4 でみたように，$GF(p)$ 上の n 次原始既約多項式 $p(x)$ が一つ与えられれば，それを $GF(p^n)$ の表現多項式として用いると，$p(x)=0$ の根 α は $GF(p^n)$ の原始根になる．そこですぐわかるように，α^i は i と p^n-1 とが互いに素，つまり

$$(9)\qquad (i, p^n-1) = 1 \qquad ((a, b)\text{ は } a \text{ と } b \text{ との最大公約数})$$

のとき，そしてその時に限り $GF(p^n)$ の原始根となる．

問 3 §4 例 1 で $\alpha, \alpha^3, \alpha^5, \alpha^7$ が $GF(3^2)$ の原始根であることを確かめよ．——

したがって $GF(p^n)$ の原始根の数は $\varphi(p^n-1)$[1] 個ある．

一つの原始根の最小多項式は原始既約多項式となるが，上の $\varphi(p^n-1)$ の原始根のうち n 個ずつが一つのフロベニウスサイクルを構成し，これらは同一の原始既約多項式の根となる(定理 1)から，結局

定理 3 $GF(p)$ 上 n 次原始既約多項式の総数は

$$\frac{\varphi(p^n-1)}{n} \tag{10}$$

という結果をうる．——

また一つの原始既約多項式を与えて残りのものを作るには上記の α^i の最小多項式を §4 例 2 に示す方法によって作ればよい．

問 4 §4 例 1 で $GF(3)$ 上の 2 次原始既約多項式 $p(x)=x^2+2x+2$ を与えたが，これから $GF(3)$ 上の 2 次原始既約多項式をすべて求めよ．——

上の定理 2 あるいはそれに関連した問や例などによって，$\theta\in L=GF(q^n)$ の $K=GF(q)$ 上の最小多項式 $p(x)=p_0+p_1x+\cdots+p_{m-1}x^{m-1}+x^m$ に対して，θ の K-フロベニウスサイクルは

$$\theta,\ \theta^q,\ \theta^{q^2},\ \cdots,\ \theta^{q^{m-1}} \tag{11}$$

となり，

$$\begin{aligned} &p_0+p_1x+\cdots+p_{m-1}x^{m-1}+x^m \\ &\qquad=(x-\theta)(x-\theta^q)(x-\theta^{q^2})\cdots(x-\theta^{q^{m-1}}) \end{aligned} \tag{12}$$

となるから，この両辺の係数の比較から

$$\left\{\begin{aligned} -p_{m-1} &= \sum_{0\leqq i\leqq m-1}\theta^{q^i} \\ p_{m-2} &= \sum_{0\leqq i<j\leqq m-1}\theta^{q^i}\theta^{q^j} \end{aligned}\right.$$

1) $\varphi(m)$ はオイラー関数と呼ばれているもので，m と互いに素な m 以下の自然数(1 を含む)の総数を表わす．m の素因数分解が $m=p_1^{e_1}p_2^{e_2}\cdots p_r^{e_r}$ ならば，$\varphi(m)=m\left(1-\frac{1}{p_1}\right)\left(1-\frac{1}{p_2}\right)\cdots\left(1-\frac{1}{p_r}\right)$.

$$(13)\qquad \begin{cases} -p_{m-3} = \sum_{0\leqq i<j<k\leqq m-1} \theta^{q^i}\theta^{q^j}\theta^{q^k} \\ \cdots \\ (-1)^m p_0 = \theta\theta^q\theta^{q^2}\cdots\theta^{q^{m-1}} \end{cases}$$

となる（根と係数の関係）．この第1式はフロベニウスサイクルの和となっていることに注意しよう．

一般に $GF(q^n)$ の任意の元 θ に対して

$$(14)\qquad t(\theta) = \theta+\theta^q+\theta^{q^2}+\cdots+\theta^{q^{n-1}}$$

を θ のトレースと呼ぶ．θ の最小多項式が m 次ならば $m|n$ であり，$t(\theta)=(\theta+\theta^q+\theta^{q^2}+\cdots+\theta^{q^{m-1}})n/m$ であることに注意しよう[1]．したがってトレースの値はつねに $GF(q)$ の元である．

問5　$t(\theta)=t(\theta^{q^i})$ を示せ．したがって同一フロベニウスサイクルに属する元のトレースは同一である．

問6　$t(x)$ は $x\in GF(q^n)$ から $GF(q)$ への1次変換であることを証明せよ．——

さきに $GF(q^n)$ の特性多項式 $x^{q^n}-x$ を $GF(q)$ 上 d 次（d は n の約数）の既約多項式に因子分解した（§3(5)）が，もしこれを部分体 $GF(q^m)(\subseteqq GF(q^n))$ の既約多項式として分解したらどうなるかを考えてみよう．この問題は例1や問1の応用としてフロベニウスサイクルの概念を用いると容易に解決する．ここではつぎの例でこの問題を体得しよう．

例2　§3例1で $GF(2^4)$ の特性多項式 $x^{16}-x$ の $GF(2)$ 上の既約多項式への因子分解をしたが，これを再録しておこう．

$$(15)\qquad x^{16}-x = x(x+1)(x^2+x+1)(x^4+x^3+x^2+x+1)$$

---

1)　(13)の第1式そのものをトレースと呼ぶことがある．それは θ を孤立した元とみる場合である．それに対して(14)で定義されたものは $GF(q^n)$ から $GF(q)$ への変換とみる立場である．両者が一致する場合はよいが，そうでないときはその区別を明確にする必要がある．

$$\times(x^4+x+1)(x^4+x^3+1).$$

例1でみたように $x^4+x+1=0$ の根を原始元 α とすると，(6)のような対応が得られる．また表1に $GF(2^4)$ の α による巡回表現を与えておく(附表T2より)．また $\beta=\alpha^5$ とおくと $GF(2^2)=GF(4)=\{\beta^\infty=0, \beta^0=1, \beta, \beta^2\}$.

そこでたとえば x^4+x+1 の $GF(2)$ 上の因子分解は

$$x^4+x+1=(x-\alpha)(x-\alpha^2)(x-\alpha^4)(x-\alpha^8)$$

であるが，α の $GF(4)$-フロベニウスサイクルは $\{\alpha, \alpha^4\}$ であるから，これに定理1問2の考えを適用すれば，$(x-\alpha)(x-\alpha^4)$ は，$GF(4)$ 上 α の最小多項式となる．同様に α^2 の $GF(4)$-フロベニウスサイクルは $\{\alpha^2, \alpha^8\}$ だから，$(x-\alpha^2)(x-\alpha^8)$ は α^2 の $GF(4)$ 上最小多項式である．実際

$$\begin{aligned}(x-\alpha)(x-\alpha^4) &= x^2-(\alpha+\alpha^4)x+\alpha^5\\ &= x^2+x+\beta \qquad (\text{表1より})\\ (x-\alpha^2)(x-\alpha^8) &= x^2-(\alpha^2+\alpha^8)x+\alpha^{10}\\ &= x^2+x+\beta^2 \qquad (\text{表1より}).\end{aligned}$$

したがって求める因子分解は

$$x^4+x+1=(x^2+x+\beta)(x^2+x+\beta^2).$$

(15)の他の因子も同様な方法で分解ができて，結局

表 1

$\alpha^0=1$	$\alpha^8=1+\alpha^2$
$\alpha^1=\alpha$	$\alpha^9=\alpha+\alpha^3$
$\alpha^2=\alpha^2$	$\alpha^{10}=1+\alpha+\alpha^2$
$\alpha^3=\alpha^3$	$\alpha^{11}=\alpha+\alpha^2+\alpha^3$
$\alpha^4=1+\alpha$	$\alpha^{12}=1+\alpha+\alpha^2+\alpha^3$
$\alpha^5=\alpha+\alpha^2$	$\alpha^{13}=1+\alpha^2+\alpha^3$
$\alpha^6=\alpha^2+\alpha^3$	$\alpha^{14}=1+\alpha^3$
$\alpha^7=1+\alpha+\alpha^3$	

$(\alpha^4=1+\alpha)$

$$(16)\quad \begin{cases} x^2+x+1=(x+\beta)(x+\beta^2) \\ x^4+x^3+x^2+x+1=(x^2+\beta^2x+1)(x^2+\beta x+1) \\ x^4+x+1=(x^2+x+\beta)(x^2+x+\beta^2) \\ x^4+x^3+1=(x^2+\beta x+\beta)(x^2+\beta x+\beta^2). \end{cases}$$

$x, x+1$ はもとのままで，これらのすべての積が求める $x^{16}-x$ の $GF(4)$ 上の因子分解である．——

問7 $m|n$ のとき $GF(q)$ 上 n 次既約多項式 $p(x)$ を $GF(q^m)$ 上 n/m 次既約多項式に分解するアルゴリズムをのべよ．

問 の 答

1 簡単のため $\tau_q^i(\theta)$ を $\tau^i(\theta)$ と書く．$\theta, \tau(\theta), \cdots, \tau^{n-1}(\theta)$ が K 上1次独立となる $\theta\in L$ があることを示すには，すべては0でない $a_0, a_1, \cdots, a_{n-1}\in K$ に対して

$$a_0\theta+a_1\tau(\theta)+\cdots+a_{n-1}\tau^{n-1}(\theta) \neq 0 \qquad (イ)$$

なる $\theta\in L$ の存在を示す．今すべては0でない $a_0, \cdots, a_{n-1}\in K$ に対して，

$$a_0x+a_1\tau(x)+\cdots+a_{n-1}\tau^{n-1}(x) = 0, \quad \forall x\in L \qquad (ロ)$$

が成立する．$\alpha, \tau(\alpha), \cdots, \tau^{n-1}(\alpha)$ がすべて異る $\alpha\in L$ は明らかに存在するが，(ロ)の x に $\alpha^0=1, \alpha, \cdots, \alpha^{n-1}$ を入れれば $\tau^i(\alpha^k)=\tau^i(\alpha)^k$ だから

$$\begin{aligned} &a_0+a_1+\cdots+a_{n-1} = 0 \\ &a_0\theta+a_1\tau(\theta)+\cdots+a_{n-1}\tau^{n-1}(\theta) = 0 \\ &a_0\theta^2+a_1\tau(\theta)^2+\cdots+a_{n-1}\tau^{n-1}(\theta)^2 = 0 \\ &\cdots\cdots \\ &a_0\theta^{n-1}+a_1\tau(\theta)^{n-1}+\cdots+a_{n-1}\tau^{n-1}(\theta)^{n-1} = 0 \end{aligned}$$

となる．この方程式の係数行列式は，ファンデルモンドの行列式で $\alpha, \tau(\alpha), \cdots, \tau^{n-1}(\alpha)$ がすべて異る限り0とならないことはよく知られている．よって $a_0=a_1=\cdots=a_{n-1}=0$ となり，$a_0, a_1, \cdots, a_{n-1}$ がすべては0でないことに反する．したがって(イ)を満たす $\theta\in L$ の存在が証明された．

2 定理1では α の $GF(q)$-フロベニウスサイクルの元は $p(x)=0$ の根であることが示してある．したがってこのサイクルの長さを c とすると $c\leqq d$ であるが，もし $c<d$ であるとすると，定理2から α は $GF(q^c)$ に属すことになるが，§3定理4の系からこれは矛盾であり，$c=d$ でなけ

ればならない.

4 $GF(3^2)$ のフロベニウスサイクルは，$\{1,3\}$，$\{2,6\}$，$\{4\}$，$\{5,7\}$ で，このうち $3^2-1=8$ と互いに素なものは $\{1,3\}$ と $\{5,7\}$ で，前者には与えられた x^2+2x+2 が対応しているから，後者に対応するものを求めさえすればよい．そこで α^5 の最小多項式をつくると x^2+x+2 となる．したがって $GF(3)$ 上の 2 次原始既約多項式は以上の 2 個.

§6 ガロア体上の代数方程式，円分多項式

$GF(q)$(q は素数の累乗)上の代数方程式

(1) $$f(x) = a_0+a_1x+\cdots+a_mx^m = 0 \qquad (a_i\in GF(q))$$

が与えられたとき，その根がどのような拡大体にあるかを見わける方法は比較的簡単である．まず $f(x)$ を $GF(q)$ 上で既約多項式の積に因子分解する(要すれば，§7 に示す方法によって)．その結果

(2) $$f(x) = p_1(x)p_2(x)\cdots p_k(x)$$

($p_i(x)$ は $GF(q)$ 上 n_i 次既約多項式．同一のものがあってもよい).

$n_1, n_2, \cdots, n_k$ の最小公倍数を n とすると，§3 定理 4 によって各 $p_i(x)=0$ の根はすべて $GF(q^n)$ に含まれる．つまり $GF(q^n)$ は $f(x)$ の分解体(§A 3)である．さらにその根を具体的に知りたければ $GF(q^n)$ の原始元 α を一つ決めれば，§5 例 1 に示すような対応によって各 $p_i(x)=0$ の根を明記することができる．むろん §5 例 1 のような対応表が任意のガロア体に対して出来ているわけではないから，実際に根を確定する，つまり $p_i(x)=0$ を解く，には x を $GF(q^{n_i})$ の原始根 α の n_i-1 次式として表現しその係数を求めるといった方法をとればよい(→第 3 章 §4 例 3).

例 1 $GF(2)$ 上

(3) $$x^5+x^4+1 = 0$$

を解いてみよう．左辺を既約多項式に分解すると，

(4)　　　$$x^5+x^4+1=(x^2+x+1)(x^3+x+1)$$

x^2+x+1 は2次だからその零点は $GF(2^2)$ の中に，x^3+x+1 の零点は $GF(2^3)$ の中にある．

したがって(3)の根は $GF(2^6)$ の中に含まれているはずである．実際 $GF(2^6)$ の原始元を α とし(その原始既約多項式を x^6+x+1 とする)附表T2から，$\beta=\alpha^{21}$ とすれば，$x^2+x+1=0$ の根は β, β^2．$\gamma=\alpha^9\in GF(2^3)$ とすれば $x^3+x+1=0$ の根は $\gamma, \gamma^2, \gamma^3, \cdots$ と一つ一つ調べて行くと，γ^3 が一つの根であることがわかる．そうすれば残りの根はフロベニウス変換を行なって，γ^6, γ^5 であることがわかる(図1)．

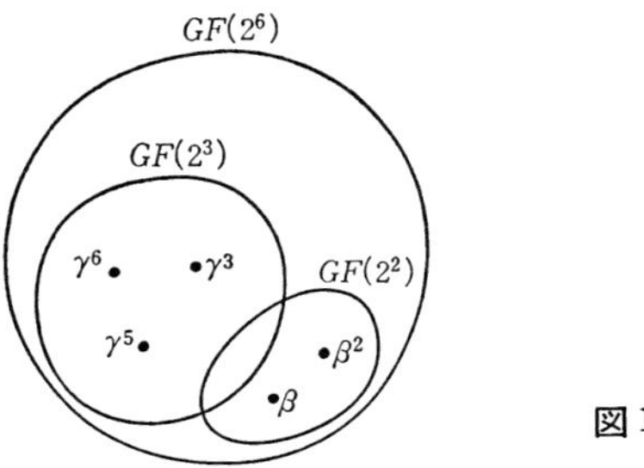

図1

問1　つぎの方程式の根は何次拡大体の中にあるか．

(i)　$x^6-1=0$　　$(GF(2)$ 上)

(ii)　$x^9-1=0$　　$(GF(2)$ 上)

(iii)　$x^5+2x^4+x^3+2x^2+2=0$　　$(GF(3)$ 上)

(iv)　$x^6-1=0$　　$(GF(5)$ 上)

問2　$GF(q)$ 上 $x^n-1=0$ の根は，n と q とが互いに素ならば重根をもたないことを，また n と q との最大公約数が d ならば，すべて d 重根であることを示せ．——

§3定理5で $GF(p^r)^+$ (p は素数)の元は乗法に関して巡回群を

なすことをみた．この大きさnの部分群Gがあれば明らかに$n|(p^r-1)$であり，かつGの元は$x^n-1=0$なる方程式の根になっている．つまり1のn乗根であるといえる．$n=p^r-1$の場合$x^n-1=0$は$GF(p^r)^+$の特性方程式に他ならない．一般にガロア体上で1のn乗根を論ずることは，理論的には円分多項式に関連しており，また応用上は巡回コード(第3章)などに関連して重要である．

一般に標数pのガロア体上で

$$x^n-1=0 \tag{5}$$

なる方程式を考えよう．これは問2でみたようにnがpの倍数でなければ重根をもたないし，nがp^kの倍数ならば，すべてがp^k重根で$y^{n/p^k}-1=0$を考えることと同値だから，今後一般性を失うことなくnはpの倍数でないと仮定しておく．

(5)の根は，

$$n|(p^r-1) \tag{6}$$

となる(むろん(6)を満たす最小のrをとれば十分)rにたいして$GF(p^r)$の中にある．このことははじめに述べたことから明らかであるが，$GF(p^r)$の元εで(5)を満たし，しかも$m<n$に対しては$\varepsilon^m=1$とならないεを1の原始n乗根という．$n=p^r-1$のときこれは$GF(p^r)$の原始元に他ならない．一般に$\theta^n=1$となる最小のnをn_0とするときθの位数はn_0であると呼ぶが，これによれば1の原始n乗根とは位数がnの元と同義語である．

例1　$GF(2)$上

$$x^9-1=0 \tag{7}$$

の原始根εは，$9|(2^6-1)$だから$GF(2^6)$の中にある．そこで，もし$GF(2^6)$の原始元をαとすると，$\varepsilon=\alpha^7$ $(7=63/9)$とすればよいことがわかる．そうすると，(7)の根全体は

$$\varepsilon^0=1,\ \ \varepsilon^1,\ \ \varepsilon^2,\ \ \varepsilon^3,\ \ \varepsilon^4,\ \ \varepsilon^5,\ \ \varepsilon^6,\ \ \varepsilon^7,\ \ \varepsilon^8$$

である．このうち $\varepsilon, \varepsilon^2, \varepsilon^4, \varepsilon^5, \varepsilon^7, \varepsilon^8$ の6個，つまり指数が9と互いに素な元がすべて1の原始9乗根である．——

問3　標数 p のガロア体の元でかつ同一 $GF(p)$-フロベニウスサイクルに属する元は同一の位数をもつことを示せ．——

いま標数 p のガロア体の中で，位数 n の元の総数は明らかに $\varphi(n)$ (n と互いに素な数，1も含む，の総数) に等しい．そこで位数 n の元全体を

$$\{\varepsilon_1, \varepsilon_2, \cdots, \varepsilon_{\varphi(n)}\} \tag{8}$$

としよう．これは問3から明らかなように $GF(p)$-フロベニウスサイクルによって分割される．したがって

$$q_n(x) = (x-\varepsilon_1)(x-\varepsilon_2)\cdots(x-\varepsilon_{\varphi(n)}) \tag{9}$$

は $GF(p)$ 上の多項式となり，これを円分多項式という．$q_n(x)$ が $GF(p)$ 上の多項式であることはわかったが，これを具体的に求めるにはどうすればよいだろう．

(5) の根全体は位数 n の元および n の約数を位数とする元全体に一致するから

$$x^n - 1 = \prod_{d \mid n} q_d(x). \tag{10}$$

たとえば $GF(2)$ 上 $n=21$ とすると

$$x^{21} - 1 = q_1(x)q_3(x)q_7(x)q_{21}(x)$$

となるが，さらに21の各約数を n として (10) を作ると

$$x^7 - 1 = q_1(x)q_7(x)$$
$$x^3 - 1 = q_1(x)q_3(x)$$
$$x - 1 = q_1(x)$$

となるから，これらを逆に解くと，

$$q_1(x) = x - 1$$
$$q_3(x) = (x^3 - 1)(x-1)^{-1}$$

$$q_7(x) = (x^7-1)(x-1)^{-1}$$

(11) $$q_{21}(x) = (x^{21}-1)(x^7-1)^{-1}(x^3-1)^{-1}(x-1)$$

となる．

さて(11)のような式を一般的に作るには，(10)にメビュウスの逆転公式(注1)を適用して

(12) $$q_n(x) = \prod_{d|n}(x^d-1)^{\mu(n/d)}.$$

問4 $n=p^r-1$ のとき $q_n(x)$ は p 上 r 次のすべての原始既約多項式の積であることを示せ．$g_{15}(x)$ を(12)によって求め，これを因子分解して(→§7)，$GF(2)$ 上4次の原始既約多項式をすべて求めよ．

注1 メビュウス逆転公式([3]より)

自然数 n を素因数分解して

$$n = p_1{}^{e_1}\cdots p_r{}^{e_r} \qquad (e_1, \cdots, e_r \geqq 1)$$

としておくとき，n のメビュウス関数 $\mu(n)$ とは

(13) $$\mu(n) = \begin{cases} 1, & n=1 \\ (-1)^r, & e_1 = \cdots = e_r = 1 \\ 0, & e_i \text{の中に2以上のものがある} \end{cases}$$

で定義されるものである．

このときまずつぎが成り立つ．

(14) $$\sum_{d|n}\mu(d) = 0 \qquad (n \geqq 2)$$

なぜなら，

(15) $$\sum_{d|n}\mu(d) = \sum_{x_1,\cdots x_r}\mu(p_1{}^{x_1}\cdots p_r{}^{x_r})$$

で右辺の和は $0 \leqq x_i \leqq e_i\ (i=1, \cdots, r)$ について行なわれるが，(13)の定義から $x_i \leqq 1\ (i=1, \cdots, r)$ だけを考えればよいから，

$$\begin{aligned}(16)\qquad \sum_{d\mid n}\mu(d) &= \mu(1)+\mu(p_1)+\cdots+\mu(p_r)\\ &\quad +\{\mu(p_1p_2)+\cdots+\mu(p_{r-1}p_r)\}\cdots\\ &\quad +\mu(p_1p_2\cdots p_r)\\ &= 1-\binom{r}{1}+\binom{r}{2}-\cdots+(-1)^r=(1-1)^r=0.\end{aligned}$$

これによってつぎの公式が生れる．

$$(17)\qquad \prod_{m\mid n}F(m)=G(n)\quad \text{ならば}\quad F(n)=\prod_{m\mid n}G(m)^{\mu(n/m)}.$$

なぜなら(17)の第2式の $G(m)$ に第1式を代入した

$$(18)\qquad F(n)=\prod_{m\mid n}\prod_{k\mid m}F(k)^{\mu(n/m)}$$

を示せばよいが，ここで $n/m=m'$ は $n/k=k'$ の約数だから，$\prod$ を m', k' の順にかえると，

$$(19)\qquad F(n)=\prod_{k'\mid n}\prod_{m'\mid k'}F\left(\frac{n}{k'}\right)^{\mu(m')}=\prod_{k'\mid n}F\left(\frac{n}{k'}\right)^{\sum_{m'\mid k'}\mu(m')}$$

この右辺の $\sum$ は(14)から $k'=1$ のとき以外は0だから(19)の右辺は $F(n)$ に等しく(17)が証明された．

(10)に(17)を適用すれば(12)が生れるのである．

注2　代数的閉体：周知のように実数を係数とする代数方程式の根はすべて，複素数体，つまり $x^2+1=0$ の根 $i=\sqrt{-1}$ による実数体 R の2次拡大体 $R(i)$，の中にある．そればかりでなく複素数を係数とする代数方程式の根もすべて $R(i)$ の中にある．つまり実数体 R は2次拡大体 $R(i)$ にしてすでに代数的閉体なのである．（体 L が代数的閉体であるというのは L 上の任意の代数方程式の根がすべて L の中にあることをいう.）これは F. Gauss が学位論文の中で証明したと言われる代数学の基本定理であるが，実

数のもつ連続性，大小性，四則性という水と油のような性質が混然とまざり合って始めて可能になるもので，実数のもつまことに不思議な性質であると同時に，複素数というものの重要性を示すものである．

われわれのガロア体ではこの問題がどのようになるであろうか．この節のはじめの例1などでみたように$GF(q)$上代数方程式$f(x)=0$が与えられたとき，$f(x)$の分解体が$GF(q)$の何次拡大であるかを見出すことは容易であった．もし$GF(q^n)$が分解体ならばその原始元αの累乗で，根を表現することもできた．したがってガロア体の上で任意の代数方程式が与えられたとき，それに対して十分大きな拡大体を考えれば，その中でその方程式を解くことはできる．

しかしあらかじめ固定した一つの体があって，その中で任意の代数方程式が解けるようにできるのが代数的閉体であるから，上のような考えではまだ十分でない．そこでつぎのように考えれば，たとえば標数pのガロア体上で代数的閉体を作ることができることを[1]にならってのべておこう．

§5例1でみたように，ガロア体の任意の元は既約多項式と対応がつくから，既約多項式とその何番目の根かということでガロア体の元を表現することができる．たとえば任意のn次既約多項式$p_n(x)$を与えると，その$i(i=1, \cdots, n)$番目の根と$GF(p^n)$の元とが§5例1のように対応づけられるから，この元を$(p_n(x), i)$で表わす．$(p_n(x), i)$と$(p_m(x), j)$との和や積は，これらを上の対応で$GF(p^n)$と$GF(p^m)$の元に写像しておき，m, nの最小公倍数をlとすれば，この和や積は$GF(p^l)$で遂行できるから，その結果を$(p_r(x), k)\ (r \leqq l)$に戻すことができる．このような元$(p_n(x), i)$の全体は明らかに一つの代数的閉体を作る．しかしこれはも早有限ではない．

有限体の代数的閉体は有限体になり得ないということは，有限だけで話を閉じようとしても無理であることを教えているのかも知れない．

問の答

1 (i) $x^6-1=(x+1)^2(x^2+x+1)^2$ と既約分解できるから，$GF(2^2)$ の中にあり重根をもつ．

(ii) $x^9-1=(x+1)(x^2+x+1)(x^6+x^3+1)$ と既約分解できるから，$GF(2^6)$ の中にある．

(iii) $x^5+2x^4+x^3+2x^2+2=(x^3+2x+1)(x^2+2x+2)$，$GF(3^6)$ の中にある．

(iv) $(x^6-1)=(x-1)(x+1)(x^2+x+1)(x^2-x+1)$，$GF(5^2)$ の中にある．

2 n, q が互いに素ならば，n は $GF(q)$ の標数(つまり $q=p^l$ (p は素数)としたときの) p の倍数でない．$f(x)=x^n-1=0$ の根を θ とすると，$\theta\neq 0$ で，$f'(\theta)=n\theta^{n-1}$ は n が p の倍数でないから 0 とならず，したがって $f(x)=0$ は重根をもたない．

$m=n/d$ とすると $x^n-1=x^{md}-1=(x^m-1)^d$．(なぜなら d は p の倍数で，$p\neq 2$ ならばすべて奇数，$p=2$ ならば $-1=1$.)

3 θ の位数が n であるとすると，θ^p は明らかに $(\theta^p)^n=1$ を満たす(§5 定理 1)．また $m<n$ に対して $(\theta^p)^m=1$ ならば，θ は θ^p にフロベニウス変換をほどこして到達可能だから $\theta^m=1$ となって矛盾．

4 位数 p^r-1 の元は $GF(p^r)$ の原始元だから．

$$\begin{aligned} g_{15}(x) &= (x-1)(x^3-1)^{-1}(x^5-1)^{-1}(x^{15}-1) \\ &= 1+x+x^3+x^4+x^5+x^7+x^8. \end{aligned}$$

§7 の因子分解のアルゴリズムより

$$g_{15}(x) = (1+x^3+x^4)(1+x+x^4).$$

したがって $1+x^3+x^4$，$1+x+x^4$ が求める原始既約多項式．

§7　ガロア体上の多項式の因数分解

ガロア体 $GF(q)$ 上で与えられた n 次多項式 $f(x)$ が既約か否かを判定すること，あるいはさらに $f(x)$ を既約因数に分解することは，応用上あらゆる分野で必要とされる．幸にして，全部の場合を尽すといったブルドーザ的な方法でないアルゴリズムが，E. R. Berlkamp[2] の卓抜なアイディアによって開発されている．

つぎの定理がその発想の基本である．

定理1　$GF(q)$ 上 n 次多項式 $f(x)$ が，

(1)　$$f(x)=p_1(x)^{e_1}\cdots p_r(x)^{e_r}$$　（$p_i(x)$ は $GF(q)$ 上既約多項式，$e_i\geqq 1$，$p_1(x),\cdots,p_r(x)$ はすべて異なる）

と既約分解されているとすると，

(2)　$$g(x)^q-g(x)\equiv 0 \pmod{f(x)}$$

を満たす $n-1$ 次以下の多項式 $g(x)$ はちょうど q^r 個存在する．

証明　任意に与えた $s_1,\cdots,s_r\in GF(q)$ に対して

(3)　$$g(x)\equiv s_i \pmod{p_i(x)^{e_i}} \qquad (i=1,\cdots,r)$$

を満たす $n-1$ 次以下の多項式 $g(x)$ がただ一つ存在し，また異なる $(s_1,\cdots,s_r)$ と $(s_1',\cdots,s_r')$ に対して(3)でそれぞれ決まる $g(x)$, $g'(x)$が等しくなることはない(合同式の基本定理→注1)．

さて(3)で決まる $g(x)$ にたいして，$g(x)-s_1$, $\cdots$, $g(x)-s_r$ の最小公倍数 $[g(x)-s_1,\cdots,g(x)-s_r]$ は $f(x)$ の倍数である($g(x)-s_i$ が $p_i(x)^{e_i}$ の倍数で $i\neq j$ に対して $p_i(x)^{e_i}, p_j(x)^{e_j}$ は互いに素だから)．

ところがもし $s_i\neq s_j$ ならば $g(x)-s_i$ と $g(x)-s_j$ とは互いに素であるから，

(4)　$$[g(x)-s_1,\cdots,g(x)-s_r]\,\Big|\prod_{s\in GF(q)}(g(x)-s).$$

そして

$$(5)\qquad \prod_{s\in GF(q)}(g(x)-s) = g(x)^q - g(x).$$

($GF(q)$ の特性多項式は x^q-x であるから

$$(6)\qquad \prod_{s\in GF(q)}(x-s) = x^q - x$$

となるが，このことは，左辺を展開してみればわかるように，x の代りにどんな関数を置きかえても(6)が成り立つことを示している)．だから(3)で決まる $g(x)$ は(2)の解であり，逆に(2)が成り立てば(1)と(5)から，$g(x)$ は各 $i=1, \cdots, r$ に対する $p_i(x)^{e_i}$ と適当な $s_i\in GF(q)$ に対して(3)を満たす．$s_1, \cdots, s_r$ の与え方は q^r 通りあるから，(2)の解はちょうど q^r である．∎

われわれはもちろん $f(x)$ を与えられたとき，(1)の右辺のような分解を知らない(これこそが求めるものなのだから)．ところが(2)の解を求めることは以下のように比較的簡単である．定理1は多くの内容をもつが，(r によらない)(2)を解くことによって自動的に r がわかるというところに，その第1の価値があると思われる．

定理2 $n-1$ 次以下の $GF(q)$ 上の多項式

$$(7)\qquad g(x) = g_0+g_1x+\cdots+g_{n-1}x^{n-1} \qquad (g_i\in GF(q))$$

が(2)の解である必要十分条件は，

$$(8)\qquad x^{iq} \equiv a_{i0}+a_{i1}x+\cdots+a_{i,n-1}x^{n-1} \pmod{f(x)} \qquad (i=0, \cdots, n-1) \qquad (a_{ij}\in GF(q))$$

で決まる $n\times n$ 行列 $A=[a_{ij}]$ を考えるとき，

$$(9)\qquad (g_0g_1\cdots g_{n-1})(A-I) = 0 \qquad (I \text{ は } n\times n \text{ 単位行列})$$

である．

証明 §2(3)より

$$(10)\qquad g(x)^q=\sum_{i=0}^{n-1}g_ix^{iq}$$

$$(11)\qquad \equiv\sum_{i=0}^{n-1}g_i\sum_{j=0}^{n-1}a_{ij}x^j\pmod{f(x)}$$

$$=\sum_{j=0}^{n-1}\left(\sum_{i=0}^{n-1}g_ia_{ij}\right)x^j.$$

したがって

$$(12)\qquad g(x)^q-g(x)\equiv 0\pmod{f(x)}\Longleftrightarrow (g_0g_1\cdots g_{n-1})(A-I)=0$$

によって定理が証明された. ∎

定理 1, 2 によって $f(x)$ の既約性の判定条件が容易に得られる. つまり (9) なる方程式を $g_0, g_1, \cdots, g_{n-1}$ について解くとき, $A-I$ の $GF(q)$ 上のランクが $n-1$ ならば, ——あるいはそれと同値な条件として解の個数が q ならば, ——$r=1$, したがって $f(x)$ は既約多項式の累乗であり, そうでなければ既約でない. これらをまとめるとつぎの定理が得られる.

定理 3　既約性の判定: (9) の解の個数を q^r とするとき, $r=1$ ならば $f(x)$ は $GF(q)$ 上既約多項式の累乗であり, $r\geqq 2$ ならば $f(x)$ は既約でない. (累乗のべき数が 1 か否かの判定については p. 65 補注を参照)——

問 1　$GF(3)$ 上 x^7+2x+1 は既約か. ——

さて定理 1, 2 は単に既約性の判定のための基礎理論を与えるだけでなく, $f(x)$ を実際に因数分解する手段を提供する. 話を簡単にするため今後 $GF(q)=GF(2)=\{0, 1\}$ としておこう.

定理 1 の証明から, (2) (あるいは (9)) の一つの解 $g(x)$ について, $g(x)(g(x)-1)$ が $f(x)$ の倍数となること, および $p_i(x)^{e_i}$ $(i=1, \cdots, r)$ は $g(x)$ か $g(x)-1$ かのいずれかの因数になっていることがわかる. そこで図 1 に示すような場合がおこる. すなわち, (イ) の

ように $p_i(x)^{e_i}$ $(i=1, \cdots, r)$ の一部が $g(x)$ の，残りが $g(x)-1$ の因数となる場合，(ロ)，(ハ)のようにどちらか一方に集ってしまう場合.

ところが $f(x)$ は $g(x)$ より高次だから(ロ)，(ハ)のようになるのは，$g(x)=0$ か $g(x)-1=0$ の場合に限られる．そこで $r=1$ のときは一つの $p_1(x)^{e_1}$ しかないから，(9)の2個の解は(ロ)と(ハ)の型になる．$r \geqq 2$ であるかぎり，(9)の解の中には必ず(イ)の型が含まれるはずである(なぜなら(9)の解が(ロ)か(ハ)だけなら2通りしかなく，実際の解は 2^r $(r \geqq 2)$ 個あるから).

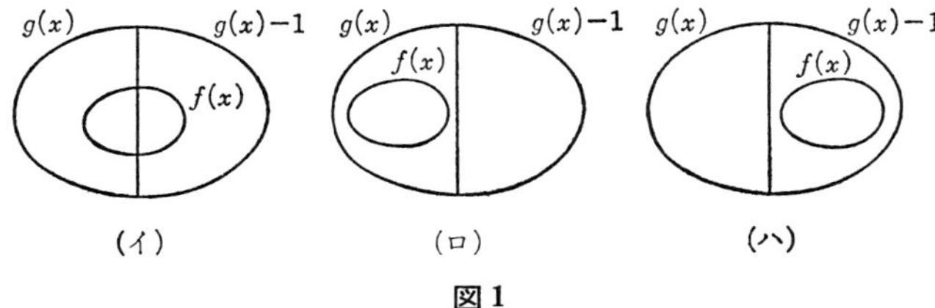

図1

したがって(9)のすべての解 $g(x)$ に対して

$$f(x) = (f(x), g(x))(f(x), g(x)-1) \tag{13}$$

$((f(x), g(x))$ は $f(x)$ と $g(x)$ の最大公約数)

(一般に $f(x) | a(x)b(x)$ ならば $f(x)=(f(x), a(x))(f(x), b(x))$ となる)のように分解をすれば，そのどれかで図1の(イ)の型のように，$f(x)$ より低次の因数に分解される.

1次でも低次のものに分解されれば，その因数を新たに $f(x)$ と見なして同様のことを繰り返し，$r=1$ となるまで続ければ遂に既約多項式の累乗までの分解が完成する．(p.65補注参照)

以上を一般の形で定理としてまとめておく.

定理4　(9)の解の個数が q ならば $f(x)$ は既約多項式の累乗で

あり，q^r $(r \geqq 2)$ 個ならばその中の少なくとも一つの $g(x)$ について

$$f(x) = \prod_{s \in GF(q)} (f(x), g(x)-s) \tag{14}$$

のような因数分解によって，$f(x)$ をより低次の多項式に分解できる．(0 はすべての多項式の倍数とみなす．したがって $(0, f(x)) = f(x)$).

例 1　$GF(2)$ 上の $f(x) = x^5 + x^4 + 1$ を考える．(8) より

$$\begin{cases} x^0 = 1 \\ x^2 = \qquad\quad x^2 \\ x^4 = \qquad\qquad\qquad x^4 \\ x^6 = 1 + x \qquad\quad + x^4 \\ x^8 = 1 + x + x^2 + x^3 + x^4 \end{cases} \tag{15}$$

となるから

$$A = \begin{bmatrix} 1 & 0 & 0 & 0 & 0 \\ 0 & 0 & 1 & 0 & 0 \\ 0 & 0 & 0 & 0 & 1 \\ 1 & 1 & 0 & 0 & 1 \\ 1 & 1 & 1 & 1 & 1 \end{bmatrix}, \qquad A - I = \begin{bmatrix} 0 & 0 & 0 & 0 & 0 \\ 0 & 1 & 1 & 0 & 0 \\ 0 & 0 & 1 & 0 & 1 \\ 1 & 1 & 0 & 1 & 1 \\ 1 & 1 & 1 & 1 & 0 \end{bmatrix} \tag{16}$$

$$(g_0\ g_1\ g_2\ g_3\ g_4)(A - I) = 0 \tag{17}$$

の解のすべては，

$$(g_0\ g_1\ g_2\ g_3\ g_4) = (1\ 0\ 0\ 0\ 0\ 0)\theta_1 + (0\ 0\ 1\ 1\ 1)\theta_2, \qquad (\theta_1, \theta_2 \in GF(2)) \tag{18}$$

で表現できる．つまり $(\theta_1, \theta_2) = (0, 0), (1, 0), (0, 1), (1, 1)$ の 4 通りを (18) の右辺に代入して決まる左辺の値が解のすべてである．そのおのおのに対して (13)(あるいは (14)) のような因数分解を実行すると

(i)　$(\theta_1, \theta_2) = (0, 0)$　のとき　$(g_0\ g_1\ g_2\ g_3\ g_4) = (0\ 0\ 0\ 0\ 0)$

$$f(x) = (f(x), 0)(f(x), 1) = f(x)$$

(ii)　$(\theta_1, \theta_2) = (1, 0)$ のとき $(g_0\ g_1\ g_2\ g_3\ g_4) = (1\ 0\ 0\ 0\ 0)$

(i)と同様

(iii)　$(\theta_1, \theta_2) = (0, 1)$ のとき $(g_0\ g_1\ g_2\ g_3\ g_4) = (0\ 0\ 1\ 1\ 1)$

$$f(x) = (f(x), x^2+x^3+x^4)(f(x), 1+x^2+x^3+x^4)$$
$$= (1+x+x^2)(1+x+x^3)$$

(iv)　$(\theta_1, \theta_2) = (1, 1)$ のとき $(g_0\ g_1\ g_2\ g_3\ g_4) = (1\ 0\ 1\ 1\ 1)$

(iii)と同様

なお，最大公約数を求めるにはユークリッドアルゴリズム(§A 3)によればよい．(p. 65 補注参照)

原始既約多項式の判定

以上で与えられた多項式 $f(x) = x^n + a_{n-1}x^{n-1} + \cdots + a_1x + a_0$ の既約性の判定がわかったが，$f(x)$ が既約であるとわかったとき，これが原始既約か否かを判定するにはどうすればよいか．これには $f(x)=0$ の根つまり，

(19)
$$\alpha^n = -a_{n-1}\alpha^{n-1} - \cdots - a_1\alpha - a_0$$

できる α を考え，$\alpha^1, \alpha^2, \cdots$ を作って行って α^{q^n-1} がはじめて 1 となること，つまり q^n-1 より小さな m では $\alpha^m \neq 1$ であることを確かめればよい．$\alpha^m=1$ となるのは $m|(q^n-1)$ の場合に限られるから，q^n-1 の約数だけを調べればよいことになるが，さらに約数のうち極大の約数だけを調べれば原始か否かの判定には十分である(極大の約数 m とは，$m<m'$ なる約数 m' が存在しないもの)．極大の約数は

(20)
$$q^n - 1 = p_1^{e_1} p_2^{e_2} \cdots p_r^{e_r}$$

と素因数分解したとき

(21)
$$m = (q^n-1)/p_j \qquad (j=1, \cdots, r)$$

で決まるものでその全体は r 個ある．

なお α^m を求めるには§8でのべるような方法を用いればよいが，その掛け算回数は $\log_2 m$ のオーダですむ．なお，$f(x)$ が既約か否か不明であっても，形式的に(19)を用いて，以上の操作を行なえば，原始既約性は判定できる．これは mod $f(x)$ の環の中で，$x^m=1$ となる最小の m が q^n-1 に等しいのは，$f(x)$ が原始既約多項式の場合に限るからである(→附表T1の中の Alane & Knuth の論文参照)．

注1 合同式の基本定理

定理4 $h_1(x), \cdots, h_m(x)$ のどの二つも互いに素な多項式とするとき，$h_i(x)$ で割った余りが $r_i(x)$ $(i=1, \cdots, m)$ となるような多項式 $f(x)$ で，$h_1(x)\cdots h_m(x)$ より低次なものはただ一つ存在する．

——

この定理は多項式(どんな体上の多項式でもよい)についてのべているが，整数についても同様の定理が成り立つ；$h_1, \cdots, h_m$ のどの二つも互いに素な自然数とするとき，h_i で割って余りが r_i $(i=1, \cdots, m)$ となる自然数のうち $h_1\cdots h_m$ より小さい自然数はただ一つ存在する．

3で割って余りが2，5で割って余りが1，7で割って余りが4となる105($=3\times5\times7$)より小さい数を求めよといった，いわゆる百五減算として和算でも古くから研究された問題は，この意味からよく海外の文献では，Chinese Remainder Theorem として引用されている．証明なども多くの本[2][3]に出ているが，ここでは $m=2$ の場合についてのべておこう．

定理の主張は

(19) $$f(x) \equiv r_1(x) \pmod{h_1(x)}$$

(20) $$f(x) \equiv r_2(x) \pmod{h_2(x)}$$

となる $f(x)$ で $h_1(x)h_2(x)$ より低次のものがただ一つ存在すると

いうことである．

(19)から

$$f(x)=q_1(x)h_1(x)+r_1(x) \tag{21}$$

と書けるが，これを(20)に代入すると，

$$q_1(x)h_1(x)\equiv r_2(x)-r_1(x) \pmod{h_2(x)} \tag{22}$$

となるが，$h_1(x)$ と $h_2(x)$ とは互いに素だから§A2定理2から

$$h_1(x)\bar{h}_1(x)\equiv 1 \pmod{h_2(x)} \tag{23}$$

となる $\bar{h}_1(x)$ が存在する．このことから(22)は

$$q_1(x)\equiv \bar{h}_1(x)(r_2(x)-r_1(x)) \pmod{h_2(x)} \tag{24}$$

となり，したがって

$$q_1(x)=q_2(x)h_2(x)+(r_2(x)-r_1(x))\bar{h}_1(x)$$

と書けるから，これを(21)に代入して

$$f(x)=q_2(x)h_1(x)h_2(x)+(r_2(x)-r_1(x))\bar{h}_1(x)h_1(x)$$

となる．第1項は $h_1(x)$ で割っても $h_2(x)$ で割っても余りが0だから，条件(19)，(20)に関係がなくこれを省略すると，結局

$$f(x)=(r_2(x)-r_1(x))\bar{h}_1(x)h_1(x) \tag{25}$$

を得る．ところが(24)から $\bar{h}_1(x)(r_2(x)-r_1(x))$ は $h_2(x)$ より低次の多項式とおける．したがって(25)の $f(x)$ は $h_1(x)h_2(x)$ より低次でこれが求めるものである．

また，もし条件(19)，(20)を満たす $f'(x)$ が存在すれば

$$f'(x)-f(x)\equiv 0 \pmod{h_1(x)},$$
$$f'(x)-f(x)\equiv 0 \pmod{h_2(x)}$$

だから

$$f'(x)-f(x)\equiv q(x)h_1(x)h_2(x)$$

となり，$f'(x)$ は $h_1(x)h_2(x)$ より高次となる．したがって(25)で決まる $f(x)$ は定理の条件を満たすただ一つのものである．

§8 ガロア体内の演算について

ガロア体 $GF(q^n)$ の元の表現や演算として現在もっとも普通に用いられているものは，§4 で見たような原始根 α による巡回表現であろう．これによる演算でもっともしばしば用いられるものは，原始根 α の累乗 α^i から α の $n-1$ 次多項式への(§4(4)の左辺から右辺への)変換と，その逆である α の $n-1$ 次多項式を与えて α^i の指数 i を求める変換である．ここで前者を EP 変換，後者を PE 変換と呼ぶことにしよう．

このためには比較的小さなガロア体なら附表 T 2 に示すような表を記憶しておけばよいが，第 3 章，第 4 章でみるような実際の応用では，かなり大きなガロア体を考える傾向にあると思われる．これに対してどのような方法が適しているかをつぎにのべることにしよう．

まず EP 変換を考えよう．§4(4)でみたように α^i の i は 0 から q^n-1 の間にあるから，α を i 回掛けるというようなやり方をすれば，演算回数は n の指数のオーダになってしまい，これはいかにも無駄である．一般に或る要素を i 乗するには，$\log_2 i$ のオーダの掛け算回数で十分であることが言える．

たとえば x を 100 乗するには，100 を 2 進数展開し

(1) $$100 = 64+32+4 = 2^6+2^5+2^2$$

としておいて右辺を順につぎのようにくくり直すと，

$$\begin{aligned} 2^6+2^5+2^2 &= (2^4+2^3+1)2^2 \\ &= ((2+1)2^3+1)2^2 \end{aligned}$$

となるが，この最後の式を左からみて“2 が出たら 2 乗”し“1 が出たら x を掛けよ”という操作をほどこせばよいから，結局

(2) $$x^{100} = (((((x^2\cdot x)^2)^2)^2 x)^2)^2$$

のようにすれば，8 回の掛け算ですむ．なお $GF(p)$ 上の多項式で

EP変換をするにはp乗するのがきわめて簡単である(§2(3))から，p進展開をして計算するのが最も効率的である．

つぎにPE変換を考えよう．この変換は全部の場合をためすといった原始的な方法以外に，つぎのような

(3)
$$\alpha^i+\alpha^k=1$$

のiとkとの関係を記憶しておいて，それを利用するのが現在のところよいと思われる．(3)を満たすkをiの関数とみて$k=f(i)$と書くことにしよう．明らかに$i=f(k)$.

これを$GF(2^5)$の場合について附表T2から求めると表1が得られる．表1の三つのグループはフロベニウスサイクルで，したがって各サイクルの初期値(表中(　))だけを記憶しておけばよい．そのための記憶の量は

(4)
$$q^n/n\text{ のオーダ}$$

である．

表1

$(\alpha^1+\alpha^{18}=1)$	$(\alpha^3+\alpha^{29}=1)$	$(\alpha^7+\alpha^{22}=1)$
$\alpha^2+\alpha^5=1$	$\alpha^6+\alpha^{27}=1$	$\alpha^{14}+\alpha^{13}=1$
$\alpha^4+\alpha^{10}=1$	$\alpha^{12}+\alpha^{23}=1$	$\alpha^{28}+\alpha^{26}=1$
$\alpha^8+\alpha^{20}=1$	$\alpha^{24}+\alpha^{15}=1$	$\alpha^{25}+\alpha^{21}=1$
$\alpha^{16}+\alpha^9=1$	$\alpha^{17}+\alpha^{30}=1$	$\alpha^{19}+\alpha^{11}=1$

さて表1を利用して

$$\alpha^4+\alpha^2+\alpha+1=\alpha^j$$

のjを求めてみよう．

$$\alpha^4+\alpha^2+\alpha=\alpha^k \qquad (j=f(k))$$
$$\alpha^3+\alpha+1=\alpha^{k-1}$$
$$\alpha^3+\alpha=\alpha^l \qquad (k-1=f(l))$$
$$\alpha^2+1=\alpha^{l-1}$$

$$\therefore \quad l-1=f(2)=5, \qquad l=6, \qquad k-1=f(6)=27,$$
$$k=28, \qquad j=f(28)=26.$$

もっとも第3章§3でみるような回路を組むと，1回の掛け算が1クロックパルス(現在では10^{-9}秒のオーダ)で可能であるから，PE変換もEP変換も比較的小さなnに対してならば，第3章§3(31), (32)のような方法の方がよいかも知れない.

また，§1例2でのべたような最も原始的な方法を用いれば，もともとPEやEP変換など不用であるからこれも案外すてたものではない. やはり部分体を見つけたり，あとでのべる有限幾何の直線を求めたりするのには大変な手間がかかる.

補注 §7で既約多項式の累乗の形$f(x)=p(x)^e$までの分解ができたが，これをさらに分解するにはつぎのようにする. $f'(x)=df(x)/dx\neq 0$ならば，$(f,f')=p(x)^{e-1}$だから$f(x)$が既約なら$(f,f')=1$，そうでなければ$f/(f,f')=p(x)$が求まる. $f'(x)=0$ならeが標数pの倍数となっている. つまり$f(x)=p(x)^{pl}=(p(x)^l)^p$の形であり，$p$乗して$f(x)$となる$f_1(x)$を求めれば$f_1(x)=p(x)^l$だからこれについてまた以上の操作を続ければよい.

第2章　実験計画への応用

§1　要因計画

たとえば或る化学製品の収率に影響を与える因子が，A反応温度，B反応炉，C触媒であると考えられている．これらの因子がたとえば収率という特性にどのような効果を与えるかを分析するいわゆる要因分析の問題を考えよう．統計学の分析は，因果関係を，実質科学が行なうように内部構造によって分析するのでなく，これをブラックボックスとして，実験データからの経験則として分析するのである．またこの場合，因子としては説明のつかない偶然誤差が含まれるのが常である(図1)．

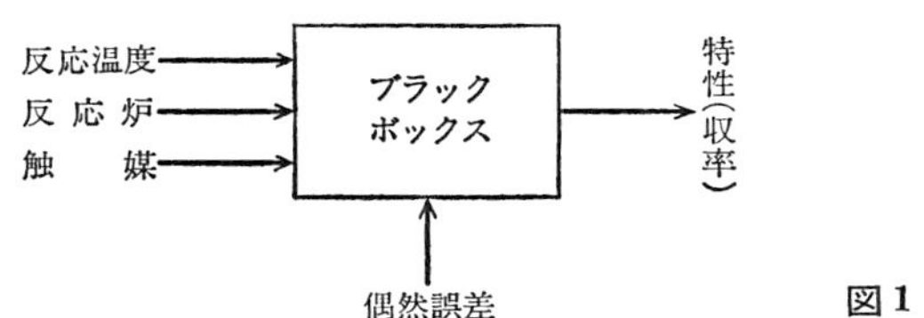

図1

これらの因子のうちAは温度という計量的な情報が収率という特性値の原因になると考えられるので，計量因子と呼ばれる．ところがBは，たとえば2台の炉があってそのちがいを考え，Cは，触媒を使わない，従来の触媒を使う，新しく開発された触媒を使う，という3通りのやり方を考えるとすると，これらは計量化できないので離散因子と呼ばれる．また離散因子のうちわけである，

B: B_1　1号炉，B_2　2号炉

C：C_1 無，C_2 旧，C_3 新

を水準と呼ぶ．

すべてが計量因子であるような要因分析には回帰分析(たとえば[5]，[6]など参照)と呼ばれる方法が適切である．これに対してすべてが離散因子である場合にはここでのべる要因計画が適切である．実際問題では，上の例のように両者が混在している場合が多く，これを同時に取り扱うこともできる[1]が，計量因子であっても一定の水準に制御することができる場合は，離散因子として取り扱うことができる(むろんこれによって情報はいく分失われるが)ので，ここでは要因計画の場合に話を限定しよう．たとえばA因子を

A：A_1 800°，　A_2 850°，　A_3 900°

と固定した水準で実験するとすれば，上の例は要因計画の問題となる．

一般にA, B, Cの水準数がそれぞれ a, b, c であるような要因計画を $a\times b\times c$ 型と呼ぶ(むろん因子が四つ以上の場合も同様である)．この実験条件をきめるものは水準組合せであって，Aを水準 A_i に，Bを B_j に，Cを C_k に設定した実験から得られた特性値データを y_{ijk} と書くことにする．

第1次近似の仮定

統計解析の出発点はデータに一つのモデル(構造式)を仮定することであるが，要因計画では第1次近似のモデルとして，つぎの(1)，(2)，(3)を設定するのが普通である．

(1)
$$y_{ijk}=\mu+\alpha_i+\beta_j+\gamma_k+e_{ijk}$$

ここで μ は水準番号に無関係な一定数で中心効果と，α_i は因子Aが水準 i であることの特性値への効果をあらわすもので主効果

1)　共分散分析と呼ばれている方法がこれに当る．

(β_j, γ_k も同様) と呼ぶ.

主効果については

$$\alpha_1+\cdots+\alpha_a=0,\qquad \beta_1+\cdots+\beta_b=0,\qquad \gamma_1+\cdots+\gamma_c=0 \tag{2}$$

なる仮定がおかれる. この仮定は, 各因子の中での水準の効果の絶対的な値でなく相対的な差を知ることが目的であるために置かれたものである. 実はつぎの問でみるように絶対的な値を知ることは不可能なのである.

問 1　誤差のないモデル

$$y_{ij}=\alpha_i+\beta_j \qquad (i=1,2,3,\ \ j=1,2,3)$$

があったとき, たとえば $(i,j)=(1,1),(1,2),(2,1),(2,3),(3,2),(3,3)$ の六つの式に対して, y_{ij} を知って $\alpha_1,\alpha_2,\alpha_3,\beta_1,\beta_2,\beta_3$ の 6 個の未知数を知ることができるか. ——

また e_{ijk} は偶然誤差を表わす, つぎのような確率変数であると仮定する.

$$\begin{cases} E(e_{ijk})=0 & \text{期待値は } 0 \\ V(e_{ijk})=\sigma^2 & \text{分散は } i,j,k \text{ によらず一定} \\ & \hfill\text{(等分散)} \\ e_{ijk}\quad (i=1,\cdots,a,\ \ j=1,\cdots,b,\ \ k=1,\cdots,c) & \text{は独立} \\ & \hfill\text{(独立性)} \end{cases} \tag{3}$$

このうち第 1 の仮定は中心効果 μ を調整項と考えればよいからとくに問題はない. 等分散の仮定は, 実験条件が水準組合せ以外では, 均一になるようになっていて始めて成り立つ. また特性値が不良率などのデータである場合, その分散が不良率の大きさそのものによるから, 適当な変数変換などを行なって等分散となるようにする配慮が必要である. また独立性の仮定が成り立つためには, 各水準組合せの実験が独立に行なわれるような実際上の配慮が必要で，これに関しては工場実験などではとくに注意する必要がある．

第2次近似の仮定

さて以上のような第1次近似の仮定のもとにつぎの§2にのべるような方法で解析を行なった結果，この仮定が妥当でないと考えられる場合もある．その原因として，第1には主要な因子を見逃している場合が多いが，そのような場合は実質科学者，技術者と相談の上見逃している因子を見出す必要がある．また第2の原因としては，第1次近似の仮定では現実を表現し得ていないことがあげられ，この場合はつぎの第2次近似の仮定を設定する必要がある．

$$y_{ijk}=\mu+\alpha_i+\beta_j+\gamma_k+(\alpha\beta)_{ij}+(\alpha\gamma)_{ik}+(\beta\gamma)_{jk}+e_{ijk}. \tag{4}$$

ここで $\mu, \alpha_i, \cdots, e_{ijk}$ は前と同様で(2)，(3)を満たすものであるが，$(\alpha\beta)_{ij}$ は因子 A と B との(これを $A\times B$ と簡略的に書く)2因子交互作用効果と呼ばれるもので，A_i と B_j との水準組合せによって始めて決まる効果である．これらについて，(2)と同様に

$$\sum_{j=1}^{b}(\alpha\beta)_{ij}=0 \quad (i=1, \cdots, a), \qquad \sum_{i=1}^{a}(\alpha\beta)_{ij}=0 \quad (j=1, \cdots, b) \tag{5}$$

なる仮定がおかれる．($(\alpha\gamma), (\beta\gamma)$ についても同様.)

交互作用効果というものの実際上の意味について少し考えておこう．或る化学反応で2種の触媒の収率におよぼす効果の差は，低温では目立たないが，高温でははっきり出てくるということがしばしばみられる．また新旧2台の旋盤の良否は熟練工が操作すると(旧い機械は腕でカバーするため)あまり目立たないが，未熟練工が操作すると顕著にあらわれる，といった例が多い．以上の

ように二つの因子 A, B があるとき，A の水準の特性値に及ぼす効果の差が B のどの水準にあるかによって異なる場合に，この二つの因子の間に交互作用が存在することになるのである．

問2　表1のデータは新旧2台の旋盤で熟練工と未熟練工が100本のネジを削ったときの不良個数とする．誤差がないとして，これが

$$y_{ij} = \mu + \alpha_i + \beta_j \qquad (i=1, 2,\ \ j=1, 2)$$

のモデルでは表わせないことを示せ．また交互作用 $(\alpha\beta)_{ij}$ を入れるとするとき，その値を求めよ．むろん(2)，(5)に相当する仮定は考えるものとする．——

表1　y_{ij}

旋盤＼作業者	熟練 1	未熟練 2
新　1	0	0
旧　2	0	4

以上のような観点から，或る2因子間に交互作用効果が存在するか否かは，技術的経験的に実験をやる前からわかることも多い．そこで2次近似のモデルとして，(4)のようにすべての2因子間に交互作用を考えるのではなく，一部分だけを考えることが多い．後者の方がより一般的なモデルであるといえよう．

また以上の考えをおし進めると，理論上は3因子間の交互作用を考えた3次近似，さらに4次近似のモデルなどが考えられるが，多くの場合2因子程度の低次の交互作用効果で十分現実を表現し得ると言える．

§2　完全計画

要因計画において可能な水準組合せのすべてにわたってちょう

ど r 回ずつ実験を行なう場合を，ここでは完全計画と呼ぼう(これを古くは多元配置と呼んだ場合もある)．因子が少ない場合 $r\geqq 2$ のときもあるが，ここでは $r=1$ の場合に話を限ることにする(問5以外は)．$a\times b\times c$ 型の要因計画で完全計画を行なうと実験総回数は abc となる．

完全計画における効果の推定

話を具体的にするため§1でみたように3因子で2次近似を考えた場合，つまり

(1) $$y_{ijk}=\mu+\alpha_i+\beta_j+\gamma_k+(\alpha\beta)_{ij}+(\alpha\gamma)_{ik}+(\beta\gamma)_{jk}+e_{ijk}$$
$$(i=1,\cdots,a,\ \ j=1,\cdots,b,\ \ k=1,\cdots,c)$$

を考えよう．(むろんこれに加えて§1(2), (3), (5)の仮定を合せ考える.)

まず(1)を k について平均する(k について1から c まで加えて c で割る)と§1(2), (5)より

(2) $$\bar{y}_{ij.}=\mu+\alpha_i+\beta_j+(\alpha\beta)_{ij}+\bar{e}_{ij.}$$

ただし $\bar{y}_{ij.}=\sum_k y_{ijk}/c$ ($\bar{e}_{ij.}$ についても同様)．つぎに(2)を j について平均すると，

(3) $$\bar{y}_{i..}=\mu+\alpha_i+\bar{e}_{i..}$$

ただし $\bar{y}_{i..}=\sum_j y_{ij.}/b=\sum_j\sum_k y_{ijk}/bc$ ($\bar{e}_{i..}$ も同様)．(3)をさらに i について平均すると，

(4) $$\bar{y}=\mu+\bar{e}.$$

ただし $\bar{y}=\sum_i \bar{y}_{i..}/a=\sum_i\sum_j\sum_k y_{ijk}/abc$ ($\bar{e}$ も同様)．(4)から μ の推定量 $\hat{\mu}$ として

(5) $$\hat{\mu}=\bar{y}$$

をとり，(3)から α_i の推定量 $\hat{\alpha}_i$ として

(6) $$\hat{\alpha}_i=\bar{y}_{i..}-\hat{\mu}$$

とし，さらに(2)から $(\alpha\beta)_{ij}$ の推定量 $\widehat{(\alpha\beta)}_{ij}$ として

$$(\widehat{\alpha\beta})_{ij}=\bar{y}_{ij\cdot}-\hat{\mu}-\hat{\alpha}_i-\hat{\beta}_j \tag{7}$$

と選ぶのが妥当であると直観される. $\hat{\beta}_j, \hat{\gamma}_k, (\widehat{\beta\gamma})_{jk}$ などについても同様である.

表 1

A	B	C	y_{ijk}	A	B	C	y_{ijk}
1	1	1	93	2	2	1	102
1	1	2	97	2	2	2	111
1	1	3	98	2	2	3	111
1	2	1	90	3	1	1	87
1	2	2	96	3	1	2	86
1	2	3	102	3	1	3	90
2	1	1	99	3	2	1	85
2	1	2	109	3	2	2	82
2	1	3	112	3	2	3	94

例 1 §1 でのべた3因子の例について完全計画による実験を行なった結果のデータが表1のように得られた. ただしこのモデルとして, $A\times B, A\times C$ 以外の交互作用効果は存在しないものとして,

$$y_{ijk}=\mu+\alpha_i+\beta_j+\gamma_k+(\alpha\beta)_{ij}+(\alpha\gamma)_{ik}+e_{ijk} \tag{8}$$

を考えた. これらの各効果を推定してみよう.

まず

$$\begin{array}{lll}
\bar{y}_{1\cdot\cdot}=96.000 & \bar{y}_{\cdot1\cdot}=96.778 & \bar{y}_{\cdot\cdot1}=92.667 \\
\bar{y}_{2\cdot\cdot}=107.333 & \bar{y}_{\cdot2\cdot}=97.000 & \bar{y}_{\cdot\cdot2}=96.833 \\
\bar{y}_{3\cdot\cdot}=87.333 & & \bar{y}_{\cdot\cdot3}=101.167 \\
\bar{y}=96.889=\hat{\mu} & &
\end{array}$$

を作っておく. これらから(6)によって

$$\begin{array}{lll}
\hat{\alpha}_1=-0.889 & \hat{\beta}_1=-0.111 & \hat{\gamma}_1=-4.222 \\
\text{(温度 800°)} & \text{(1 号炉)} & \text{(触媒無し)}
\end{array}$$

$$\hat{\alpha}_2 = 10.444 \quad \hat{\beta}_2 = 0.111 \quad \hat{\gamma}_2 = -0.056$$

(温度 850°)　(2号炉)　(旧触媒)

$$\hat{\alpha}_3 = -9.556 \quad \hat{\gamma}_3 = 4.278$$

(温度 900°)　(新触媒)

などが得られる.

つぎに交互作用効果の推定値を得るために,

$$\begin{array}{lll} \bar{y}_{11\cdot} = 96.000 & \bar{y}_{12\cdot} = 96.000 & \\ \bar{y}_{21\cdot} = 106.667 & \bar{y}_{22\cdot} = 108.000 & \\ \bar{y}_{31\cdot} = 87.667 & \bar{y}_{32\cdot} = 87.000 & \\ \bar{y}_{1\cdot 1} = 91.500 & \bar{y}_{1\cdot 2} = 96.500 & \bar{y}_{1\cdot 3} = 100.000 \\ \bar{y}_{2\cdot 1} = 100.500 & \bar{y}_{2\cdot 2} = 110.000 & \bar{y}_{2\cdot 3} = 111.500 \\ \bar{y}_{3\cdot 1} = 86.000 & \bar{y}_{3\cdot 2} = 84.000 & \bar{y}_{3\cdot 3} = 92.000 \end{array}$$

を作り, これらから(7)によって

$$\begin{array}{lll} \widehat{(\alpha\beta)}_{11} = 0.111 & \widehat{(\alpha\beta)}_{12} = -0.111 & \\ \widehat{(\alpha\beta)}_{21} = -0.555 & \widehat{(\alpha\beta)}_{22} = 0.555 & \\ \widehat{(\alpha\beta)}_{31} = 0.444 & \widehat{(\alpha\beta)}_{32} = -0.444 & \\ \widehat{(\alpha\gamma)}_{11} = -0.278 & \widehat{(\alpha\gamma)}_{12} = 0.556 & \widehat{(\alpha\gamma)}_{13} = -0.278 \\ \widehat{(\alpha\gamma)}_{21} = -2.611 & \widehat{(\alpha\gamma)}_{22} = 2.722 & \widehat{(\alpha\gamma)}_{23} = -0.111 \\ \widehat{(\alpha\gamma)}_{31} = 2.889 & \widehat{(\alpha\gamma)}_{32} = -3.278 & \widehat{(\alpha\gamma)}_{33} = 0.389 \end{array}$$

問1 (5),(6),(7)で作った推定量が(1)に対する最小二乗推定量[1)](§1(2),(5)の条件のもとでの)となっていることを証明せよ.

——

注1 ここでもう一度§1(2)の仮定を振りかえって現実的意味

---

1) たとえば(1)で, 与えられたデータ y_{ijk} に対して, 誤差の二乗和 $\sum_i \sum_j \sum_k e_{ijk}^2$ を最小にするような $\mu, \alpha_i, \beta_j, \cdots$ を $\mu, \alpha_i, \beta_j, \cdots$ の最小二乗推定量と呼ぶ. そしてこのような推定法を最小二乗法という. これについては多くの統計学の書物, たとえば[5],[6]に解説がある.

を考えておこう．これは§1問1でもみたように，たとえば $\alpha_1, \alpha_2, \alpha_3$ を一意に決めるためのものであるとみることができる．したがってこの仮定をおかずに，たとえば $\alpha_1, \alpha_2, \alpha_3$ のすべてに一定数 c を加えたもの α_1+c, α_2+c, α_3+c を新たに主効果とみなしても全体に矛盾は起らない(その分を中心効果に皺よせすればよい).

したがって上の例で，たとえば $\hat{\alpha}_3=-9.556$ ということは温度900°の特性値に及ぼす効果がマイナスであるということではなく，他の水準 A_1, A_2 に比較して低いという意味に他ならない．また $\hat{\alpha}_2=10.444$ と $\hat{\gamma}_3=4.278$ とを比較して温度850°の効果は，新触媒の効果より大きいなどという主張は意味のないものである．

注2　問1注1に関連するが，§1(1)のモデルで§1(2)の仮定をおかずに，各因子でその一つの水準の主効果は0とみなすという仮定の仕方(数量化I類[1]と呼ばれる方法ではそのようなやり方が主として用いられている)もある．2因子3水準の例で書い

表イ

	$\dot{\mu}$	$\dot{\alpha}_1$	$\dot{\alpha}_2$	$\dot{\beta}_1$	$\dot{\beta}_2$
y_{11}	1	1	0	1	0
y_{12}	1	1	0	0	1
y_{13}	1	1	0	0	0
y_{21}	1	0	1	1	0
y_{22}	1	0	1	0	1
y_{23}	1	0	1	0	0
y_{31}	1	0	0	1	0
y_{32}	1	0	0	0	1
y_{33}	1	0	0	0	0

表ロ

$\dot{\mu}$	$\dot{\alpha}_1$	$\dot{\alpha}_2$	$\dot{\beta}_1$	$\dot{\beta}_2$	
9	3	3	3	3	y
3	3	0	1	1	$y_{1\cdot}$
3	0	3	1	1	$y_{2\cdot}$
3	1	1	3	0	$y_{\cdot 1}$
3	1	1	0	3	$y_{\cdot 2}$

$y_{i\cdot}=\sum_{j=1}^{3} y_{ij},\ y=\sum_{i=1}^{3} y_{i\cdot}$

$y_{\cdot j}=\sum_{i=1}^{3} y_{ij}$

1)　たとえば[7]．数量化I類と呼ばれている方法のモデルは要因計画のものと本質的な違いはない．前者は主として自然発生的なデータに対して適用されるが，後者は計画的に採られたデータに適用される．

てみると

(イ)　　$y_{ij}=\dot{\mu}+\dot{\alpha}_i+\dot{\beta}_j+e_{ij}\qquad (i,j=1,2,3)$

(ロ)　　$\dot{\alpha}_3=0,\qquad \dot{\beta}_3=0$

というモデルになる.

(イ)を完全計画の場合について列挙する(簡単のため係数を抜き出して表の形に書いてある)と表イのようになる. ところがこのモデルだと, §1(1), (2)に対して§2で行なったような簡単な推定法は用いられない. そこでたとえば最小二乗法を使うとすると, その正規方程式は表ロのようになり, その解は

(ハ)
$$\begin{cases}\hat{\dot{\mu}}=5\bar{y}-\bar{y}_{1\cdot}-\bar{y}_{2\cdot}-\bar{y}_{\cdot1}-\bar{y}_{\cdot2}\\ \hat{\dot{\alpha}}_1=2\bar{y}_{1\cdot}+\bar{y}_{2\cdot}-3\bar{y}\\ \hat{\dot{\alpha}}_2=\bar{y}_{1\cdot}+2\bar{y}_{2\cdot}-3\bar{y}\\ \hat{\dot{\beta}}_1=2\bar{y}_{\cdot1}+\bar{y}_{\cdot2}-3\bar{y}\\ \hat{\dot{\beta}}_2=\bar{y}_{\cdot1}+2\bar{y}_{\cdot2}-3\bar{y}\end{cases}$$

となる.

ところがモデル§1(1), (2)との比較から明らかなように

(ニ)
$$\begin{cases}\alpha_1=\dot{\alpha}_1-(\dot{\alpha}_1+\dot{\alpha}_2+\dot{\alpha}_3)/3 \qquad (\beta\text{についても同様})\\ \alpha_2=\dot{\alpha}_2-(\dot{\alpha}_1+\dot{\alpha}_2+\dot{\alpha}_3)/3\\ \alpha_3=\dot{\alpha}_3-(\dot{\alpha}_1+\dot{\alpha}_2+\dot{\alpha}_3)/3\\ \mu=\dot{\mu}+(\dot{\alpha}_1+\dot{\alpha}_2+\dot{\alpha}_3)/3+(\dot{\beta}_1+\dot{\beta}_2+\dot{\beta}_3)/3\end{cases}$$

が得られる. あるいは(ニ)を逆に解けば

(ホ)
$$\begin{cases}\dot{\mu}=\mu-\alpha_1-\alpha_2-\beta_1-\beta_2\\ \dot{\alpha}_1=\quad 2\alpha_1+\alpha_2\\ \dot{\alpha}_2=\quad \alpha_1+2\alpha_2 \qquad (\beta\text{についても同様})\end{cases}$$

となるが, μ, α_i, β_j に対して(6)のような推定をして(ホ)に代入すれば(ハ)が得られる.

推定の精度

一般にデータ y_{ijk} の関数として未知パラメタ θ の推定量 $\hat{\theta}=f(y_{ijk})$ を設定したとき，

$$(9) \qquad E(\hat{\theta})=\theta$$

となることがまず肝要である．$E(\hat{\theta})\neq\theta$ であれば焦点のずれた推定となるからである．(9)を満たす推定量を<u>不偏推定量</u>と呼んでいる．

一般に不偏推定量であって

(10)　分散$=V(\hat{\theta})$　あるいは　標準偏差$=D(\hat{\theta})=\sqrt{V(\hat{\theta})}$

が小さい推定量が望ましい．$D(\hat{\theta})$ あるいはその適当な定数倍が推定の誤差と考えられるからである(図1)．

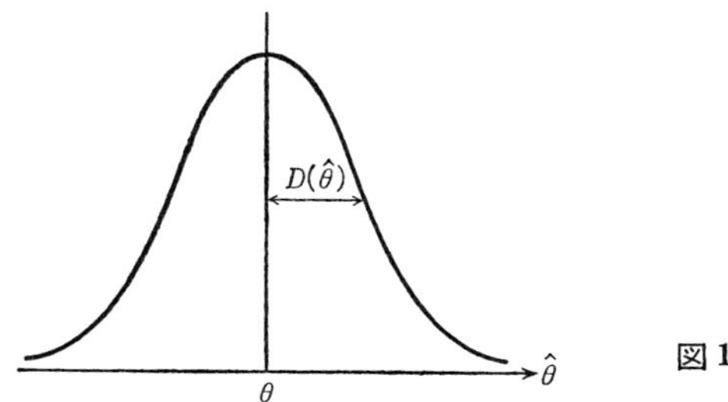

図1

われわれの場合について上のことを調べてみよう．まず(4),(5)から

$$(11) \qquad \hat{\mu}=\mu+\bar{e}$$

さらに(3),(6)から

$$(12) \qquad \hat{\alpha}_i=\bar{y}_{i..}-\hat{\mu}=\alpha_i+\bar{e}_{i..}-\bar{e}$$

また(2),(7)から

$$(13) \qquad \widehat{(\alpha\beta)}_{ij}=(\alpha\beta)_{ij}+\bar{e}_{ij.}-\bar{e}_{i..}-\bar{e}_{.j.}+\bar{e}$$

となり，§1(3)から，$\hat{\mu}, \hat{\alpha}_i, \widehat{(\alpha\beta)}_{ij}$ が不偏推定量であることが容易

にわかる.

またこれらの推定量の分散が

$$(14)\quad \begin{cases} V(\hat{\mu})=\sigma^2/abc \\ V(\hat{\alpha}_i)=(a-1)\sigma^2/abc \\ V(\widehat{(\alpha\beta)}_{ij})=(a-1)(b-1)\sigma^2/abc \end{cases}$$

であることが示される. これから σ^2 がわかりさえすれば各推定量の誤差がわかる. σ^2 の推定についてはあとでのべる.

さて(14)を証明するために, まずこのような問題によく使われる一般公式をのべておこう;

(15)
$x_1, \cdots, x_n$ が同一の分散 $V(x_i)$ をもち独立な確率変数であるとき

$$V(x_i-\bar{x})=\frac{n-1}{n}V(x_i)\qquad (\bar{x}=(x_1+\cdots+x_n)/n).$$

問2　(15)を証明せよ. ——

さて(14)のうち最も複雑な第3の式を証明しておこう. (13)より

$$(16)\quad V(\widehat{(\alpha\beta)})_{ij})=V(\bar{e}_{ij\cdot}-\bar{e}_{i\cdot\cdot}-(\bar{e}_{\cdot j\cdot}-\bar{e}))$$

となるが, (15)の x_i を $e_{ij\cdot}-\bar{e}_{i\cdot\cdot}$ とみなすと $\bar{x}$ は $\bar{e}_{\cdot j\cdot}-\bar{e}$ となる. $e_{1j\cdot}-\bar{e}_{1\cdot\cdot}$, $\cdots$, $e_{aj\cdot}-\bar{e}_{a\cdot\cdot}$ は独立だから

$$(17)\quad V(\widehat{(\alpha\beta)}_{ij})=\frac{a-1}{a}V(\bar{e}_{ij\cdot}-\bar{e}_{i\cdot\cdot})$$

となるが, 今度は(15)の x_j を $\bar{e}_{ij\cdot}$ とみなすと $\bar{x}$ は $\bar{e}_{i\cdot\cdot}$ に相当するから

$$V(\bar{e}_{ij\cdot}-\bar{e}_{i\cdot\cdot})=\frac{b-1}{b}V(\bar{e}_{ij\cdot})=\frac{b-1}{b}\cdot\frac{\sigma^2}{c}.$$

これを(17)に代入すれば, (14)の第3式を得る.

問3　(14)の第1, 2式を証明せよ.

誤差分散 $\boldsymbol{\sigma^2}$ の推定

(1)における各効果の推定が(5), (6), (7)によって得られたから，もし

(18) $\hat{e}_{ijk}=y_{ijk}-\hat{\mu}-\hat{\alpha}_i-\hat{\beta}_j-\hat{\gamma}_k-(\widehat{\alpha\beta})_{ij}-(\widehat{\alpha\gamma})_{ik}-(\widehat{\beta\gamma})_{jk}$

を形式的に定義すれば，$\hat{e}_{ijk}$ は誤差 e_{ijk} の推定と考えられる(e_{ijk} は確率変数であるからその推定量という概念は理論上はないが)．これはデータから説明のつく効果をすべて引きさった残り(残差と呼ばれる)だから，水準組合せ(i, j, k)の個性的な特徴を表わすものと考えられる．たとえば実験のミス，データの記入ミス，作為的に作られたデータの発見など，意外に利用価値の高いものであるから，$\hat{e}_{ijk}$ をすべて求めておくことは損ではない．

また $\hat{e}_{ijk}$ が全体として不当に大きかったり，あるいは一部に偏っていたりする場合は，モデルのどこかに欠陥があるとみるべきで，重要な因子を見逃していないか，あるべき交互作用を見逃していないかを再検討する必要があろう．

しかし理論上は残差平方和

(19) $$S=\sum_i\sum_j\sum_k(\hat{e}_{ijk})^2$$

の期待値をとると，あと(問8)から証明するように

(20) $$\begin{cases} E(S)=\phi\sigma^2, \quad \phi=N-K \\ N=\text{実験回数}=abc \\ K=\text{未知効果の数}=1+(a-1)+(b-1)+(c-1) \\ \qquad +(a-1)(b-1)+(a-1)(c-1) \\ \qquad +(b-1)(c-1) \end{cases}$$

となることがわかり，したがって

(21) $$\hat{\sigma}^2=S/\phi$$

によって σ^2 の推定量とすれば不偏推定量が得られるのである．

この ϕ は残差平方和 S の自由度と呼んでいる．したがって，もしこの自由度 ϕ が 0 となれば誤差分散 σ^2 の推定ができないことになる．

問4 例1(8)に対する残差平方和を求めよ．その自由度はいくらか，σ^2 を推定せよ．また各効果の推定量の標準偏差を求めよ．

問5 2因子で交互作用のある場合，つまり

$$y_{ij}=\mu+\alpha_i+\beta_j+(\alpha\beta)_{ij}+e_{ij} \qquad (i=1,\cdots,a,\ \ j=1,\cdots,b) \tag{22}$$

なるモデルに対して完全計画を行なうとき，残差平方和の自由度は 0 になることを示せ．またこれに対して，同一水準を $\gamma(\geqq 2)$ 回繰り返して行なう場合

$$y_{ijk}=\mu+\alpha_i+\beta_j+(\alpha\beta)_{ij}+e_{ijk} \qquad (i=1,\cdots,a,\ \ j=1,\cdots,b,\ \ k=1,\cdots,r) \tag{23}$$

の場合はどうか．このとき各効果および誤差分散 $V(e_{ijk})=\sigma^2$ の不偏推定量を求めよ．

分散分析

前項で各効果の推定とその誤差を考えた．これによってわれわれの欲しい情報は一応得られたのであるが，数多くの因子やその交互作用がある場合には，個々の効果の推定値よりもむしろ，たとえば因子 A あるいは交互作用 $A\times B$ は全体として無視しうるか否かという巨視的な見方が重要になってくる．このような判定を行なう問題は数理統計学では検定と呼んでいる．

この検定の方式は，一般にデータ y_{ijk} の関数つまり統計量 $f(y_{ijk})$ を選び，それにデータの実現値を代入した値が一定値より大きいか小さいかによって，無視し得ないか，無視し得るかを判定する方式であり，判定を誤る確率が少ないほどよい検定方式であるといえる．

さて要因計画における検定の統計量としては，つぎにのべるような平方和や不偏分散と呼ばれるものが用いられるが，そのために，要因計画における検定問題をしばしば分散分析と呼ぶのである．

(1)のモデルに対して各効果の平方和および残差平方和とはつぎのように定義される統計量である．(このうち残差平方和はすでに(19)で定義されたが再録しておく．)

(27)
- 中心効果の平方和　$S_M=\sum_i\sum_j\sum_k\hat{\mu}^2=abc\hat{\mu}^2$
- 主効果
  - Aの平方和　$S_A=\sum_i\sum_j\sum_k\hat{\alpha}_i^2=bc\sum_i\hat{\alpha}_i^2$
  - Bの平方和　$S_B=\sum_i\sum_j\sum_k\hat{\beta}_j^2=ac\sum_j\hat{\beta}_j^2$
  - Cの平方和　$S_C=\sum_i\sum_j\sum_k\hat{\gamma}_k^2=ab\sum_k\hat{\gamma}_k^2$
- 交互作用効果
  - $A\times B$の平方和　$S_{A\times B}=\sum_i\sum_j\sum_k(\widehat{\alpha\beta})_{ij}^2=c\sum_i\sum_j(\widehat{\alpha\beta})_{ij}^2$
  - $A\times C$の平方和　$S_{A\times C}=\sum_i\sum_j\sum_k(\widehat{\alpha\gamma})_{ik}^2=b\sum_i\sum_k(\widehat{\alpha\gamma})_{ik}^2$
  - $B\times C$の平方和　$S_{B\times C}=\sum_i\sum_j\sum_k(\widehat{\beta\gamma})_{jk}^2=a\sum_j\sum_k(\widehat{\beta\gamma})_{jk}^2$
- 残差平方和　$S=\sum_i\sum_j\sum_k\hat{e}_{ijk}^2$

これらについてつぎのような関係がある．

(28)
$$\sum_i\sum_j\sum_k y_{ijk}^2=S_M+S_A+S_B+S_C+S_{A\times B}+S_{A\times C}+S_{B\times C}+S.$$

問 6　(28)を証明せよ．——

さて，これらの平方和の期待値を求めてみると，

$$(29)\quad \begin{cases} E(S_M)=abc\mu^2+\sigma^2 \\ E(S_A)=(a-1)bc\sigma_A^2+(a-1)\sigma^2 \\ \quad\cdots\cdots \\ E(S_{A\times B})=(a-1)(b-1)c\sigma_{A\times B}^2+(a-1)(b-1)\sigma^2 \\ \quad\cdots\cdots \\ E(S)=\phi\sigma^2 \qquad ((20)). \end{cases}$$

ここで

$$(30)\quad \begin{cases} \sigma_A^2=\sum_i \alpha_i^2/(a-1),\ \cdots \\ \sigma_{A\times B}^2=\sum_i\sum_j(\alpha\beta)_{ij}^2/(a-1)(b-1),\ \cdots. \end{cases}$$

問7　(29) ($E(S)=\phi\sigma^2$ を除く) を証明せよ．――

問8　つぎの式を証明し

$$(31)\quad \begin{aligned} E(\sum_i\sum_j\sum_k y_{ijk}^2)=&\ abc\mu^2+(a-1)bc\sigma_A^2+(b-1)ac\sigma_B^2 \\ &+(c-1)ab\sigma_C^2+(a-1)(b-1)c\sigma_{A\times B}^2 \\ &+(a-1)(c-1)b\sigma_{A\times C}^2+(b-1)(c-1)a\sigma_{B\times C}^2 \\ &+abc\sigma^2 \end{aligned}$$

これと問7および(28)から(20)を証明せよ．――

このとき各平方和の期待値で σ^2 の係数として出てくる値をその平方和の自由度と呼ぶ．たとえば $S_{A\times B}$ の自由度は $(a-1)(b-1)$ であるが，これは $A\times B$ の交互作用効果の独立な未知数の個数にも一致する．$A\times B$ の交互作用効果 $(\alpha\beta)_{ij}$ ($i=1, \cdots, a$, $j=1, \cdots, b$) は見かけ上 ab 個あるが，§1(5)の条件からそのうち独立なものは $(a-1)(b-1)$ である．

平方和 S_X の自由度を ϕ_X とするとき，平方和をその自由度で割った統計量 $V_X=S_X/\phi_X$ を不偏分散と呼ぶ．

$$(32)\quad \begin{cases} V_M = S_M/\phi_M = S_M/1 \\ V_A = S_A/\phi_A = S_A/(a-1) \\ \quad \cdots\cdots \\ V_{A\times B} = S_{A\times B}/\phi_{A\times B} = S_{A\times B}/(a-1)(b-1) \\ \quad \cdots\cdots \\ V = S/\phi. \end{cases}$$

このときこれら不偏分散の期待値は明らかに

$$(33)\quad \begin{cases} E(V_M) = abc\mu^2+\sigma^2 \\ E(V_A) = bc\sigma_A^2+\sigma^2 \\ E(V_B) = ac\sigma_B^2+\sigma^2 \\ E(V_C) = ab\sigma_C^2+\sigma^2 \\ E(V_{A\times B}) = c\sigma_{A\times B}^2+\sigma^2 \\ E(V_{A\times C}) = b\sigma_{A\times C}^2+\sigma^2 \\ E(V_{B\times C}) = a\sigma_{B\times C}^2+\sigma^2 \\ E(V) = \sigma^2 \end{cases}$$

である．

たとえば A の主効果の全体としての大きさは(30)より σ_A^2 に現われる．そこでこの大小を σ^2 を基準として測るための統計量としては，V_A/V が妥当であることが(33)からうなずける．事実，A の主効果が全体として無視し得るか否かを，V_A/V が一定値 c より小さいか大きいかで判定するのが分散分析の方式である．

もし e_{ijk} が正規分布するという仮定があれば，$\sigma_A^2=0$ のときの V_A/V の分布は，S_A と S との自由度 ϕ_A, ϕ のみによって決まる分布となり，これを自由度 (ϕ_A, ϕ) の F 分布と呼んでいる．この分布の上側 α 点[1]を $F_{\phi}^{\phi_A}(\alpha)$ と書けば，分散分析とは

1) 或る確率分布の密度関数を $f(x)$ とするとき，$\int_c^\infty f(x)=\alpha$ となる c を，この分布の上側 α 点という．

$$(34)\qquad \frac{V_A}{V} \lessgtr F_{\phi}^{\phi_A}(\alpha) \Rightarrow \begin{array}{l} \sigma_A^2=0 \text{ という仮説を肯定} \\ \sigma_A^2=0 \text{ という仮説を否定} \end{array}$$

という検定方式となる．こうすると $\sigma_A^2=0$ のとき，これを誤って否定する確率(これを第1種の誤りの確率という)は α となるから，α の小さい $F_{\phi}^{\phi_A}(\alpha)$ を用いれば，その確率を小さくできる．α としては通常 0.05 とか 0.01 を用いる．以上は因子 A についてのべたが，むろん $B, C, A\times B, \cdots$ などについても同様である．

F 分布の分布関数形やその導出は多くの統計学の本(たとえば[13])に出ているし，本書の主目的からはずれるので省略する．$F_{\phi_2}^{\phi_1}(\alpha)$ の表は $\alpha=0.05$ のときその一部を表3にのせておこう．不

表2

因子	平方和	自由度	不偏分散	比(V_X/V)	$F_{\phi}^{\phi_X}(0.05)$
中心	S_M =168974.6	ϕ_M = 1	V_M =168974.6	2534619 >	5.99*
A	S_A = 1207.1	ϕ_A = 2	V_A = 603.6	9054 >	5.14*
B	S_B = 0.2	ϕ_B = 1	V_B = 0.2	3 <	5.99
C	S_C = 216.8	ϕ_C = 2	V_C = 108.4	1626 >	5.14*
$A\times B$	$S_{A\times B}$= 3.1	$\phi_{A\times B}$= 2	$V_{A\times B}$= 1.6	24 >	5.14*
$A\times C$	$S_{A\times C}$= 101.8	$\phi_{A\times C}$= 4	$V_{A\times C}$= 50.9	763.5 >	4.53*
残差	S = 0.4	ϕ = 6	V = 0.067		
計	$\sum\sum\sum y$=170504.0	abc =18			

表3　$F_{\phi}^{\phi_X}(0.05)$

ϕ \ ϕ_X	1	2	3	4	5	10	∞
1	161.5	199.5	215.7	224.6	230.2	241.9	254.3
2	18.51	19.00	19.16	19.25	19.30	19.40	19.50
3	10.13	9.55	9.28	9.12	9.01	8.79	8.53
4	7.71	6.94	6.59	6.39	6.26	5.96	5.63
6	5.99	5.14	4.76	4.53	4.39	4.06	3.67
8	5.32	4.46	4.07	3.84	3.69	3.35	2.93
10	4.96	4.10	3.71	3.48	3.33	2.98	2.54
∞	3.84	3.00	2.60	2.37	2.21	1.83	1.00

足の分は補間をするか前出の統計の本を参照されたい.

例2　例1のデータについて分散分析を行なったのが表2である.

問の答

1　(1)でe_{ijk}の2乗の和$\sum_i\sum_j\sum_k e_{ijk}^2$を§1(2),(5)の条件のもとで最小ならしめるような$\mu, \alpha_i, \cdots$をそれぞれ$\mu, \alpha_i, \cdots$の推定量とするのが最小二乗推定である. 以下簡単のため交互作用は$A\times B$のみを考えよう. (他のものがあってもやり方は同じ.)

§1(2)のラグランジュ乗数を$2\lambda, 2\rho, 2\nu$, §1(5)のそれを$2\theta_i, 2\theta'_j$とすると, ラグランジュ関数は

$$\begin{aligned} L = &\sum_i\sum_j\sum_k(\mu+\alpha_i+\beta_j+\gamma_k+(\alpha\beta)_{ij}-y_{ijk})^2 \\ &-2\lambda\sum_i\alpha_i-2\rho\sum_j\beta_j-2\nu\sum_k\gamma_k-2\sum_i\theta_i\sum_j(\alpha\beta)_{ij} \\ &-2\sum_j\theta'_j\sum_i(\alpha\beta)_{ij}\end{aligned}$$

(イ)　$$\frac{1}{2}\frac{\partial L}{\partial\mu}\sum_i\sum_j\sum_k(\mu+\alpha_i+\beta_j+\gamma_k+(\alpha\beta)_{ij}-y_{ijk})=0$$

(ロ)　$$\frac{1}{2}\frac{\partial L}{\partial\alpha_i}=\sum_j\sum_k(\mu+\alpha_i+\beta_j+\gamma_k+(\alpha\beta)_{ij}-y_{ijk})-\lambda=0$$

$$(i=1, \cdots, a)$$

($\beta_j, \gamma_k, \cdots$についても同様)

(ハ)　$$\frac{1}{2}\frac{\partial L}{\partial(\alpha\beta)_{ij}}=\sum_k(\mu+\alpha_i+\beta_j+\gamma_k+(\alpha\beta)_{ij}-y_{ijk})-(\theta_i+\theta'_j)$$

$$=0 \qquad (i=1, \cdots, a,\ \ j=1, \cdots, b)$$

まず(5)が(イ)を満たすことは§1(2),(5)から明らか. つぎに(ロ)をすべての$i=1, \cdots, a$について加えると, (5)と§1(2),(5)から$\lambda=0$となることがわかる. したがって(6)が(ロ)を満たすことが明らか. つぎに(ハ)を$j=1, \cdots, b$について加えると(5), (6)と§1(2), (5)とから

(ニ)　$$b\theta_i+\sum_j\theta'_j=0 \qquad (i=1, \cdots, a)$$

また(ハ)を$i=1, \cdots, a$について加えると

(ホ)　$$\sum_i\theta_i+a\theta'_j=0 \qquad (j=1, \cdots, b)$$

(ニ)を$i=1, \cdots, a$について加えると, $b\sum_i\theta_i+a\sum_j\theta'_j=0$となるから, $\theta_i+\theta'_j=\frac{-1}{ab}(b\sum_i\theta_i+a\sum_j\theta'_j)=0$. したがって, (7)が(ハ)を満たすことが明

らか．

5　$\phi=ab-(1+(a-1)+(b-1)+(a-1)(b-1))=0$.
$\hat{\mu}=\bar{y}$,　$\hat{\alpha}_i=\bar{y}_{i..}-\hat{\mu}$,　$(\widehat{\alpha\beta})_{ij}=\bar{y}_{ij.}-\hat{\mu}-\hat{\alpha}_i-\hat{\beta}_j$,　$\hat{\sigma}^2=S/\phi$,　$S=\sum_i\sum_j\sum_k \hat{e}^2_{ijk}$,　$\hat{e}_{ijk}=y_{ijk}-\hat{\mu}-\hat{\alpha}_i-\hat{\beta}_j-(\widehat{\alpha\beta})_{ij}$,　$\phi=ab(r-1)$

6　定義より

$$y_{ijk}=\hat{\mu}+\hat{\alpha}_i+\cdots+(\widehat{\alpha\beta})_{ij}+\hat{e}_{ijk}$$

であるが，右辺の2乗の和でcross項の和はすべて0である．たとえば

$$\sum_i\sum_j\sum_k \hat{\alpha}_i(\widehat{\alpha\beta})_{ij}=c\sum_i\hat{\alpha}_i\sum_j(\widehat{\alpha\beta})_{ij}=0$$

($\sum_j(\widehat{\alpha\beta})_{ij}$ は(7)から直接計算すれば0であることがわかる．§1(5)と混同しないよう.)

7　たとえば$E(S_{A\times B})$を求めておこう．

$$E((\widehat{\alpha\beta})^2_{ij})=E((\widehat{\alpha\beta})_{ij})^2+V((\widehat{\alpha\beta})_{ij})=(\widehat{\alpha\beta})^2_{ij}+\frac{(a-1)(b-1)\sigma^2}{abc}$$

これを$\sum$すれば(29)が得られる．他も同じ．

8　(1)を2乗して期待値をとって和をとると，右辺のcross項はすべて0(e_{ijk}と他の項の積は仮定$E(e_{ijk})=0$より，また各効果同士のcross項は§1(2), (5)より)．したがって(31)が成り立つ．これに(28), (29)を代入すれば(20)が得られる．

§3　直交計画

§2でのべた完全計画によれば，たしかに完全な情報が得られ，推定にしても検定にしてもその解析法はきわめて斉整された形で行なわれる．しかし因子の数が多くなると実験回数は急激に増加する．たとえば3水準の因子が10個あっても実験回数は$3^{10}\fallingdotseq 6$万回である．そこであまり重要でない因子を一定の水準に固定して実験回数を減らそうとする人が多いが，そうするときわめて偏った情報しか得られないことになる．一つの因子を一定水準に固定すれば全体の1/3，二つの因子で固定すれば1/9の情報しか得られず，それでいて実験回数はなお$3^8=6561$回である．

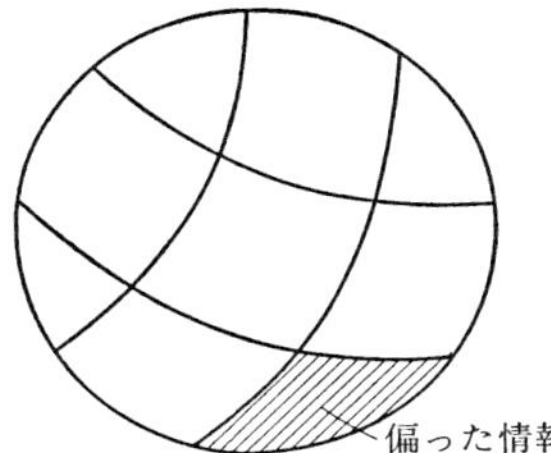

図 1

6万の水準組合せの中からどのようなものを選んで実験をすれば，少ない実験回数で偏りのない情報を得ることができるだろうか．これが実験計画法の計画(デザイン)の基本問題である．これに答えるものが以下にのべる直交計画である．

直交計画

$F_1, F_2, \cdots, F_m$ なる m 個の因子を考え，F_i の水準数を s_i とし，水準記号の集合を Ω_i としておくと，

$$|\Omega_i| = s_i \qquad (i=1, \cdots, m) \tag{1}$$

である．§2 では Ω_i として $1, \cdots, s_i$ の番号を用いたが，ここでは必ずしも一連番号でなく，一般の記号を用いることがある．因子 F_i を水準 $\nu_i \in \Omega_i\ (i=1, \cdots, m)$ で実験したときのデータを今後 $y_{\nu_1, \nu_2, \cdots, \nu_m}$ と書くことにする．

完全計画は

$$\boldsymbol{\Omega} = \Omega_1 \times \Omega_2 \times \cdots \times \Omega_m = \{(\nu_1, \nu_2, \cdots, \nu_m);\ \nu_i \in \Omega_i,\ i=1, \cdots, m\} \tag{2}$$

のすべての点について実験を行なうというものであった．水準組合せの総数は

$$|\boldsymbol{\Omega}| = s_1 s_2 \cdots s_m \tag{3}$$

であり，この中からどのような点を選んで実験すればよいか，つまり実験点の集合，つまり計画 $\boldsymbol{\Gamma} \subseteq \boldsymbol{\Omega}$ としてどんなものを選べ

ばよいかがわれわれの問題である．なお $\boldsymbol{\Gamma}$ の実験回数

(4) $$|\boldsymbol{\Gamma}| = N$$

を<u>計画 $\boldsymbol{\Gamma}$ の大きさ</u>と呼ぶことにする．

いま $\boldsymbol{\Gamma}$ の中で因子 F_i の水準が φ であるような点全体を

(5) $$\boldsymbol{\Gamma}^i_\varphi = \{(\nu_1, \nu_2, \cdots, \nu_m) \in \boldsymbol{\Gamma};\ \nu_i = \varphi\} \qquad (\varphi \in \Omega_i,\ \ i=1, \cdots, m)$$

であるとしよう．このときすべての $i=1, \cdots, m$ について $|\boldsymbol{\Gamma}^i_\varphi|$ が φ によらず一定(その一定値は必然的に N/s_i となる)，つまり

(6) $$|\boldsymbol{\Gamma}^i_\varphi| = \frac{N}{s_i} \qquad (\varphi \in \Omega_i,\ \ i=1, \cdots, m)$$

が成り立つような $\boldsymbol{\Gamma}$ を<u>強さ1の直交計画</u>と呼ぶ．

さらに F_i の水準が φ であり，同時に F_j の水準が ψ であるような $\boldsymbol{\Gamma}$ の点全体を

(7) $$\boldsymbol{\Gamma}^{i,j}_{\varphi,\psi} = \{(\nu_1, \nu_2, \cdots, \nu_m) \in \boldsymbol{\Gamma};\ \nu_i = \varphi,\ \ \nu_j = \psi\}$$

としよう．このとき

(8) $$|\boldsymbol{\Gamma}^{i,j}_{\varphi,\psi}| = \frac{N}{s_i s_j}, \qquad (\varphi \in \Omega_i,\ \ \psi \in \Omega_j,\ \ 1 \leqq i \neq j \leqq m)$$

となるような $\boldsymbol{\Gamma}$ を<u>強さ2の直交計画</u>と呼ぶ．一般に<u>強さ t の直交計画</u>も同様に定義される．

例1 $\Omega_1 = \Omega_2 = \Omega_3 = \{0, 1\}$ とするとき表1(イ)が完全計画である．この大きさ4の計画として(ロ)，(ハ)，(ニ)を考えると，(ロ)は強さ2，(ハ)は強さ1の直交計画であるが，(ニ)は強さ1ですらない．(ニ)は因子 F_3 の水準を0に固定した計画である．

問1 強さ t の直交計画は強さ $t-1$ でもある．——

強さという概念は偏りのない情報をもつ計画を決定的に特徴づけるものなのである．完全計画は明らかに強さ m である．しかしたとえばモデルが1次近似のとき，これでは不必要に強すぎる．

表1

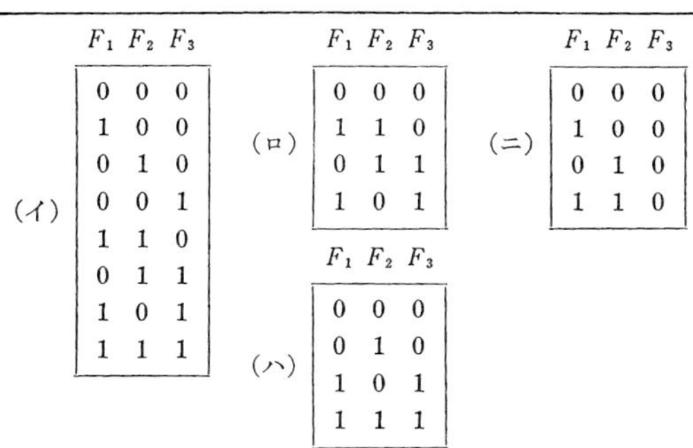

(イ)

F_1	F_2	F_3
0	0	0
1	0	0
0	1	0
0	0	1
1	1	0
0	1	1
1	0	1
1	1	1

(ロ)

F_1	F_2	F_3
0	0	0
1	1	0
0	1	1
1	0	1

(ハ)

F_1	F_2	F_3
0	0	0
0	1	0
1	0	1
1	1	1

(ニ)

F_1	F_2	F_3
0	0	0
1	0	0
0	1	0
1	1	0

あとでみるようにこのときは強さ2の直交計画で十分であり，大きさNの強さ2の直交計画が存在すれば，これは大きさNの計画の中で最適(各効果の推定量の分散が最小)であることが証明される(→直交計画の最適性)．またモデルが2次近似のときは強さ4の直交計画が同じ大きさの計画の中で最適であること，また2因子交互作用の一部のみが考えられるときには，それに応じた部分だけが強い直交計画を考えれば，やはりそれが最適であることが証明される．

さてそこで，たとえば(8)をみたす直交計画$\boldsymbol{\Gamma}$をできるだけ少ない実験回数Nで具体的に構成するにはどうすればよいかという問題が起る．これは組合せ論における構成問題できわめて難問であるが，水準数が同一

$$s_1 = s_2 = \cdots = s_m = s$$

のとき，つまり対称型要因計画s^m型であって，sが素数の累乗$q=2, 3, 4, 5, 7, 8, 9, 11, \cdots$に等しいときは，ガロア体の適用によって鮮かに解けるのである．sがそれ以外の一般の自然数6, 10, 12, …のときには有限環の利用によって実用上十分な範囲で解決で

きると言えよう．水準数が同一でない非対称型の場合，一般論としてすっきりした解法はないが，実用上のいろいろな工夫がなされている．

第1次近似における q^m 型直交計画

はじめに m 因子の対称型要因計画で水準数 s が素数の累乗 q に等しいとき，すなわち q^m 型の第1次近似つまり交互作用のない場合を考えよう．モデルは§1(1)と同様であるが，ここでは記法をかえてつぎのように書こう．

$$(9)\qquad y_{\nu_1,\nu_2,\cdots,\nu_m}=\mu+\alpha^1_{\nu_1}+\alpha^2_{\nu_2}+\cdots+\alpha^m_{\nu_m}+e_{\nu_1,\nu_2,\cdots,\nu_m}.$$

ここで ν_i は因子 F_i の水準記号，α^i_ν は F_i の ν 水準の主効果を表わす．

§1(2)の仮定は $\Omega_1=\cdots=\Omega_m=GF(q)$ とおけば

$$(10)\qquad \sum_{\varphi\in GF(q)}\alpha^i_\varphi=0,\qquad (i=1,\cdots,m)$$

となる．むろん§1(3)の仮定はそのまま成り立つものとする．また

$$(11)\qquad \boldsymbol{\Omega}=GF(q)^m=\{(\nu_1,\nu_2,\cdots,\nu_m);\ \nu_i\in GF(q),\ \ i=1,\cdots,m\}$$

としておく．(9)に対する最適な計画として強さ2の直交計画を構成するための基本定理をつぎにのべよう．

定理1 $GF(q)$ 上の m 個の同次1次式

$$(12)\qquad \begin{cases}\nu_1=g_{11}\theta_1+\cdots+g_{1k}\theta_k\\ \ \vdots\\ \nu_m=g_{m1}\theta_1+\cdots+g_{mk}\theta_k\end{cases}\qquad (g_{ij},\theta_i,\nu_j\in GF(q))$$

あるいは行列の形で

$$(13)\qquad \boldsymbol{\nu}=G\boldsymbol{\theta},\qquad \boldsymbol{\nu}=\begin{bmatrix}\nu_1\\ \vdots\\ \nu_m\end{bmatrix},\qquad G=\begin{bmatrix}g_{11}\cdots g_{1k}\\ \vdots\qquad\vdots\\ g_{m1}\cdots g_{mk}\end{bmatrix},\qquad \boldsymbol{\theta}=\begin{bmatrix}\theta_1\\ \vdots\\ \theta_k\end{bmatrix}$$

を考えるとき,

(14) $$\boldsymbol{g}_1=(g_{11},\cdots,g_{1k}),\cdots,\boldsymbol{g}_m=(g_{m1},\cdots,g_{mk})$$

のどの二つのベクトルも $GF(q)$ 上1次独立であれば

(15) $$\boldsymbol{\Gamma}=\{\boldsymbol{\nu}=G\boldsymbol{\theta};\ \boldsymbol{\theta}\in GF(q)^k\}$$

は強さ2, 大きさ $N=q^k$ の直交計画である.

証明　$1,\cdots,m$ のうちから任意の二つ i,j を選んだとき

(16) $$\begin{cases}\nu_i=g_{i1}\theta_1+\cdots+g_{ik}\theta_k\\ \nu_j=g_{j1}\theta_1+\cdots+g_{jk}\theta_k\end{cases}$$

は $\boldsymbol{\theta}\in GF(q)^k$ から $(\nu_i,\nu_j)\in GF(q)^2$ への写像を与えるが, これは $GF(q)^k$, $GF(q)^2$ を加群とみたとき準同型である(§A1). したがってその核が $GF(q)^k$ の部分群であり, それによる $GF(q)^k$ の各コセットは核と同一の大きさになる. しかるにつぎの問2の答から, $\boldsymbol{g}_i,\boldsymbol{g}_j$ が1次独立ならば, 任意の (ν_i,ν_j) に対して(16)は解をもつから, (16)の写像が全射であり(8)が満たされること, つまり(15)が強さ2の直交計画であることがわかる.

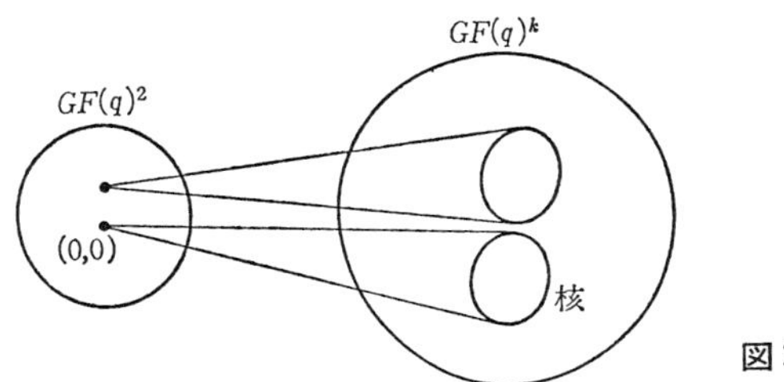

図2

問2　$\boldsymbol{g}_i=(g_{i1},\cdots,g_{ik})$, $\boldsymbol{g}_j=(g_{j1},\cdots,g_{jk})$ が1次独立ならば, 任意の $(\nu_i,\nu_j)\in GF(q)^2$ に対して(16)は q^{k-2} 組の解をもつことを示せ.

例2　3^{10} 型の要因計画で大きさ 3^3, 強さ2の直交計画 $\boldsymbol{\Gamma}$ を作ってみよう. $GF(3)=\{0,1,2\}$ 上10個の同次1次式をつぎのよう

に作ってみる.

$$(17)\quad \begin{cases} \nu_1 = \theta_1 & \nu_6 = \theta_1 + \theta_3 \\ \nu_2 = \theta_2 & \nu_7 = \theta_1 + 2\theta_3 \\ \nu_3 = \theta_3 & \nu_8 = \theta_2 + \theta_3 \\ \nu_4 = \theta_1 + \theta_2 & \nu_9 = \theta_2 + 2\theta_3 \\ \nu_5 = \theta_1 + 2\theta_2 & \nu_{10} = \theta_1 + \theta_2 + \theta_3 . \end{cases}$$

これは，どの二つをとっても $GF(3)$ 上1次独立だから，定理1の条件を満たしている.

したがって(15)によって作られた $\boldsymbol{\Gamma}$ (表2)は強さ2の直交計画である. 表2の $3^3=27$ 個の列ベクトルが $\boldsymbol{\Gamma}$ の点，つまり実験すべき水準組合せを表わしている. この列ベクトルの順は $\boldsymbol{\theta}=(\theta_1, \theta_2, \theta_3)$ を三進3桁の数とみてその小さい順に(12)を計算し並べたものである.

表2

ν_1	0 0 0	0 0 0	0 0 0	1 1 1	1 1 1	1 1 1	2 2 2	2 2 2	2 2 2
ν_2	0 0 0	1 1 1	2 2 2	0 0 0	1 1 1	2 2 2	0 0 0	1 1 1	2 2 2
ν_3	0 1 2	0 1 2	0 1 2	0 1 2	0 1 2	0 1 2	0 1 2	0 1 2	0 1 2
ν_4	0 0 0	1 1 1	2 2 2	1 1 1	2 2 2	0 0 0	2 2 2	0 0 0	1 1 1
ν_5	0 0 0	2 2 2	1 1 1	1 1 1	0 0 0	2 2 2	2 2 2	1 1 1	0 0 0
ν_6	0 1 2	0 1 2	0 1 2	1 2 0	1 2 0	1 2 0	2 0 1	2 0 1	2 0 1
ν_7	0 2 1	0 2 1	0 2 1	1 0 2	1 0 2	1 0 2	2 1 0	2 1 0	2 1 0
ν_8	0 1 2	1 2 0	2 0 1	0 1 2	1 2 0	2 0 1	0 1 2	1 2 0	2 0 1
ν_9	0 2 1	1 0 2	2 1 0	0 2 1	1 0 2	2 1 0	0 2 1	1 0 2	2 1 0
ν_{10}	0 1 2	1 2 0	2 0 1	1 2 0	2 0 1	0 1 2	2 0 1	0 1 2	1 2 0

問3 4^5 型要因計画で大きさ $4^2=16$，強さ2の直交計画を作れ.

さて定理1(15)で作られる直交計画 $\boldsymbol{\Gamma}$ は $GF(q)^m$ の線形部分空間であることがわかる. したがって，定理1の内容を言葉でいえば，どの二つの行も1次独立であるような行列 G を生成行列と

する線形部分空間が強さ2の直交計画となる，ということになる．このようなGはいくらも作れるから，むろん直交計画は一般に一意ではない．

さらに定理1の証明をみれば明らかなように(15)の$\boldsymbol{\Gamma}$を平行移動したもの(あるいは$\boldsymbol{\Gamma}$を$GF(q)^m$の部分加群(§A1)とみればそのコセット)はやはり強さ2の直交計画となるから

定理1系　定理1と同様の仮定のもとで，任意のm次元(列)ベクトル$\boldsymbol{a}$に対して

$$\boldsymbol{\Gamma}=\{\boldsymbol{\nu}=G\boldsymbol{\theta}+\boldsymbol{a};\ \boldsymbol{\theta}\in GF(q)^k\} \tag{18}$$

は強さ2，大きさq^kの直交計画となる．——

以上によって強さ2の直交計画を作るという組合せ論的問題は，$GF(q)$上の大きさmの，k次元ベクトルの集合で，どの二つをとっても1次独立であるようなものを見つけるという線形代数的問題に帰着され，問題がきわめて取り扱いやすくなった．たとえば与えられたmに対してkは少ないほどよいが，その最小値を求めると言った問題も簡単に見通せる(詳しくは§8)．しかしこの方法によると計画の大きさはつねにq^kの形となるから，q^kとq^{k+1}との中間の値を大きさにもつような計画は，理論上やむを得ないとは言え，作れないことになる．この点はたとえば交絡法[13]などの実用的な工夫によって或る程度解決されるものと考えている．

q^m型直交計画における推定(第1次近似)

さて，この強さ2の直交計画$\boldsymbol{\Gamma}$の水準組合せ$\boldsymbol{\nu}=(\nu_1,\cdots,\nu_m)\in\boldsymbol{\Gamma}$に対するデータ$y_{\boldsymbol{\nu}}=y_{\nu_1,\cdots,\nu_m}$を得たとき，これらから中心効果や主効果を推定する方法をのべよう．それには，まず

$$\bar{y}=\sum_{\boldsymbol{\nu}\in\boldsymbol{\Gamma}}\frac{y_{\boldsymbol{\nu}}}{N}\qquad\text{(総平均)} \tag{19}$$

(20)　　$\bar{y}_{\varphi}^{i} = \sum_{\nu \in \Gamma_{\varphi}^{i}} \frac{y_{\nu}}{q^{k-1}}$　　($\nu_i = \varphi$ であるデータの平均)

$(\varphi \in GF(q),\ \ i=1, \cdots, m)$

を作ったとき，これらの統計量の構造式を調べてみよう．

(9)より

$$\sum_{\nu \in \boldsymbol{\Gamma}} y_{\nu} = \sum_{\nu \in \boldsymbol{\Gamma}} \mu + \sum_{\nu \in \boldsymbol{\Gamma}} \alpha_{\nu_1}^{1} + \cdots + \sum_{\nu \in \boldsymbol{\Gamma}} \alpha_{\nu_m}^{m} + \sum_{\nu \in \boldsymbol{\Gamma}} e_{\nu}$$

であるが，$\boldsymbol{\Gamma}$ は強さ1でもあるから，$\nu_i = \varphi$ となるような $\boldsymbol{\Gamma}$ の点は $\varphi \in GF(q)$ によらず一定 (q^{k-1} 個) であるから，(10)より

(21)　　$\bar{y} = \mu + \bar{e}$　　($\bar{e}$ は $\bar{y}$ と同様に定義されるもの)．

つぎに

(22)　　$$\sum_{\nu \in \Gamma_{\varphi}^{i}} y_{\nu} = \sum_{\nu \in \Gamma_{\varphi}^{i}} \mu + \sum_{\nu \in \Gamma_{\varphi}^{i}} \alpha_{\nu_1}^{1} + \cdots + \sum_{\nu \in \Gamma_{\varphi}^{i}} \alpha_{\nu_i}^{i} + \cdots + \sum_{\nu \in \Gamma_{\varphi}^{i}} \alpha_{\nu_m}^{m} + \sum_{\nu \in \Gamma_{\varphi}^{i}} e_{\nu}$$

であるが，$\boldsymbol{\Gamma}$ は強さ2であるから，$i \neq j$ に対して $\boldsymbol{\Gamma}_{\varphi}^{i}$ の中で $\nu_j = \psi$ となる点 $\boldsymbol{\nu}$ は $\psi \in GF(q)$ によらず一定数 q^{k-2} 個あるから，

(23)　$$\sum_{\nu \in \Gamma_{\varphi}^{i}} \alpha_{\nu_j}^{j} = q^{k-2} \sum_{\psi \in GF(q)} \alpha_{\psi}^{j} = 0$$　　$(j \neq i)$ ((10)より)．

したがって

(24)　　$\bar{y}_{\varphi}^{i} = \mu + \alpha_{\varphi}^{i} + \bar{e}_{\varphi}^{i}$,　　$(\varphi \in GF(q),\ \ i=1, \cdots, m)$.

(21)，(24)より

(25)	$\hat{\mu} = \bar{y}$
(26)	$\hat{\alpha}_{\varphi}^{i} = \bar{y}_{\varphi}^{i} - \hat{\mu}$

とおけば，これらはそれぞれ $\mu, \alpha_{\varphi}^{i}$ の不偏推定量となることがわかる．(25), (26)は完全計画の場合の推定量(§2(5), (6))と形式がまったく同じであることがわかる．以下の解析でもわかるように直交計画は完全計画の一種の相似型である．

表 3

ν_1	0	0	0	0	1	1	1	1
ν_2	0	0	1	1	0	0	1	1
ν_3	0	1	0	1	0	1	0	1
ν_4	0	0	1	1	1	1	0	0
ν_5	0	1	0	1	1	0	1	0
ν_6	0	1	1	0	0	1	1	0
	y_1	y_2	y_3	y_4	y_5	y_6	y_7	y_8

例 3　2^6 の要因計画において大きさ $2^3=8$，強さ 2 の直交計画をつくり $\bar{y}^i_\varphi$ の構造式を調べてみよう.

モデルは

$$y_{\nu_1,\cdots,\nu_6}=\mu+\alpha^1_{\nu_1}+\cdots+\alpha^6_{\nu_6}+e_{\nu_1,\cdots,\nu_6} \qquad (\alpha^i_0+\alpha^i_1=0,\ \ i=1,\cdots,6)$$

で，$GF(2)=\{0,1\}$ の上で

$$(27)\qquad \begin{cases} \nu_1=\theta_1 & \nu_4=\theta_1+\theta_2 \\ \nu_2=\qquad\theta_2 & \nu_5=\theta_1\qquad+\theta_3 \\ \nu_3=\qquad\qquad\theta_3 & \nu_6=\qquad\theta_2+\theta_3 \end{cases}$$

のような 1 次式を作ると，これらのうちどの二つも 1 次独立だから，(15)によって表 3 のような強さ 2 の直交計画 $\boldsymbol{\Gamma}$ ができる. これから得られるデータを表 3 のように簡略的に $y_1,\cdots,y_8$ と書く.

たとえば

$$\bar{y}^5_0=(y_1+y_3+y_6+y_8)/4$$

の構造を調べてみよう.

$$(28)\qquad \left\{\begin{array}{l} y_1=\mu+\alpha^1_0+\alpha^2_0+\alpha^3_0+\alpha^4_0+\alpha^5_0+\alpha^6_0+e_1 \\ y_3=\mu+\alpha^1_0+\alpha^2_1+\alpha^3_0+\alpha^4_1+\alpha^5_0+\alpha^6_1+e_3 \\ y_6=\mu+\alpha^1_1+\alpha^2_0+\alpha^3_1+\alpha^4_1+\alpha^5_0+\alpha^6_1+e_6 \\ y_8=\mu+\alpha^1_1+\alpha^2_1+\alpha^3_1+\alpha^4_0+\alpha^5_0+\alpha^6_0+e_8 \\ \hline \bar{y}^5_0=\mu\qquad\qquad\qquad\qquad\qquad+\alpha^5_0\qquad+\bar{e}^5_0 \end{array}\right.$$

さて(25), (26)の推定量 $\hat{\mu}$, $\hat{\alpha}^i_\varphi$ が不偏推定量であることは(21), (24)から明らかである．またその分散が

$$V(\hat{\mu}) = \sigma^2/q^k \tag{29}$$

$$V(\hat{\alpha}^i_\varphi) = \frac{q-1}{q^k}\sigma^2 \tag{30}$$

となることも容易にわかる．たとえば(30)については，(21), (24)から $\hat{\alpha}^i_\varphi = \alpha^i_\varphi + \bar{e}^i_\varphi - \bar{e}$ で $V(\hat{\alpha}^i_\varphi) = V(\bar{e}^i_\varphi - \bar{e})$ となるが，

$$\bar{e} = \sum_{\varphi \in GF(q)} \frac{\bar{e}^i_\varphi}{q}$$

で，$\bar{e}^i_\varphi, \bar{e}^i_\psi$ などは $\varphi \neq \psi$ ならば異なるものの平均だから独立で，したがって§2(15)がそのまま使え(30)が導出できる．なお σ^2 の推定はつぎの分散分析の項でのべよう．

問4　(25), (26)の推定量は最小二乗推定であることを証明せよ．——

分散分析

完全計画の場合にならって，各平方和をつぎのように定義する．

$$\begin{cases} S_M = \sum_{\nu \in \Gamma} \hat{\mu}^2 = q^k \hat{\mu}^2 \\ S_{F_i} = \sum_{\nu \in \Gamma} (\hat{\alpha}^i_{\nu_i})^2 = q^{k-1} \sum_{\varphi \in GF(q)} (\hat{\alpha}^i_\varphi)^2 \qquad (i=1, \cdots, m) \\ S = \sum_{\nu \in \Gamma} \hat{e}^2_\nu. \end{cases} \tag{31}$$

これらについて，つぎのような関係がある．

$$\sum_{\nu \in \Gamma} y^2_\nu = S_M + S_{F_1} + \cdots + S_{F_m} + S. \tag{32}$$

またこれらの平方和の期待値を求めてみると，

$$\begin{cases} E(S_M) = q^k \mu^2 + \sigma^2 \\ E(S_{F_i}) = (q-1)q^{k-1}\sigma^2_{F_i} + (q-1)\sigma^2 \qquad (i=1, \cdots, m) \\ E(S) = \phi\sigma^2 \\ \phi = q^k - (1 + m(q-1)). \end{cases} \tag{33}$$

ただし

$$(34)\qquad \sigma^2_{F_i}=\sum_{\varphi\in GF(q)}(\alpha^i_\varphi)^2\Big/(q-1),\qquad (i=1,\cdots,m).$$

問 5　(33)を証明せよ．――

また不偏分散は

$$(35)\qquad \begin{cases} V_M=S_M/\phi_M=S_M, & \phi_M=1\\ V_{F_i}=S_{F_i}/\phi_{F_i}=S_{F_i}/(q-1), & \phi_{F_i}=q-1\\ V=S/\phi \end{cases}$$

で，その期待値は

$$(36)\qquad \begin{cases} E(V_M)=q^k\mu^2+\sigma^2\\ E(V_{F_i})=q^{k-1}\sigma^2_{F_i}+\sigma^2 & (i=1,\cdots,m)\\ E(V)=\sigma^2 \end{cases}$$

かくして分散分析の方式は§2(34)とまったく同様である．

(33)あるいは(36)によって σ^2 の不偏推定には

$$(37)\qquad \hat\sigma^2=\frac{S}{\phi}=V$$

を用いればよいことがわかる．誤差の自由度 ϕ が 0 ならば σ^2 の推定は不可能である．

注 1　表 2，表 3 は強さ 2 の直交計画の条件(8)を満たす水準組合せを列挙したもので，強さ 2 の直交表と呼ばれている．表 2，表 3 では要因に対するものを行に，実験に対するものを列に書いたが，どちらを行にとるかは自由である．(8)の条件をこのような表の形でみると，どの 2 行を選び出しても，その中の各列が作る記号対がちょうど同数回出現するという性質をもっている．この組合せ論的性質があとでのべる直交計画の最適性に本質的な影響を与えている．

問の答

2　$\boldsymbol{g}_i, \boldsymbol{g}_j$ が独立ならば(16)で $\theta_1, \cdots, \theta_k$ のうち $k-2$ 個が $GF(q)$ の値を自由にとれるから.

3　$GF(4)=\{0, 1, \alpha, \alpha^2\}(\alpha^2=1+\alpha)$ として,

$$\nu_1 = \theta_1, \quad \nu_2 = \theta_2, \quad \nu_3 = \theta_1+\theta_2, \quad \nu_4 = \theta_1+\alpha\theta_2,$$
$$\nu_5 = \theta_1+\alpha^2\theta_2$$

を展開すれば, つぎのような計画を得る($0=\alpha^\infty$ として α の指数だけを書いた).

ν_1	∞	∞	∞	∞	0	0	0	0	1	1	1	1	2	2	2	2
ν_2	∞	0	1	2	∞	0	1	2	∞	0	1	2	∞	0	1	2
ν_3	∞	0	1	2	0	∞	2	1	1	2	∞	0	2	1	0	∞
ν_4	∞	1	2	0	0	2	1	∞	1	∞	0	2	2	0	∞	1
ν^5	∞	2	0	1	0	1	∞	2	1	0	2	∞	2	∞	1	0

4　§2問1のように行なってもよいが, §5でのべるような変換を考えるとやりやすい.

§4　交互作用に対する直交計画

2因子交互作用の一部を考える2次近似のモデルを, §3(9)のような形式で書くと,

$$y_{\nu_1,\cdots,\nu_m} = \mu+\alpha^1_{\nu_1}+\cdots+\alpha^m_{\nu_m}+\sum_{\{i,j\}\in I}\alpha^{i,j}_{\nu_i,\nu_j}+e_{\nu_1,\cdots,\nu_m} \tag{1}$$

と書ける. ここで I は交互作用のありうる2因子の番号対の集合であり, $\alpha^{i,j}_{\varphi,\psi}$ は $F_i\times F_j$ の水準対 (φ, ψ) の交互作用効果で §1(5)と同様の仮定

$$\sum_{\varphi\in\Omega_i}\alpha^{i,j}_{\varphi,\psi}=0 \qquad \sum_{\psi\in\Omega_j}\alpha^{i,j}_{\varphi,\psi}=0, \qquad (\{i, j\}\in I) \tag{2}$$

が成り立つ. また主効果については §3(10)が, 誤差 $e_{\nu_1,\cdots,\nu_m}$ については §1(3)の仮定が成り立つものとする.

これに対する大きさ N の最適な(§5)計画 $\boldsymbol{\Gamma}$ は, まず強さ2の

直交計画(§3(8))であって，かつ部分的に強さ3，つまり

$$(3)\quad \begin{cases} \text{任意の } \{i,j\}\in I,\ k\notin\{i,j\} \text{ に対して} \\ |\boldsymbol{\Gamma}^{i,j,k}_{\varphi,\psi,\chi}| = \dfrac{N}{s_i s_j s_k}, \quad (\varphi\in\Omega_i,\ \psi\in\Omega_j,\ \chi\in\Omega_k) \end{cases}$$

であり，さらに部分的に強さ4，つまり

$$(4)\quad \begin{cases} \{i,j\}\cap\{k,l\}=\text{‘空集合’ なる任意の } \{i,j\},\ \{k,l\}\in I \text{ に対して} \\ |\boldsymbol{\Gamma}^{i,j,k,l}_{\varphi,\psi,\chi,\kappa}| = \dfrac{N}{s_i s_j s_k s_l}, \\ \qquad (\varphi\in\Omega_i,\ \psi\in\Omega_j,\ \chi\in\Omega_k,\ \kappa\in\Omega_l) \end{cases}$$

を満たす計画である．(ここで $\boldsymbol{\Gamma}^{i,j,k}_{\varphi,\psi,\chi}$ などは§3(5), (7)などと同様に定義されるものである.)

特別な場合として可能な2因子交互作用がすべてある場合，つまり $I=\{\{i,j\};\ i,j\in\{1,\cdots,m\},\ i\neq j\}$ の場合，は(3), (4)なる条件は，強さ4の直交計画という条件に帰着される．一般に k 因子交互作用をすべて考えるときは，強さ $2k$ の直交計画を考えればよいことがわかる．

この場合も対称型で水準数が q(素数の累乗)に等しいとき，すなわち q^m 型の要因計画の場合は，§3定理1のように，強さ2でかつ(3), (4)を満たす直交計画を $GF(q)$ 上の m 変数1次式から構成することができる．

定理1　§3定理1の条件のほか，(3)に相当する条件

$$(5)\quad \begin{cases} \text{任意の } \{i,j\}\in I,\ k\notin\{i,j\} \text{ に対して,} \\ \boldsymbol{g}_i, \boldsymbol{g}_j, \boldsymbol{g}_k \text{ は } GF(q) \text{ 上1次独立} \end{cases}$$

および(4)に相当する条件

$$(6)\quad \begin{cases} \{i,j\}\cap\{k,l\}=\text{‘空集合’ なる任意の } \{i,j\},\{k,l\}\in I \text{ に対} \\ \text{して} \end{cases}$$

$\boldsymbol{g}_i, \boldsymbol{g}_j, \boldsymbol{g}_k, \boldsymbol{g}_l$ は $GF(q)$ 上1次独立

が成り立つならば§3(15)の $\boldsymbol{\Gamma}$ は強さ2でかつ(3), (4)を満たす直交計画を構成する．——

証明は§3定理1とほとんど同じである．§3定理1では二つのベクトル $\boldsymbol{g}_i, \boldsymbol{g}_j$ を考えたが，これが三つあるいは四つになるだけで，形式的な拡張ですますことができる．

例1　五つの因子 $F_1, \cdots, F_5$ があり交互作用は $I=\{\{1,2\},\{1,3\},\{1,4\}\}$，$\Omega_1=\cdots=\Omega_5=GF(3)$ のとき，

$$(7)\qquad \begin{cases} \nu_1=\theta_1 & \nu_4=\theta_2+\theta_3 \\ \nu_2=\theta_2 & \nu_5=\theta_2+2\theta_3 \\ \nu_3=\theta_3 & \end{cases}$$

として，§3例2と同様に展開すると $\boldsymbol{\Gamma}$ として表1が得られる．これは強さ2でかつ(3)の条件を満たす直交計画である．この場合は I の中に(4)に該当するような因子の対は存在しない．

表1

ν_1	0	0	0	0	0	0	0	0	0	1	1	1	1	1	1	1	1	1	2	2	2	2	2	2	2	2	2
ν_2	0	0	0	1	1	1	2	2	2	0	0	0	1	1	1	2	2	2	0	0	0	1	1	1	2	2	2
ν_3	0	1	2	0	1	2	0	1	2	0	1	2	0	1	2	0	1	2	0	1	2	0	1	2	0	1	2
ν_4	0	1	2	1	2	0	2	0	1	0	1	2	1	2	0	2	0	1	0	1	2	1	2	0	2	0	1
ν_5	0	2	1	1	0	2	2	1	0	0	2	1	1	0	2	2	1	0	0	1	1	1	0	2	2	1	0

(3)の条件を表1について調べてみよう；

$\{1,2\}\in I$ に対しては $i=3,4,5$ のおのおのについて ν_1, ν_2, ν_i の3行をとり出してみると，その各列からなる0,1,2のトリプル(triple)(これは27通りあるが)がどれもちょうど1回だけ出現している．

$\{1,3\}\in I$ に対しては，$i=4,5$ のおのおのについて ν_1, ν_3, ν_i の3行をみると上と同様のことが確かめられる．

$\{1,4\}\in I$ に対しては ν_1, ν_4, ν_5 の3行について上と同様のことが確かめられる.

つまり表1は全体が強さ2で一部分が強さ3の直交表である.

——

さて強さ2でかつ(3), (4)を満たす直交計画 $\boldsymbol{\Gamma}$ が得られると, 水準組合せ $\boldsymbol{\nu}=(\nu_1, \cdots, \nu_m)\in\boldsymbol{\Gamma}$ に対する実験が行なわれ, そのデータ $y_{\boldsymbol{\nu}}=y_{\nu_1,\cdots,\nu_m}$ が得られるが, これから各効果を推定する問題をのべよう. 上にみたように, また§5でみるように, 直交条件(3), (4)やその最適性の証明は, 水準数が異なっていても支障はないが, 実際にガロア体を用いて $\boldsymbol{\Gamma}$ を構成する場合は, 水準数は素数の累乗 q に等しい q^m 型の直交計画でなければならないので[1], 今後もこの型で話をすすめよう. なお, $|\boldsymbol{\Gamma}|=q^k=N$ としておく.

中心効果や主効果の推定は $\boldsymbol{\Gamma}$ が強さ2であるから§3(25), (26)によって行なうことができる. 問題は交互作用効果であるが, その推定のため, $\{i,j\}\in I$ に対して

$$\bar{y}^{i,j}_{\varphi,\psi}=\sum_{\nu\in\boldsymbol{\Gamma}^{i,j}_{\varphi,\psi}}\frac{y_{\boldsymbol{\nu}}}{q^{k-2}}\qquad(\varphi,\psi\in GF(q))\tag{8}$$

を考えよう. これは $\nu_i=\varphi$ でかつ $\nu_j=\psi$ であるような $\boldsymbol{\Gamma}$ の中のデータの平均である. この統計量を用いて

$$\hat{\alpha}^{i,j}_{\varphi,\psi}=\bar{y}^{i,j}_{\varphi,\psi}-\hat{\mu}-\hat{\alpha}^{i}_{\varphi}-\hat{\alpha}^{j}_{\varphi}\tag{9}$$

とすれば, これが $\alpha^{i,j}_{\varphi,\psi}$ の不偏推定量である.

(9)の根拠をみるために $\bar{y}^{i,j}_{\varphi,\psi}$ なる統計量の構造式を調べよう. 簡単のため $\{1,2\}\in I$ として $\bar{y}^{1,2}_{\varphi,\psi}$ を考えると,

---

1) 水準数が素数の累乗でない場合, あるいは異なる場合の直交計画の構成については§8注1参照.

(10)[1] $$q^{k-2}\bar{y}^{1,2}_{\varphi,\psi}=\sum_{\nu}\mu+\sum_{\nu}\alpha^1_{\varphi}+\sum_{\nu}\alpha^2_{\psi}+\sum_{i\neq 1,2}\sum_{\nu}\alpha^i_{\nu_i}$$
$$+\sum_{\nu}\alpha^{1,2}_{\varphi,\psi}+\sum_{\{1,i\}\neq\{1,2\}}\sum_{\nu}\alpha^{1,i}_{\varphi,\nu_i}+\sum_{\{2,i\}\neq\{1,2\}}\alpha^{2,i}_{\psi,\nu_i}$$
$$+\sum_{\{i,j\}\cap\{1,2\}=\phi}\sum_{\nu}\alpha^{i,j}_{\nu_i,\nu_j}+\sum_{\nu}e_{\nu}.$$

ここで右辺第4項について考えると，(3)から $|\Gamma^{1,2,i}_{\varphi,\psi,\nu_i}|=N/q^3$ であり，したがって各 $\nu_i\in GF(q)$ に対して $\alpha^i_{\nu_i}$ は $\sum_{\nu}$ の中に N/q^3 回ずつ出現するから，§3(10)より，その和は0である．第6,7項も同様の理由から(2)より0である．第8項は条件(4)と(2)から0である．したがって

(11) $$\bar{y}^{1,2}_{\varphi,\psi}=\mu+\alpha^1_{\varphi}+\alpha^2_{\psi}+\alpha^{1,2}_{\varphi,\psi}+\bar{e}^{1,2}_{\varphi,\psi}$$

($\bar{e}^{1,2}_{\varphi,\psi}$ は e_{ν} に対して y_{ν} と同じ平均操作をほどこしたものである)が得られ，この $\mu,\alpha^1_{\varphi},\alpha^2_{\psi}$ をそれぞれその不偏推定 $\hat{\mu},\hat{\alpha}^1_{\varphi},\hat{\alpha}^2_{\psi}$ におきかえ誤差 $\bar{e}^{1,2}_{\varphi,\psi}$ を省略したものが，

(12) $$\hat{\alpha}^{1,2}_{\varphi,\psi}=\bar{y}^{1,2}_{\varphi,\psi}-\hat{\mu}-\hat{\alpha}^1_{\varphi}-\hat{\alpha}^2_{\psi}$$

であるから，その不偏性は明白である．

例2　2水準系四つの因子 F_1,F_2,F_3,F_4 つまり 2^4 型において，交互作用は $F_1\times F_2$，$F_1\times F_3$，$F_1\times F_4$ 以外にないとする．これに対応する大きさ $N=2^3=8$ の直交計画を作り，その各効果を推定してみよう．

モデルは

(13) $$y_{\nu_1,\cdots,\nu_4}=\mu+\alpha^1_{\nu_1}+\cdots+\alpha^4_{\nu_4}+\alpha^{1,2}_{\nu_1,\nu_2}+\alpha^{1,3}_{\nu_1,\nu_3}+\alpha^{1,4}_{\nu_1,\nu_4}+e_{\nu_1,\cdots,\nu_4}$$

である．大きさ 2^3 であるから，$GF(2)=\{0,1\}$ 上三つの補助変数 $\theta_1,\theta_2,\theta_3$ を用いて

(14) $$\{\ \nu_1=\theta_1$$

1)　ここで $\sum_{\nu}$ は $\boldsymbol{\nu}\in\Gamma^{1,2}_{\varphi,\psi}$ についての和，$\sum_{i\neq 1,2}$ は，条件 $i\neq 1,2$ を満たす $i=1,\cdots,m$ についての和，$\sum_{\{1,i\}\neq\{1,2\}}$ などは $\sum$ の下に書かれた条件を満たす $\{i,j\}\in I$ についての和を表わすものとする．また第8項の ϕ は空集合を示すものとする．

$$\begin{cases} \nu_2 = \qquad \theta_2 \\ \nu_3 = \qquad\qquad \theta_3 \\ \nu_4 = \theta_1+\theta_2+\theta_3 \end{cases}$$

のように水準番号を表わすと，定理1よりこれから作られる $\boldsymbol{\Gamma}$ (表2)が強さ2でかつ条件(3)を満たすことがわかる．$I=\{\{1,2\},\{1,3\},\{1,4\}\}$ だから条件(4)は不必要．

表2

ν_1	0	0	0	0	1	1	1	1
ν_2	0	0	1	1	0	0	1	1
ν_3	0	1	0	1	0	1	0	1
ν_4	0	1	1	0	1	0	0	1
	y_1	y_2	y_3	y_4	y_5	y_6	y_7	y_8

これから得られるデータを§3例3と同様に簡略的に $y_1, y_2, \cdots, y_8$ と表2のように書いておこう．こうするとたとえば $\alpha_{1,1}^{1,4}$ を推定するための統計量 $\bar{y}_{1,1}^{1,4}$ は(8)より

$$\bar{y}_{1,1}^{1,4}=(y_5+y_8)/2$$

となる．一般論でみた(10), (11)をわれわれの例でたどってみよう．

$$\begin{array}{rcl} y_5 &=& \mu+\alpha_1^1+\alpha_0^2+\alpha_0^3+\alpha_1^4+\alpha_{1,0}^{1,2}+\alpha_{1,0}^{1,3}+\alpha_{1,1}^{1,4}+e_5 \\ +)\ y_8 &=& \mu+\alpha_1^1+\alpha_1^2+\alpha_1^3+\alpha_1^4+\alpha_{1,1}^{1,2}+\alpha_{1,1}^{1,3}+\alpha_{1,1}^{1,4}+e_8 \\ \hline 2\bar{y}_{1,1}^{1,4} &=& 2\mu+2\alpha_1^1+2\alpha_1^4+2\alpha_{1,1}^{1,4}+2\bar{e}_{1,1}^{1,4} \end{array}$$

$$\therefore\quad \bar{y}_{1,1}^{1,4}=\mu+\alpha_1^1+\alpha_1^4+\alpha_{1,1}^{1,4}+\bar{e}_{1,1}^{1,4}$$

となって(11)が検証された．

なお，§3(26)から

$$\hat{\alpha}_1^1=\frac{y_5+y_6+y_7+y_8}{4}-\hat{\mu}, \qquad \hat{\alpha}_1^4=\frac{y_2+y_3+y_5+y_8}{4}-\hat{\mu},$$

$$\hat{\mu}=\frac{y_1+y_2+\cdots+y_8}{8}$$

を作り，これらから

$$\hat{\alpha}_{1,1}^{1,4}=\bar{y}_{1,1}^{1,4}-\hat{\mu}-\hat{\alpha}_1^1-\hat{\alpha}_1^4$$

を作れば求める推定量が得られる．

問1　上の例で $\alpha_{0,1}^{1,3}$ の推定量を作れ．また $\bar{y}_{0,1}^{1,3}$ の構造式を作れ．

問2　例2と同様の仮定で，ただ交互作用が $F_1\times F_2$，$F_2\times F_3$，$F_3\times F_1$ 以外に存在しない場合について，直交計画を作り，その各効果の推定式を作りかつその構造式を求めよ．——

(9)が $\alpha_{\varphi,\phi}^{i,j}$ の最小二乗推定となっていることおよびこの分散が

$$V(\hat{\alpha}_{\varphi,\phi}^{i,j})=\frac{(q-1)^2}{q^k}\sigma^2 \tag{15}$$

となることなど，前と同様に示されよう．

また分散分析もほぼ同様に進められるので結果のみを示そう．

$\{i,j\}\in I$ に対して $F_i\times F_j$ の平方和およびその自由度は

$$S_{F_i\times F_j}=\sum_{\Gamma}(\hat{\alpha}_{\varphi,\phi}^{i,j})^2=q^{k-2}\sum_{\varphi\in\Omega}\sum_{\phi\in\Omega}(\hat{\alpha}_{\varphi,\phi}^{i,j})^2 \qquad (\Omega=GF(q)) \tag{16}$$

$$\phi_{F_i\times F_j}=(q-1)^2 \tag{17}$$

であり，(1)に対応して

$$\sum_{\nu\in\Gamma}y_\nu^2=S_M+\sum_{i=1}^m S_{F_i}+\sum_{\{i,j\}\in I}S_{F_i\times F_j}+S \tag{18}$$

が成り立つ．ここで S は残差平方和

$$S=\sum_{\nu\in\Gamma}\left(y_\nu-\hat{\mu}-\sum_{i=1}^m\hat{\alpha}_{\nu_i}^i-\sum_{\{i,j\}\in I}\hat{\alpha}_{\nu_i,\nu_j}^{i,j}\right)^2 \tag{19}$$

で，その自由度 ϕ は

$$\phi=N-K=q^k-(1+m(q-1)+|I|(q-1)^2). \tag{20}$$

不偏分散は

$$V_{F_i\times F_j}=S_{F_i\times F_j}/\phi_{F_i\times F_j} \tag{21}$$

(22) $$V = S/\phi$$

であり，$V_{F_i\times F_j}/V$ が対応する自由度の F 表(§2 表 3)の値と比較して小さければ $F_i\times F_j$ の交互作用効果は無視してさしつかえないという判定ができる．

またこれらの期待値は

(23) $$\begin{cases} E(V_{F_i\times F_j}) = q^{k-2}\sigma^2_{F_i\times F_j} + \sigma^2 \\ \sigma^2_{F_i\times F_j} = \sum_{\varphi}\sum_{\phi}(\alpha^{i,j}_{\varphi,\phi})^2/(q-1)^2 \end{cases}$$

(24) $$E(V) = \sigma^2$$

となる．したがって誤差分散 σ^2 の推定には

(25) $$\hat{\sigma}^2 = V = S/\phi$$

を用いればよい．

問 3　2^5 型で $F_1\times F_2$，$F_1\times F_3$，$F_1\times F_4$，$F_1\times F_5$，$F_2\times F_3$，$F_2\times F_5$ 以外に交互作用はないものとする．これに対する大きさ $N=2^4=16$ の直交計画を作り，$F_1\times F_2$ の交互作用効果の有無を判定する方式を明記せよ．また誤差分散 σ^2 の推定式を作れ．(答§8参照)——

この問のように問題がかなり複雑になってくると，定理 1 をもってしても，要求に合う直交計画を作ることは難しくなってくる．これを容易ならしめる見通しを与えるために，ガロア体上の射影幾何という問題を研究して行こう．ガロア体上の幾何学を一般に有限幾何と呼んでいるがこれは直交計画だけでなく，広く一般の組合せ問題に有用となるので§6以下で詳説しよう．

§5　直交計画の最適性

いままでみてきたように，直交計画による実験は完全計画によるそれと相似形のようなものである．推定や検定がほとんど同じ

形式で行なうことができ，しかも完全計画よりはるかに少ない実験回数ですむところに直交計画の大きな特徴があった.

この節では直交計画が同じ大きさの実験の中で，効果の推定の精度がたしかに最良になるということを証明しておこう．この問題の統一的研究は[8]に尽されているが，ここでは[8]の内容の骨子を解説しよう.

モデルの変換

データモデルは§1(1), (2)や§3(9), (10)と同一のものを用いるが，ここでのべる記法に適した形で再録しておく．簡単のため3因子の場合を書いておくが，以下の議論は一般にも成立することはいつもの通りである.

(1) $$y_{ijk}=\mu+\alpha_i+\beta_j+\gamma_k+e_{ijk},$$
$$(i=0,1,\cdots,a-1,\ \ j=0,1,\cdots,b-1,\ \ k=0,1,\cdots,c-1)$$

(2) $$\alpha_0+\cdots+\alpha_{a-1}=0,\qquad \beta_0+\cdots+\beta_{b-1}=0,$$
$$\gamma_0+\cdots+\gamma_{c-1}=0$$

(3) $E(e_{ijk})=0,\qquad V(e_{ijk})=\sigma^2,\qquad e_{ijk}$ は独立.

いま，$a=b=c=3$ として，これに対して大きさ $N=9$(強さ2)の直交計画を§3の方法で作り，(2)を

(4) $$\alpha_0=-\alpha_1-\alpha_2,\qquad \beta_0=-\beta_1-\beta_2,\qquad \gamma_0=-\gamma_1-\gamma_2$$

として，(1)を(§2表イと同じように)列挙したのが表1(イ)である．表1(ロ)は§3(6)で示した強さ1の直交計画の条件を満たす一つの計画について同じことを行なったものである.

さて，或るモデル M の効果に，適当な線形変換をほどこしたモデルを M' とし，その M' で考えた方が便利な場合がしばしば起る(§2注2で $\dot{\mu}, \dot{\alpha}_i, \dot{\beta}_j$ などは μ, α_i, β_j の線形変換である)．M における計画の良否は M' においてそのまま保存されるし，その逆も言える．直交計画の最適性の証明を行なうに際してはつぎの

表1

（イ）

i j k		μ	α_1	α_2	β_1	β_2	γ_1	γ_2
0 0 0	y_1	1	−1	−1	−1	−1	−1	−1
0 1 1	y_2	1	−1	−1	1	0	1	0
0 2 2	y_3	1	−1	−1	0	1	0	1
1 0 1	y_4	1	1	0	−1	−1	1	0
1 1 2	y_5	1	1	0	1	0	0	1
1 2 0	y_6	1	1	0	0	1	−1	−1
2 0 2	y_7	1	0	1	−1	−1	0	1
2 1 0	y_8	1	0	1	1	0	−1	−1
2 2 1	y_9	1	0	1	0	1	1	0

$k=i+j$ $(GF(3))$

（ロ）

i j k		μ	α_1	α_2	β_1	β_2	γ_1	γ_2
0 0 1	y_1	1	−1	−1	−1	−1	1	0
0 1 2	y_2	1	−1	−1	1	0	0	1
2 1 0	y_3	1	0	1	1	0	−1	−1
0 1 1	y_4	1	−1	−1	1	0	1	0
1 2 0	y_5	1	1	0	0	1	−1	−1
2 0 2	y_6	1	0	1	−1	−1	0	1
1 2 1	y_7	1	1	0	0	1	1	0
1 0 2	y_8	1	1	0	−1	−1	0	1
2 2 0	y_9	1	0	1	0	1	−1	−1

ような線形変換をすると見通しがよくなるのである．

まず，モデル(1)，(2)を考えるときは，各因子の0, 1, 2水準を表わすα_1, α_2（あるいはβ_1, β_2など）の係数はそれぞれ$(-1, -1)$，$(1, 0)$，$(0, 1)$となるから，これを行列で

$$S=\begin{bmatrix}-1 & -1\\ 1 & 0\\ 0 & 1\end{bmatrix} \tag{5}$$

で表わして，構造行列とでも呼ぶことにしよう．こうすると，

(6)
$$S\begin{bmatrix}\alpha_1\\\alpha_2\end{bmatrix},\quad S\begin{bmatrix}\beta_1\\\beta_2\end{bmatrix},\quad S\begin{bmatrix}\gamma_1\\\gamma_2\end{bmatrix}$$

の各行がモデル(1)の中での 0, 1, 2 水準を表わすことになる.

さて各効果を線形変換して，変換後の構造行列の中の列ベクトル全体と，それにすべての成分が(0 でない)同一数であるベクトルをつけ加えたものが正規直交系[1]を作るようにしておくと，計画の最適を論ずるのにきわめて便利である.

たとえばわれわれの例で

(7)
$$\begin{bmatrix}\alpha_1\\\alpha_2\end{bmatrix}=T\begin{bmatrix}\bar\alpha_1\\\bar\alpha_2\end{bmatrix},\quad \begin{bmatrix}\beta_1\\\beta_2\end{bmatrix}=T\begin{bmatrix}\bar\beta_1\\\bar\beta_2\end{bmatrix},\quad \begin{bmatrix}\gamma_1\\\gamma_2\end{bmatrix}=T\begin{bmatrix}\bar\gamma_1\\\bar\gamma_2\end{bmatrix}$$

なる変換行列 T を適当に選んで，$\bar\alpha_i, \bar\beta_j, \bar\gamma_k$ についての構造行列 $\bar S$ の列ベクトル(とすべて同一成分のベクトル)とが正規直交系になるようにすると，

(8)[2]
$$\bar S=\begin{bmatrix}-1/\sqrt{2} & -1/\sqrt{6}\\ 1/\sqrt{2} & -1/\sqrt{6}\\ 0 & 2/\sqrt{6}\end{bmatrix}.$$

変換(7)によって，$\bar\alpha, \bar\beta, \bar\gamma$ についての構造行列が $\bar S$ となるためには

(9)
$$S\begin{bmatrix}\alpha_1\\\alpha_2\end{bmatrix}=ST\begin{bmatrix}\bar\alpha_1\\\bar\alpha_2\end{bmatrix}=\bar S\begin{bmatrix}\bar\alpha_1\\\bar\alpha_2\end{bmatrix}\qquad (\beta, \gamma \text{ についても同様})$$

とならねばならないから,

1) どの二つも直交するベクトル $a_1, a_2, \cdots, a_m$ は直交系を成すといい，さらに各ベクトルの長さがすべて 1 ならば正規直交系を成すという.

2) 直交化の手法に頼るまでもなく，この場合は(5)の S を左列から順に見て行けば

$$\begin{bmatrix}-1 & -1\\ 1 & -1\\ 0 & 2\end{bmatrix}\begin{bmatrix}1\\1\\1\end{bmatrix}$$

が直交系を作ることは直観されるから，これを正規化すれば(8)が得られる.

(10) $$ST = \bar{S}$$

であり，そのためには T は((10)の $S, \bar{S}$ に(5), (8)を代入してみればわかるように)，

(11) $$T = \begin{bmatrix} 1/\sqrt{2} & -1/\sqrt{6} \\ 0 & 2/\sqrt{6} \end{bmatrix}$$

とならねばならない．

なお，構造行列 $\bar{S}$ に，成分がすべて同一で長さが1となる列ベクトルをつけ加えてできる行列

(12) $$\begin{bmatrix} -1/\sqrt{2} & -1/\sqrt{6} & 1/\sqrt{3} \\ 1/\sqrt{2} & -1/\sqrt{6} & 1/\sqrt{3} \\ 0 & 2/\sqrt{6} & 1/\sqrt{3} \end{bmatrix}$$

は直交行列となる．したがって，その行ベクトルも正規直交系を作ることを注意しておこう．(なぜなら，U を直交行列とすると $U^TU=I$ である．そうすると，

(13) $$(U^T)^TU^T = UU^T = UU^{-1} = I$$

だから U^T も直交行列であるから.)

問1 水準が q である場合，$S, \bar{S}, T$ を求めよ．——

表1の(イ), (ロ)の(11)による変換後のモデルの表現は表2の(イ), (ロ)となる．ただし $1/\sqrt{2}, 1/\sqrt{6}$ などの一定係数は煩雑をさけるために各列の下に書いた．§3でのべた直交計画に対応するものが表2(イ)であったが，この右辺の係数の列ベクトルは実数空間の9次元ベクトルとみたとき直交系をなしていることが容易に確かめられる．

さて，一般に $\bar{\alpha}, \bar{\beta}, \cdots$ の世界で或る計画の実験結果から，たとえば，$\bar{\alpha}_1, \bar{\alpha}_2$ の最小二乗推定値 $\hat{\bar{\alpha}}_1, \hat{\bar{\alpha}}_2$ を得れば，α_1, α_2 の最小二乗推定値 $\hat{\alpha}_1, \hat{\alpha}_2$ は

表 2

(イ)

$i\ j\ k$		$\bar{\mu}$	$\bar{\alpha}_1$	$\bar{\alpha}_2$	$\bar{\beta}_1$	$\bar{\beta}_2$	$\bar{\gamma}_1$	$\bar{\gamma}_2$
0 0 0	y_1	1	−1	−1	−1	−1	−1	−1
0 1 1	y_2	1	−1	−1	1	−1	1	−1
0 2 2	y_3	1	−1	−1	0	2	0	2
1 0 1	y_4	1	1	−1	−1	−1	1	−1
1 1 2	y_5	1	1	−1	1	−1	0	2
1 2 0	y_6	1	1	−1	0	2	−1	−1
2 0 2	y_7	1	0	2	−1	−1	0	2
2 1 0	y_8	1	0	2	1	−1	−1	−1
2 2 1	y_9	1	0	2	0	2	1	−1
			$1/\sqrt{2}$	$1/\sqrt{6}$	$1/\sqrt{2}$	$1/\sqrt{6}$	$1/\sqrt{2}$	$1/\sqrt{6}$

(ロ)

$i\ j\ k$		$\bar{\mu}$	$\bar{\alpha}_1$	$\bar{\alpha}_2$	$\bar{\beta}_1$	$\bar{\beta}_2$	$\bar{\gamma}_1$	$\bar{\gamma}_2$
0 0 1	y_1	1	−1	−1	−1	−1	1	−1
0 1 2	y_2	1	−1	−1	1	−1	0	2
2 1 0	y_3	1	0	2	1	−1	−1	−1
0 1 1	y_4	1	−1	−1	1	−1	1	−1
1 2 0	y_5	1	1	−1	0	2	−1	−1
2 0 2	y_6	1	0	2	−1	−1	0	2
1 2 1	y_7	1	1	−1	0	2	1	−1
1 0 2	y_8	1	1	−1	−1	−1	0	2
2 2 0	y_9	1	0	2	0	2	−1	−1
			$1/\sqrt{2}$	$1/\sqrt{6}$	$1/\sqrt{2}$	$1/\sqrt{6}$	$1/\sqrt{2}$	$1/\sqrt{6}$

(14) $$\begin{bmatrix} \hat{\alpha}_1 \\ \hat{\alpha}_2 \end{bmatrix} = T \begin{bmatrix} \hat{\hat{\alpha}}_1 \\ \hat{\hat{\alpha}}_2 \end{bmatrix}$$ (β, γ についても同様)

となることはよく知られている([6]第4章). また両者の分散の間の関係は, $T=[t_{ij}]$ とすると

(15) $$\begin{cases} V(\hat{\alpha}_1) = t_{11}^2 V(\hat{\hat{\alpha}}_1) + t_{12}^2 V(\hat{\hat{\alpha}}_2) + 2t_{11}t_{12} V(\hat{\hat{\alpha}}_1, \hat{\hat{\alpha}}_2) \\ V(\hat{\alpha}_2) = t_{21}^2 V(\hat{\hat{\alpha}}_1) + t_{22}^2 V(\hat{\hat{\alpha}}_2) + 2t_{21}t_{22} V(\hat{\hat{\alpha}}_1, \hat{\hat{\alpha}}_2) \end{cases}$$

となることも容易にわかるから, 計画の良否は変換 T によって

不変であることがわかる．

問2　表2(イ)について最小二乗法[6]を適用し，その推定量$\hat{\bar{\alpha}}_i$から(14)によって求めた$\hat{\alpha}_i$が，§2(6)で求めた推定量に一致することを示せ．また$\hat{\bar{\alpha}}_i$の分散共分散から$V(\hat{\alpha}_i)$を(15)によって求め，それが§2(14)で求めたものと一致することを示せ．

直交計画の最適性の定理

計画の最適性と一口に言っても，その意味について少し考えねばならない．まず計画がいかによくても，その結果得られたデータから効果を推定するための推定量が適切でなければ意味がない．そこで与えられた計画のもとでは最良不偏推定が得られる最小二乗推定量[6]をとることを前提とする．またわれわれの要因計画のモデルでは，回帰分析の場合のように一つ一つのパラメタを切り離して考えるのではなくて，一つの因子の主効果(あるいは2因子の交互作用効果)全体をまとめてみるという立場がとられている．以上のことを念頭において以下の話を進めよう．

なお表2に相当する式を

$$(16)\qquad y_\nu=\bar{\mu}+\sum_{i=1}^{a-1}u_{\nu i}\bar{\alpha}_i+\sum_{j=1}^{b-1}v_{\nu j}\bar{\beta}_j+\sum_{k=1}^{c-1}w_{\nu k}\bar{\gamma}_k+e_\nu \qquad (\nu=1,\cdots,N)$$

と書くことにしよう．ここで$(u_{\nu 1},\cdots,u_{\nu,a-1})$は，第$\nu$番目の実験が因子$A$の$l$水準で行なわれたとすると，構造行列$\bar{S}$の第$l$行に一致する．そこで

$$(17)\qquad X=\{(u_{\nu 1},\cdots,u_{\nu,a-1},v_{\nu 1},\cdots,v_{\nu,b-1},w_{\nu 1},\cdots,w_{\nu,c-1});\ \nu=1,\cdots,N\}$$

が一つの計画を表わすものである．

定理1　大きさNのどんな計画Xに対しても，或る特定の因子，たとえばAを考えるとき，$\bar{\alpha}_1,\cdots,\bar{\alpha}_{a-1}$の最小二乗推定量$\hat{\bar{\alpha}}_1$,

$\cdots, \hat{\hat{\alpha}}_{a-1}$ の分散の最大は $a\sigma^2/N$ より小さくなりえない．すなわち

(18) $$\max\{V(\hat{\hat{\alpha}}_1), \cdots, V(\hat{\hat{\alpha}}_{a-1})\} \geqq \frac{a}{N}\sigma^2$$

また(18)で等号が成り立つための必要十分条件は；

(19) $$\sum_{\nu=1}^{N} u_{\nu i}^2 = \frac{N}{a} \qquad (i=1, \cdots, a-1)$$

(20) $$\sum_{\nu=1}^{N} u_{\nu i} = 0 \qquad (i=1, \cdots, a-1)$$

(21) $$\begin{cases} \sum_{\nu=1}^{N} u_{\nu i}u_{\nu j} = 0 \qquad (1 \leqq i \neq j \leqq a-1) \\ \sum_{\nu=1}^{N} u_{\nu i}v_{\nu j} = 0, \quad \sum_{\nu=1}^{N} u_{\nu i}w_{\nu k} = 0, \\ \qquad (i=1, \cdots, a-1, \ \ j=1, \cdots, b-1, \ \ k=1, \cdots, c-1). \end{cases}$$

証明

(22) $$\hat{\hat{\alpha}}_i = \sum_{\nu=1}^{N} c_\nu y_\nu$$

を $\bar{\alpha}_i$ の最小二乗推定量であるとすると，これは不偏推定である[6]から，

(23) $$\begin{cases} \sum_{\nu=1}^{N} c_\nu = 0, \quad \sum_{\nu=1}^{N} c_\nu u_{\nu i} = 1 \\ \sum_{\nu=1}^{N} c_\nu u_{\nu j} = 0 \qquad (j \neq i, \ \ j=1, \cdots, a-1), \\ \sum_{\nu=1}^{N} c_\nu v_{\nu j} = 0, \quad \sum_{\nu=1}^{N} c_\nu w_{\nu k} = 0 \\ \qquad (j=1, \cdots, b-1, \ \ k=1, \cdots, c-1). \end{cases}$$

$e_\nu (\nu=1, \cdots, N)$ は独立，したがって $y_\nu (v=1, \cdots, N)$ は独立だから

(24) $$V(\hat{\hat{\alpha}}_i) = \sum_{\nu=1}^{N} c_\nu^2 \sigma^2$$

であるが，コーシーの不等式[1]から

$$\sum_{\nu=1}^{N} c_\nu^2 \sum_{\nu=1}^{N} u_{\nu i}^2 \geqq \left(\sum_{\nu=1}^{N} c_\nu u_{\nu i}\right)^2 = 1 \tag{25}$$

したがって

$$V(\hat{\alpha}_i) \geqq \sigma^2 \Big/ \sum_{\nu=1}^{N} u_{\nu i}^2. \tag{26}$$

構造行列の正規直交性(12), (13)から,

$$\sum_{j=1}^{a-1} \sum_{\nu=1}^{N} u_{\nu j}^2 = \sum_{\nu=1}^{N} \left(1-\frac{1}{a}\right) = \frac{a-1}{a}N \tag{27}$$

となるから，$\sum_{\nu=1}^{N} u_{\nu j}^2\ (j=1, \cdots, a-1)$ のすべてが N/a より大きくなることはない．したがって或る j に対して

$$\sum_{\nu=1}^{N} u_{\nu j}^2 \leqq \frac{N}{a} \tag{28}$$

であり，この j について

$$V(\hat{\alpha}_j) \geqq a\sigma^2/N. \tag{29}$$

これで(18)が示された.

つぎに(18)で等号が成り立つためには，(26), (27)からわかるように，すべての j について(28), (29)で等号が成立せねばならない．すなわち

$$\sum_{\nu=1}^{N} u_{\nu j}^2 = \frac{N}{a}, \qquad V(\hat{\alpha}_j) = \frac{a}{N}\sigma^2 \qquad (j=1, \cdots, a-1), \tag{30}$$

したがって(26)で等号が成り立たねばならず，(24)から(25)も等号で成立せねばならない．したがって

$$c_\nu = c u_{\nu i} \qquad (c \text{ は或る一定数}) \tag{31}$$

が成り立ち，(23)から(20), (21)が得られる．また(19)はすでに(30)から示されている.

---

1) 二つのベクトル $\boldsymbol{a}, \boldsymbol{b}$ があるとき，$(\boldsymbol{a}, \boldsymbol{a})(\boldsymbol{b}, \boldsymbol{b}) \geqq (\boldsymbol{a}, \boldsymbol{b})^2$ をコーシーの不等式という．ここで等号が成り立つのは $\boldsymbol{a}, \boldsymbol{b}$ が比例するとき，すなわち $\boldsymbol{a}$ が $\boldsymbol{b}$ のスカラー倍のときに限る．($(\boldsymbol{a}, \boldsymbol{b})$ は $\boldsymbol{a}, \boldsymbol{b}$ の内積.)

逆に(19), (20), (21)が成り立つならば最小二乗推定の性質から明らかに(30)が成り立ち，したがって(18)が等号で成り立つ．——

さて§3(6)で示されたような強さ1の条件が成り立つと，表2(イ), (ロ)などから見てわかるように，各列ベクトルはμの列ベクトルと直交し，また同一因子内の列ベクトルは水準間で直交することは，構造行列$\bar{S}$の性質から明らかである．

また強さ2の直交条件§3(8)を満たす場合は，表2(イ)などからわかるように，列ベクトル全体が直交系を作る．したがってこのときは定理1の条件(19), (20), (21)(およびこれらと同様のB, Cに対する条件を同時に)満たすから，つぎの定理が成り立つ．

定理2 強さ2の直交計画が存在すれば，これによって得られるデータに基づく，各主効果の最小二乗推定量$\hat{\hat{\alpha}}_i$, $\hat{\hat{\beta}}_j$, $\hat{\hat{\gamma}}_k$の分散は，いずれも可能な最小値(18)の右辺に到達する．すなわち

$$(32)\quad V(\hat{\hat{\alpha}}_i)=\frac{a}{N}\sigma^2,\qquad V(\hat{\hat{\beta}}_j)=\frac{b}{N}\sigma^2,\qquad V(\hat{\hat{\gamma}}_k)=\frac{c}{N}\sigma^2$$

$$(i=1,\cdots,a-1,\ \ j=1,\cdots,b-1,\ \ k=1,\cdots,c-1)$$

したがって大きさNの他の任意の計画Xのもとでの最小二乗推定$\hat{\hat{\alpha}}'_i$, $\hat{\hat{\beta}}'_j$, $\hat{\hat{\gamma}}'_k$についてつねに

$$(33)\qquad \begin{cases} V(\hat{\hat{\alpha}}_i)\leqq \max\limits_{i=1,\cdots,a-1}\{V(\hat{\hat{\alpha}}'_i)\} \\ V(\hat{\hat{\beta}}_j)\leqq \max\limits_{j=1,\cdots,b-1}\{V(\hat{\hat{\beta}}'_j)\} \\ V(\hat{\hat{\gamma}}_k)\leqq \max\limits_{k=1,\cdots,c-1}\{V(\hat{\hat{\gamma}}'_k)\} \end{cases}$$

が成り立つ．

2次近似における最適性

われわれのモデル(1)で2因子交互作用$A\times B$がある場合そのモデルはすでにみたように

$$y_{ijk}=\mu+\alpha_i+\beta_j+\gamma_k+(\alpha\beta)_{ij}+e_{ijk} \tag{34}$$

となり

$$\sum_{j=0}^{2}(\alpha\beta)_{ij}=0 \quad (i=0,1,2), \qquad \sum_{i=0}^{2}(\alpha\beta)_{ij}=0 \quad (j=0,1,2) \tag{35}$$

であるから

$$\begin{cases}(\alpha\beta)_{0j}=-(\alpha\beta)_{1j}-(\alpha\beta)_{2j},\\ (\alpha\beta)_{i0}=-(\alpha\beta)_{i1}-(\alpha\beta)_{i2}\\ (\alpha\beta)_{00}=(\alpha\beta)_{11}+(\alpha\beta)_{12}+(\alpha\beta)_{21}+(\alpha\beta)_{22}\end{cases} \tag{36}$$

となるが，(5)の S に相当するこの構造行列は

$$\begin{array}{c} \\ 00\\01\\02\\10\\11\\12\\20\\21\\22\end{array}\begin{array}{c}\begin{array}{cccc}(\alpha\beta)_{11} & (\alpha\beta)_{12} & (\alpha\beta)_{21} & (\alpha\beta)_{22}\end{array}\\ \begin{bmatrix} 1 & 1 & 1 & 1\\ -1 & 0 & -1 & 0\\ 0 & -1 & 0 & -1\\ -1 & -1 & 0 & 0\\ 1 & 0 & 0 & 0\\ 0 & 1 & 0 & 0\\ 0 & 0 & -1 & -1\\ 0 & 0 & 1 & 0\\ 0 & 0 & 0 & 1\end{bmatrix}\end{array} \tag{37}$$

$$=\begin{bmatrix}-1 & -1\\ 1 & 0\\ 0 & 1\end{bmatrix}\otimes\begin{bmatrix}-1 & -1\\ 1 & 0\\ 0 & 1\end{bmatrix}=S\otimes S$$

のように各主効果の構造行列の直積[1]（あるいはテンソル積）とな

1)　$m\times n$ 行列 $A=[a_{ij}]$ と $l\times k$ 行列 B の直積 $A\otimes B$ とは

$$A\otimes B=\begin{bmatrix}a_{11}B & \cdots a_{1n}B\\ \vdots & \vdots\\ a_{m1}B & \cdots a_{mn}B\end{bmatrix} \quad (a_{ij}B \text{ は } B \text{ のスカラー倍})$$

なる $ml\times nk$ 行列である．

ることは見易い．

問3　因子 A は2水準，B は3水準であり，それらの主効果の構造行列をそれぞれ

$$S_2=\begin{bmatrix}-1\\1\end{bmatrix},\qquad S_3=\begin{bmatrix}-1&-1\\1&0\\0&1\end{bmatrix}$$

とするとき，交互作用 $A\times B$ の構造行列は $S_2\otimes S_3$ で表わされることを確かめよ．$S_3\otimes S_2$ は何を表わすか．——

したがって(7)の T による変換後の構造行列 $\bar{S}$ についても同様で，変換後のモデルの交互作用の構造行列は $\bar{S}\otimes\bar{S}$ である．実際われわれの例では

$$\begin{array}{c}\\ 00\\01\\02\\10\\11\\12\\20\\21\\22\\ \\ \end{array}\begin{array}{c}\begin{array}{cccc}(\overline{\alpha\beta})_{11}&(\overline{\alpha\beta})_{12}&(\overline{\alpha\beta})_{21}&(\overline{\alpha\beta})_{22}\end{array}\\ \begin{bmatrix}1&1&1&1\\-1&1&-1&1\\0&-2&0&-2\\-1&-1&1&1\\1&-1&-1&1\\0&2&0&-2\\0&0&-2&-2\\0&0&2&-2\\0&0&0&4\end{bmatrix}\\ \begin{array}{cccc}1/2&1/2\sqrt{3}&1/2\sqrt{3}&1/6\end{array}\end{array}\tag{38}$$

$$=\begin{bmatrix}-1&-1\\1&-1\\0&2\end{bmatrix}\otimes\begin{bmatrix}-1&-1\\1&-1\\0&2\end{bmatrix}$$
$$\begin{array}{cccc}1/\sqrt{2}&1/\sqrt{6}&1/\sqrt{2}&1/\sqrt{6}\end{array}$$
$$=\bar{S}\otimes\bar{S}$$

(各列の下に書いた値はその列の各成分に掛けるべき値)．

したがって $S\otimes S$ から $\bar{S}\otimes\bar{S}$ への変換行列も $T\otimes T$ で

$$(39)\qquad T\otimes T=\begin{bmatrix}1/\sqrt{2} & -1/\sqrt{6}\\ 0 & 2/\sqrt{6}\end{bmatrix}\otimes\begin{bmatrix}1/\sqrt{2} & -1/\sqrt{6}\\ 0 & 2/\sqrt{6}\end{bmatrix}$$

$$=\begin{bmatrix}1/2 & -1/2\sqrt{3} & -1/2\sqrt{3} & 1/6\\ 0 & 1/\sqrt{3} & 0 & 1/3\\ 0 & 0 & 1/\sqrt{3} & -1/3\\ 0 & 0 & 0 & 2/3\end{bmatrix}$$

となり，(16)に相当するモデルは

$$(40)\qquad y_\nu=\bar{\mu}+\sum_{i=1}^{a-1}u_{\nu i}\bar{\alpha}_i+\sum_{j=1}^{b-1}v_{\nu j}\bar{\beta}_j+\sum_{k=1}^{c-1}w_{\nu k}\bar{\gamma}_k$$
$$+\sum_{i=1}^{a-1}\sum_{j=1}^{b-1}u_{\nu i}v_{\nu j}(\overline{\alpha\beta})_{ij}+e_\nu\qquad(\nu=1,\cdots,N)$$

となる．

また表2(イ)に相当するものを(40)について書いてみると表3のようになる．$(\overline{\alpha\beta})_{ij}$ の列は $\bar{\alpha}_i$ の列ベクトルと $\bar{\beta}_j$ の列ベクトル

表3

$i\ j\ k$		$\bar{\mu}$	$\bar{\alpha}_1$	$\bar{\alpha}_2$	$\bar{\beta}_1$	$\bar{\beta}_2$	$\bar{\gamma}_1$	$\bar{\gamma}_2$	$(\overline{\alpha\beta})_{11}$	$(\overline{\alpha\beta})_{12}$	$(\overline{\alpha\beta})_{21}$	$(\overline{\alpha\beta})_{22}$
0 0 0	y_1	1	−1	−1	−1	−1	−1	−1	1	1	1	1
0 1 1	y_2	1	−1	−1	1	−1	1	−1	−1	1	−1	1
0 2 2	y_3	1	−1	−1	0	2	0	2	0	−2	0	−2
1 0 1	y_4	1	1	−1	−1	−1	1	−1	−1	−1	1	1
1 1 2	y_5	1	1	−1	1	−1	0	2	1	−1	−1	1
1 2 0	y_6	1	1	−1	0	2	−1	−1	0	2	0	−2
2 0 2	y_7	1	0	2	−1	−1	0	2	0	0	−2	−2
2 1 0	y_8	1	0	2	1	−1	−1	−1	0	0	2	−2
2 2 1	y_9	1	0	2	0	2	1	−1	0	0	0	4
			$\frac{1}{\sqrt{2}}$	$\frac{1}{\sqrt{6}}$	$\frac{1}{\sqrt{2}}$	$\frac{1}{\sqrt{6}}$	$\frac{1}{\sqrt{2}}$	$\frac{1}{\sqrt{6}}$	$\frac{1}{2}$	$\frac{1}{2\sqrt{3}}$	$\frac{1}{2\sqrt{3}}$	$\frac{1}{6}$

との直積[1]である．(もっとも表3ではすべての効果を推定することは不可能であるが.)

さて或る大きさNの計画に対して表3のような構造式が得られる．その各列の(N次元)ベクトルは表4の第1行のように表わされるが，後の議論に便利なようにこれらを第2行のように$\boldsymbol{x}_i(h)$で表わし，対応する($\alpha_i, \beta_j, \cdots$ などの)効果を$\theta_i(h)$で表わすことにする．

表4

$$\begin{array}{cccc}
\overbrace{\boldsymbol{u}_1 \quad \cdots \boldsymbol{u}_{a-1}}^{A} & \overbrace{\boldsymbol{v}_1 \quad \cdots \boldsymbol{v}_{b-1}}^{B} & \overbrace{\boldsymbol{w}_1 \quad \cdots \boldsymbol{w}_{c-1}}^{C} & \cdots \\
\boldsymbol{x}_1(1) \cdots \boldsymbol{x}_{a-1}(1) & \boldsymbol{x}_1(2) \cdots \boldsymbol{x}_{b-1}(2) & \boldsymbol{x}_1(3) \cdots \boldsymbol{x}_{c-1}(3) & \cdots \\
\theta_1(1) \cdots \theta_{a-1}(1) & \theta_1(2) \cdots \theta_{b-1}(2) & \theta_1(3) \cdots \theta_{c-1}(3) & \cdots
\end{array}$$

$$\begin{array}{cc}
\overbrace{\boldsymbol{u}_1 \otimes \boldsymbol{v}_1 \quad \cdots \boldsymbol{u}_{a-1} \otimes \boldsymbol{v}_{b-1}}^{A \times B} & \cdots \\
\boldsymbol{x}_1(m) \quad \cdots \boldsymbol{x}_{(a-1)(b-1)}(m) & \cdots \\
\theta_1(m) \quad \cdots \theta_{(a-1)(b-1)}(m) & \cdots
\end{array}$$

こうすると定理1の拡張としてつぎの定理が成り立つ．

定理3　大きさNのどんな計画に対しても，或る特定のhに対して，$\theta_1(h), \cdots, \theta_\phi(h)$の最小二乗推定$\widehat{\theta_1(h)}, \cdots, \widehat{\theta_\phi(h)}$の分散の最大は$\phi\sigma^2/N$より小さくなり得ない．すなわち

$$\max\{V(\widehat{\theta_1(h)}), \cdots, V(\widehat{\theta_\phi(h)})\} \geqq \frac{\phi}{N}\sigma^2. \tag{41}$$

また(41)で等号が成り立つための必要十分条件は；

1)　ベクトル$\boldsymbol{a}=\begin{bmatrix} a_1 \\ \vdots \\ a_N \end{bmatrix}$と，$\boldsymbol{b}=\begin{bmatrix} b_1 \\ \vdots \\ b_N \end{bmatrix}$との直積とは成分ごとの積$\boldsymbol{a}\otimes\boldsymbol{b}=\begin{bmatrix} a_1 \times b_1 \\ \vdots \\ a_N \times b_N \end{bmatrix}$をいう．

$$(42)\qquad \begin{cases} \sum_{\nu=1}^{N} x_{\nu i}(h)^2 = \dfrac{N}{\phi} & (i=1,\cdots,\phi) \\ \sum_{\nu=1}^{N} x_{\nu i}(h) = 0 & (i=1,\cdots,\phi) \\ \sum_{\nu=1}^{N} x_{\nu i}(h)x_{\nu j}(k) = 0 & (h=k, i=j\text{ 以外のすべてについて}), \end{cases}$$

ただし，ψ は h が主効果 $A(B, C, \cdots)$ に属するときは $a(b, c, \cdots)$ を交互作用 $A\times B\cdots$ に属すときは $ab, \cdots$ なる値をとるものとし，ϕ は上記それぞれに対して $a-1(b-1, c-1, \cdots)$ および $(a-1)(b-1), \cdots$ なる値をとるものとする．――

この定理の証明は定理1とほぼ並行して行なうことができるので，ここでは省略するが詳しくは[8]を参照されたい．この定理からつぎの定理4がすぐ得られるが，この定理4が直交計画の最適性を謳っている．

定理4　§4 定理1の条件を満たす直交計画が存在すれば，これによって得られるデータに基づく，各効果の最小二乗推定量 $\widehat{\theta_i(h)}$ の分散は，いずれも可能な最小値(41)の右辺に到達する．すなわち

$$(43)\qquad V(\widehat{\theta_i(h)}) = \frac{\psi}{N}\sigma^2 \qquad (\text{すべての } i, h \text{ について}).$$

したがって大きさ N の他の任意の計画 X のもとでの最小二乗推定 $\widehat{\theta_i(h)}'$ についてつねに

$$(44)\quad V(\widehat{\theta_i(h)}) \leqq \max_{j=1,\cdots,\phi}\{V(\widehat{\theta_j(h)}')\} \qquad (\text{すべての } h \text{ について})$$

が成り立つ．――

なお以上の分析からもうかがえるように，構造式(16)や(40)に対応する行列 X についての最小二乗推定の正規方程式の係数行列 X^TX が計画の良否を左右するものである．これをもとにして

[9]は要因計画に限らず一般の実験計画の良否を統一的に論じている．

問の答

1

$$S=\begin{bmatrix}-1 & -1\cdots & -1\\ 1 & 0\cdots & 0\\ 0 & 1\cdots & 0\\ \vdots & \vdots & \vdots\\ 0 & 0\cdots & 1\end{bmatrix}\qquad \bar{S}'=\begin{bmatrix}-1 & -1 & -1\cdots & -1\\ 1 & -1 & -1\cdots & -1\\ 0 & 2 & -1\cdots & -1\\ 0 & 0 & 3\cdots & -1\\ \vdots & \vdots & \vdots & \vdots\\ 0 & 0 & 0\cdots & q-1\end{bmatrix}$$

（直交系．S の左から順に見て作る）

$$\bar{S}=\begin{bmatrix}-1/\sqrt{2} & -1/\sqrt{6} & -1/\sqrt{12}\cdots & -1/\sqrt{q(q-1)}\\ 1/\sqrt{2} & -1/\sqrt{6} & -1/\sqrt{12}\cdots & -1/\sqrt{q(q-1)}\\ 0 & 2/\sqrt{6} & -1/\sqrt{12}\cdots & -1/\sqrt{q(q-1)}\\ 0 & 0 & 3/\sqrt{12}\cdots & -1/\sqrt{q(q-1)}\\ \vdots & \vdots & \vdots & \vdots\\ 0 & 0 & 0 & \cdots(q-1)/\sqrt{q(q-1)}\end{bmatrix}$$

（$\bar{S}'$ を正規化する）

$$T=\begin{bmatrix}1/\sqrt{2} & -1/\sqrt{6} & -1/\sqrt{12}\cdots & -1/\sqrt{q(q-1)}\\ 0 & 2/\sqrt{6} & -1/\sqrt{12}\cdots & -1/\sqrt{q(q-1)}\\ 0 & 0 & 3/\sqrt{12}\cdots & -1/\sqrt{q(q-1)}\\ \vdots & \vdots & \vdots & \vdots\\ 0 & 0 & 0 & \cdots(q-1)/\sqrt{q(q-1)}\end{bmatrix}$$

§6　有限幾何

実数の n 個の順序組 $(x_1, x_2, \cdots, x_n)$，つまり n 次元ベクトル全体は n 次元ユークリッド空間を構成する．$x_1, x_2, \cdots, x_n$ に関係を与えることによって直線や部分空間が考えられ，ユークリッド幾何学が構築される．この実数のかわりにガロア体をおくことによって実数の場合と並行する議論が進められるが，このようにして生れるものを有限幾何という．詳しくはこの場合有限アフィン幾何であり，射影幾何に相当するものが有限射影幾何で，これらを総称して有限幾何と呼ぶのである．これを公理系から論ずることもできるが，ここでは応用上便利なようにガロア体から構成して行く立場をとろう．実験計画への応用としては有限射影幾何の方が重要であるが，ここではまずはじめに一般に馴染深い有限アフィン幾何の方から入って行こう．

有限アフィン幾何

大きさ q (q は素数の累乗) のガロア体 $GF(q)$ 上で

(1) $$AG(n,q)=\{(x_1,x_2,\cdots,x_n);\ x_i\in GF(q), 1\leqq i\leqq n\}$$

を n 次元有限アフィン空間[1)]と呼ぶ．ときにはこの空間上の幾何学を総称しての有限アフィン幾何を $AG(n,q)$ と書くこともある．また，これは $GF(q)$ 上の n 次元ベクトル空間とみることができる．

そこで $GF(q)$ の n 次拡大体 $GF(q^n)$ はベクトル空間として，$AG(n,q)$ に同型写像をもつ．たとえば $GF(q^n)$ の元を第1章§4でみたように，その原始元 α の累乗で表現すると，(α の原始既約多項式が与えられれば)，

(2) $$\alpha^i=x_{i,0}+x_{i,1}\alpha+\cdots+x_{i,n-1}\alpha^{n-1}\qquad(x_{ij}\in GF(q))$$

が成り立つから，$\alpha^i\in GF(q^n)$ と $(x_{i,0},x_{i,1},\cdots,x_{i,n-1})\in AG(n,q)$ との対応が得られる．$AG(n,q)$ の点をこの対応で α^i あるいは単にその指数 i で表わすことができる．このような表現を $AG(n,q)$ の点の巡回的表現と呼ぶ．

例1 $AG(2,3)$ の点 (x_1,x_2) を図1のように並べておこう．$GF(3^2)$ の原始元を α，その最小多項式を $\alpha^2=1+\alpha$ としておくと

$$\alpha^\infty=0 \quad\text{——}\ (0,0)\qquad \alpha^1=\quad\alpha\ \text{——}\ (1,0)$$
$$\alpha^0=1 \quad\text{——}\ (0,1)\qquad \alpha^2=1+\alpha\ \text{——}\ (1,1)$$

1) 有限ユークリッド空間と呼んで $EG(n,q)$ と書く場合もあるが，有限の場合連続性や距離の概念がないので，アフィン変換で不変という特徴を強調してアフィン空間と呼ぶ．

$$\alpha^3 = 1+2\alpha \text{ —— } (2,1) \qquad \alpha^6 = 2+2\alpha \text{ —— } (2,2)$$
$$\alpha^4 = 2 \qquad \text{ —— } (0,2) \qquad \alpha^7 = 2+\alpha \text{ —— } (1,2)$$
$$\alpha^5 = \quad 2\alpha \text{ —— } (2,0)$$

となって図1のように $AG(2,3)$ の各点に一連番号がつけられる．——

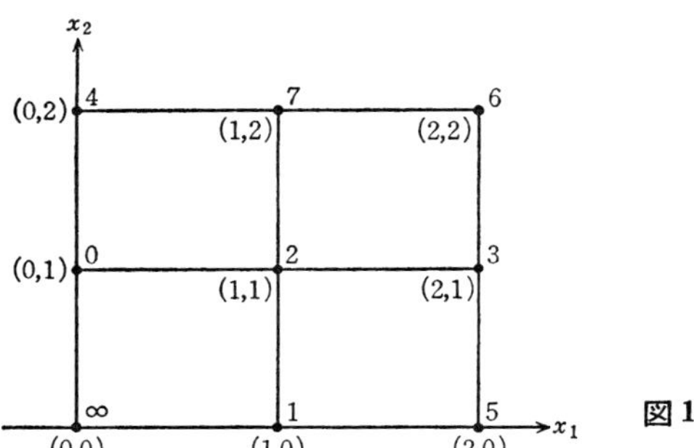

図 1

つぎに $AG(n,q)$ の直線を考えよう．組合せ論の応用では有限幾何の直線全体を求めるといったことが極めて多い．$AG(n,q)$ の直線は解析幾何などでよく知られているように，1次独立な $n-1$ 個の1次方程式

$$(3) \qquad \begin{cases} a_{11}x_1+\cdots+a_{1n}x_n = b_1 \\ \cdots \\ a_{l1}x_1+\cdots+a_{ln}x_n = b_l \qquad (l=n-1) \end{cases}$$

の解 $(x_1, \cdots, x_n)$ の集合として得られる．また別な表現としては

$$(4) \qquad \begin{cases} x_1 = a_1+b_1t \\ \cdots \\ x_n = a_n+b_nt \end{cases}$$

として，t に $GF(q)$ のあらゆる値を与えたときの $(x_1, \cdots, x_n)$ の集合としても得られる．いずれにせよ大きさ q の点集合となる．

問1 $(c_1, \cdots, c_n)$と$(d_1, \cdots, d_n)$とを通る直線を(4)の形式で表現せよ. ——

一つの直線Lが(点を(2)の左辺で表わし)

$$L = \{\alpha^{i_1}, \alpha^{i_2}, \cdots, \alpha^{i_q}\} \tag{5}$$

と与えられたとすると, この各点をα倍した点の集合

$$\alpha L = \{\alpha^{i_1+1}, \alpha^{i_2+1}, \cdots, \alpha^{i_q+1}\} \tag{6}$$

もやはり直線を構成する. なぜならα倍することは$AG(n, q)$の点の$GF(q)$上線形変換であり, かつα^{-1}が存在することから正則であり, 線形従属性を不変にする. この変換を巡回変換と呼ぼう.

問2 巡回変換が$GF(q)$上線形変換であることを証明せよ. ——

そこで一つの直線が得られると, これを初期直線として巡回変換によってつぎつぎと変換し, その初期直線に一致するものが現われるまで, 直線を構成することができる. こうして一つのサイクルが生れるが, このサイクル上にない直線があれば, またこれを初期直線として巡回変換によってサイクルを作ることができる. このようにしてすべての直線を構成することを直線の巡回的構成と呼ぶ.

例2 例1で考えた$AG(2, 3)$で点を指数で表現しておこう. 0

表1 $AG(2, 3)$の直線

0 1 6	∞ 0 4
1 2 7	∞ 1 5
2 3 0	∞ 2 6
3 4 1	∞ 3 7
4 5 2	
5 6 3	
6 7 4	
7 0 5	

と1とを結ぶ直線は問1の方法から6を通ることがわかる．つまり $\{0,1,6\}$ が一つの直線である．これに巡回変換をほどこすと表1の第1列が得られる．また ∞ と0とを通る直線は $\{\infty,0,4\}$ でこれを初期直線とするサイクルが表1の第2列である．

あとでのべる公式§7(4)から $AG(2,3)$ の直線の総数は12本であることがわかるから，表1に示したもので全部を尽している．

問3 $AG(3,3)$ の点を巡回的表現して，直線全体を巡回的に構成せよ．ただし $GF(3^3)$ の原始元として $\alpha^3=\alpha+2$ を用いよ．公式§7(4)を参照のこと．——

例2や問3でみたように，$AG(n,q)$ の直線全体を構成するには，初期直線だけを作っておけばよいことがわかる．これはコンピュータなどを利用するときの応用上きわめて有益な方法となる．この場合のサイクルの長さや周期性について簡単な規則があるが，これについては§7でのべることにしよう．

$AG(n,q)$ の平面は(3)で $l=n-2$ とすれば，その解全体として得られるし，また(4)を拡張して

$$(7)\qquad \begin{cases} x_1=a_1+b_{11}t_1+b_{12}t_2 \\ \vdots \\ x_n=a_n+b_{n1}t_1+b_{n2}t_2 \qquad (t_1,\,t_2\in GF(q)) \end{cases}$$

という表現でも得られる．

点を<u>0-フラット</u>，直線を<u>1-フラット</u>，平面を<u>2-フラット</u>と呼ぶが，一般に<u>t-フラット</u>も上記のことを形式的に拡張すればよい．t-フラット中の点の総数は q^t である．一般に t-フラットも巡回的に構成でき，その周期性も研究されている[12]．

有限射影幾何

幾何学のはじまりはまず点である．アフィン幾何の場合点はほぼ自明であったが，射影幾何の場合馴染みない人も多いと思うの

で，点の定義から明記しておこう．

ユークリッド空間の原点に光源があり，どこか無限のかなたに幕があってそこに映る影を考えるのが射影幾何であるが，このことから射影幾何の点をつぎのように定義するのが妥当である：$n+1$ 次元ユークリッド空間の原点を通る直線を n 次元射影空間の点と呼ぶ．

有限の場合も同様で $AG(n+1, q)$ の原点を通る直線，つまり1次元線形部分空間((3)で $b_1=\cdots=b_l=0$，(4)で $a_1=\cdots=a_n=0$ としたもの)を n 次元有限射影空間 $PG(n, q)$ の点(0-フラット)と呼ぶ．射影空間の点の定義はわかったが，それをどのように表現すればよいだろうか．

$AG(n+1, q)$ の原点以外の点を一つ決めれば，原点とその点とを結ぶ直線が一つ決まるから，$PG(n, q)$ の点を $AG(n+1, q)$ の原点以外の点 $\boldsymbol{x}=(x_1, x_2, \cdots, x_{n+1})$ で表現することができる．つまり $\boldsymbol{x}$ の生成する直線を

(8)　$$\langle\boldsymbol{x}\rangle=\{\lambda\boldsymbol{x}=(\lambda x_1, \lambda x_2, \cdots, \lambda x_{n+1});\ \lambda\in GF(q)\}$$

で表わせば，$\langle\boldsymbol{x}\rangle\,(\boldsymbol{x}\neq 0)$ が $PG(n, q)$ の点であるといえる．このことからすぐ $PG(n, q)$ の点の総数は

(9)　$$|PG(n, q)|=(q^{n+1}-1)/(q-1)\qquad (=v\text{ とおく})$$

であることもわかる．

さて $AG(n+1, q)$ のベクトルを例1のように巡回的表現とすると，第1章§4例1あるいは同節(3)でみたように，最初の v 個 $\alpha^0, \alpha^1, \cdots, \alpha^{v-1}$ を代表にとれば，残りのベクトルはすべてこれら v 個のうちのどれか一つに比例するから，$\alpha^0, \alpha^1, \cdots, \alpha^{v-1}$ によって $PG(n, q)$ のすべての点を表現することができる．これを $PG(n, q)$ の点の巡回表現という．これによれば

(10)　$$PG(n, q)=\{\langle\alpha^0\rangle, \langle\alpha^1\rangle, \cdots, \langle\alpha^{v-1}\rangle\}$$

$$= \{0, 1, \cdots, v-1\} \qquad \text{(簡略的に)}$$

と表わすことができる．

例 3 $PG(2, 3)$ の点の巡回的表現をつくろう．それにはまず，$AG(3, 3)$ の点の巡回的表現を表2のように考える．こうすると，

$$\langle\alpha^0\rangle\sim\langle\alpha^{12}\rangle \quad (v=(3^3-1)/(3-1)=13)$$

によって $PG(2, 3)$ の点はすべて表現される．α^{i+v} は

$$\alpha^{i+v} = \alpha^v \cdot \alpha^i = 2\alpha^i$$

だから α^i に比例したものになり，

$$\langle\alpha^{i+v}\rangle = \langle\alpha^i\rangle \qquad (i=0, 1, \cdots, 12)$$

である．したがって

$$PG(2, 3) = \{0, 1, \cdots, 12\}.$$

表 2 $\alpha^\nu = x_0 + x_1\alpha + x_2\alpha^2$ $(\alpha^3 = 2+\alpha)$

ν ——	x_0	x_1	x_2	ν ——	x_0	x_1	x_2
0 ——	1	0	0	13 ——	2	0	0
1 ——	0	1	0	14 ——	0	2	0
2 ——	0	0	1	15 ——	0	0	2
3 ——	2	1	0	16 ——	1	2	0
4 ——	0	2	1	17 ——	0	1	2
5 ——	2	1	2	18 ——	1	2	1
6 ——	1	1	1	19 ——	2	2	2
7 ——	2	2	1	20 ——	1	1	2
8 ——	2	0	2	21 ——	1	0	1
9 ——	1	1	0	22 ——	2	2	0
10 ——	0	1	1	23 ——	0	2	2
11 ——	2	1	1	24 ——	1	2	2
12 ——	2	0	1	25 ——	1	0	2

問 4 $PG(2, 2)$, $PG(3, 2)$ の点の巡回表現を作れ（附表 T 2 を利用せよ．原始根として $\alpha^3=1+\alpha$, $\alpha^4=1+\alpha$ を用いよ）．——

つぎに $AG(n+1, q)$ の原点を通る平面，つまり 2 次元線形部分

空間((3)で $l=n-2$, $b_1=\cdots=b_l=0$, (7)で $a_1=\cdots=a_n=0$ とした場合)が $PG(n,q)$ の直線と定義される．これには $AG(n+1,q)$ の点が q^2 個ふくまれているから

$$(11)\qquad (q^2-1)/(q-1)=q+1$$

本の直線が含まれる．したがって $PG(n,q)$ の直線は $PG(n,q)$ の点の集合とみることができ，その大きさは $q+1$ である．

さて $PG(n,q)$ の直線は，$AG(n+1,q)$ の1次独立な二つのベクトル $\boldsymbol{x},\boldsymbol{y}$ をとると，これらが生成する2次元線形部分空間

$$(12)\qquad \langle \boldsymbol{x},\boldsymbol{y}\rangle=\{\lambda\boldsymbol{x}+\mu\boldsymbol{y};\ \lambda,y\in GF(q)\}$$

であるが，これを $PG(n,q)$ の点集合とみるときは $\langle\overline{\boldsymbol{x},\boldsymbol{y}}\rangle$ と書く．つまり

$$(13)\qquad \langle\overline{\boldsymbol{x},\boldsymbol{y}}\rangle=\{\langle\lambda\boldsymbol{x}+\mu\boldsymbol{y}\rangle;\ \lambda,\mu\in GF(q),(\lambda,\mu)\neq(0,0)\}.$$

問5　つぎの式を証明せよ．

$$(14)\qquad \langle\overline{\boldsymbol{x},\boldsymbol{y}}\rangle=\{\langle\boldsymbol{x}\rangle,\langle\boldsymbol{y}\rangle\}\cup\{\langle\boldsymbol{x}+\lambda\boldsymbol{y}\rangle;\ \lambda\in GF(q),\lambda\neq 0\}.$$

また $\langle\overline{\boldsymbol{x},\boldsymbol{y}}\rangle\ni\langle\boldsymbol{z}\rangle$ ならば $\langle\overline{\boldsymbol{x},\boldsymbol{z}}\rangle=\langle\overline{\boldsymbol{x},\boldsymbol{y}}\rangle$ を示せ．

例4　$PG(2,3)$ の2点，たとえば5, 9をむすぶ直線を作ってみよう．(14)から

$$\begin{aligned}\langle\overline{5,9}\rangle&=\langle\overline{\alpha^5,\alpha^9}\rangle\\&=\{\langle\alpha^5\rangle,\langle\alpha^9\rangle,\langle\alpha^5+\alpha^9\rangle,\langle\alpha^5+2\alpha^9\rangle\}\end{aligned}$$

$$\alpha^5+\alpha^9=\alpha^{23}=\alpha^{13}\cdot\alpha^{10}=2\alpha^{10}\qquad(\text{表2より})$$

$$\alpha^5+2\alpha^9=\alpha^{25}=\alpha^{13}\cdot\alpha^{12}=2\alpha^{12}\qquad(\text{表2より})$$

$$\therefore\quad \langle\overline{5,9}\rangle=\{5,9,10,12\}.\ \text{——}$$

さて，いま $PG(n,q)$ の一つの直線 L を点集合として

$$(15)\qquad L=\{\langle\alpha^{i_1}\rangle,\langle\alpha^{i_2}\rangle,\cdots,\langle\alpha^{i_{q+1}}\rangle\}=\{i_1,i_2,\cdots,i_{q+1}\}$$

と表わしたとき，この各点の α 倍($\alpha\langle x\rangle=\langle\alpha x\rangle$)した点集合

$$\begin{aligned}(16)\qquad \alpha L&=\{\langle\alpha^{i_1+1}\rangle,\langle\alpha^{i_2+1}\rangle,\cdots,\langle\alpha^{i_{q+1}+1}\rangle\}\\&=\{i_1+1,i_2+1,\cdots,i_{q+1}+1\}\end{aligned}$$

は((5), (6)でのべたと同様にして)一つの直線を構成する．したがって射影幾何の場合もアフィン幾何の場合と同様，直線全体を巡回的に構成することができる．

例5　$PG(3,2)$の直線全体を求めてみよう．問4の答から，0, 1を結ぶ直線は$\{0,1,4\}$だから，これを初期直線として表3の第1列が生成される．つぎに0, 2を通る直線はこの中に含まれていないから，これを作ると$\{0,2,8\}$となり，これから生成されるものが第2列である．つぎに0, 3を結ぶもの，0, 4を結ぶものはすでに現われているから，0, 5を結ぶものを作ると，$\{0,5,10\}$でこれから生成されるものが第3列である．公式§7(1)から$PG(3,2)$の直線の総数は35本であるから，これですべてが尽されている．

問6　$PG(2,2)$，$PG(2,3)$，$PG(4,2)$の直線全体を巡回的に構成せよ．――

なお，一般に非退化な線形変換は，一つの直線をもう一つの直線に変換する．(点が巡回表現されているとき)その最も簡単なも

表3

0	1	4	0	2	8	0	5	10
1	2	5	1	3	9	1	6	11
2	3	6	2	4	10	2	7	12
3	4	7	3	5	11	3	8	13
4	5	8	4	6	12	4	9	14
5	6	9	5	7	13			
6	7	10	6	8	14			
7	8	11	7	9	0			
8	9	12	8	10	1			
9	10	13	9	11	2			
10	11	14	10	12	3			
11	12	0	11	13	4			
12	13	1	12	14	5			
13	14	2	13	0	6			
14	0	3	14	1	7			

のが巡回変換であるが，もう一種類の簡単な変換として，$GF(q)$-フロベニウス変換がある．アフィンでも射影でも，一つの直線

(17) $$L=\{\alpha^{i_1}, \alpha^{i_2}, \cdots, \alpha^{i_k}\}=\{i_1, i_2, \cdots, i_k\}$$

に対して，この $GF(q)$-フロベニウス変換をほどこすと，

(18) $$L^q=\{\alpha^{qi_1}, \alpha^{qi_2}, \cdots, \alpha^{qi_k}\}=\{qi_1, qi_2, \cdots, gi_k\}$$

となるが，これが再び直線を構成することはフロベニウス変換の同型性から明らかであろう．

たとえばアフィンの場合，表1で $\{0, 1, 6\}$ のフロベニウス変換は $\{0, 3, 2\}$ でこれは直線をなす．また表3では，$\{0, 1, 4\}$ のフロベニウス変換が $\{0, 2, 8\}$ である．このように巡回変換の初期直線の中でもフロベニウス変換によって到達できるものが多くあるので，初期直線の記憶に有効である．

問の答

4 $PG(2, 2)$ については§8表1を参照せよ．$PG(3, 2)$ の点は $\alpha^4=1+\alpha$ を用いて，$\alpha^\nu=a_0+a_1\alpha+a_2\alpha^2+a_3\alpha^3$ に対する ν と (a_0, a_1, a_2, a_3) との関係は表4のようになる．

6 附表T4参照.

表4

ν	a_0	a_1	a_2	a_3	ν	a_0	a_1	a_2	a_3
0	1	0	0	0	8	1	0	1	0
1	0	1	0	0	9	0	1	0	1
2	0	0	1	0	10	1	1	1	0
3	0	0	0	1	11	0	1	1	1
4	1	1	0	0	12	1	1	1	1
5	0	1	1	0	13	1	0	1	1
6	0	0	1	1	14	1	0	0	1
7	1	1	0	1					

§7 有限幾何の構造

有限幾何のフラットの数

$PG(n, q)$ の点(0-フラット)や直線(1-フラット)を拡張して，t-フラットとは $AG(n+1, q)$ の原点を通る $t+1$-フラット($t+1$ 次元線形部分空間)として定義される．このように $PG(n, q)$ のフラットは線形部分空間だけからできているために，あとでのべる双対原理をはじめ，$PG(n, q)$ には $AG(n, q)$ にはみられない，整った関係があり，理論的にはとりあつかいやすい．

まず $PG(n, q)$ の t-フラットの総数を $\phi(n+1, t+1, q)$ とすると，

(1)
$$\phi(n+1, t+1, q) = \frac{(q^{n+1}-1)(q^n-1)(q^{n-1}-1)\cdots(q^{n+1-t}-1)}{(q^{t+1}-1)(q^t-1)(q^{t-1}-1)\cdots(q-1)}$$

となることを証明しておこう．

この証明法はちょうど $n+1$ 個から $t+1$ 個をとる組合せの数を求めるのに，$n+1$ 個から $t+1$ 個をとる順列を求めておいて，それを $t+1$ 個の階乗(つまり $t+1$ 個から $t+1$ 個をとる順列)で割るのに似ている．

まず $AG(n+1, q)$ の中に1次独立な $t+1$ 個のベクトルを順序を考えてとるとり方は何通りあるかを考えよう．この数を $f(n+1, t+1)$ としておこう．はじめに(0ベクトル以外の)任意のベクトルをとれるから，そのとり方は $q^{n+1}-1$ 通り．一つ選んだ後は，それと比例するベクトル以外のベクトルが選べるから，その仕方は $q^{n+1}-q$ 通り．二つ選んだ後はそれらの張る空間以外のベクトルが選べるからその選び方は $q^{n+1}-q^2$ 通り．以下同様にして

(2)
$$f(n+1, t+1) = (q^{n+1}-1)(q^{n+1}-q)(q^{n+1}-q^2)\cdots(q^{n+1}-q^t).$$

同様の考えから一つの $t+1$ 次元線形部分空間の中で，$t+1$ 個

の１次独立なベクトルの順序を考えてのとり方は $f(t+1, t+1)$ 通りある．したがって $f(n+1, t+1)=\phi(n+1, t+1, q)f(t+1, t+1)$ となり，

$$(3)\qquad \begin{aligned}&\phi(n+1, t+1, q)\\ &=\frac{f(n+1, t+1)}{f(t+1, t+1)}\\ &=\frac{(q^{n+1}-1)(q^{n+1}-q)(q^{n+1}-q^2)\cdots(q^{n+1}-q^t)}{(q^{t+1}-1)(q^{t+1}-q)(q^{t+1}-q^2)\cdots(q^{t+1}-q^t)}\end{aligned}$$

を整理すれば(1)を得る．

注１　$\phi(n+1, t+1, q)$ はガウスの多項式(q の多項式となっている)と呼ばれるものである．(1)の各因子をみると，q^k-1 の形をしているが，これを k と置き換えてみると，ちょうど $n+1$ から $t+1$ をとる組合せの数

$${}_{n+1}\mathrm{C}_{t+1}=\frac{(n+1)n(n-1)\cdots(n+1-t)}{(t+1)t(t-1)\cdots 1}$$

となっているので覚えやすい．——

一たび $PG(n, q)$ の t-フラットの数がわかれば，$AG(n+1, q)$ の $(t+1)$-フラットの総数——これを $\psi(n+1, t+1, q)$ と書くことにする——はすぐ求まる．それは $AG(n+1, q)$ の $t+1$ 次元線形部分空間の一つを V とすると，V を平行移動してできるすべてが $AG(n+1, q)$ の $t+1$-フラットであり，異なる $t+1$ 次元線形部分空間の平行移動が一致することはないから，$\psi(n+1, t+1, q)$ は $\phi(n+1, t+1, q)$ に平行移動の分だけを乗じたものに等しい．ところが平行移動の自由度は $(n+1)-(t+1)=n-t$ 次元であるから結局，$\psi(n+1, t+1, q)=q^{n-t}\phi(n+1, t+1, q)$．(以上[10]より．)

したがって $AG(n, q)$ の t-フラットの総数は

$$(4)\qquad \psi(n, t, q)=q^{n-t}\phi(n, t, q)$$

である．

双対原理

$PG(n,q)$ の一つの t-フラットを $AG(n+1,q)$ の $t+1$ 次元線形部分空間 V とみよう．V に直交する空間 $V^{\perp}$

(5)　$$V^{\perp}=\{\boldsymbol{x}\in AG(n+1,q);\ (\boldsymbol{x},\boldsymbol{y})^{1)}=0,\ \ \forall\boldsymbol{y}\in V\}$$

は当然 $AG(n+1,q)$ の $(n+1)-(t+1)=n-t$ 次元線形部分空間であるから，$PG(n,q)$ の $(n-t-1)$-フラットになっている．また $(V^{\perp})^{\perp}=V$ だから V を $V^{\perp}$ に写す写像は1対1で逆写像をもつ．

いま任意の二つの線形部分空間 $V_1, V_2(\subseteqq AG(n+1,q))$ に対して明らかに

(6)　$$V_1\subseteqq V_2 \Longleftrightarrow V_1{}^{\perp}\supseteqq V_2{}^{\perp}$$

が成り立つ．むろん V を $PG(n,q)$ の点集合 $\overline{V}$ と考えたときも(§6(13))，(6)と同様の関係

(7)　$$\overline{V}_1\subseteqq \overline{V}_2 \Longleftrightarrow \overline{V}_1{}^{\perp}\supseteqq \overline{V}_2{}^{\perp}$$

が成り立つ．

問1　(6), (7)を証明せよ．——

(7)から；$PG(n,q)$ のフラット $V_1,\cdots,V_m$ について或る包含関係が成り立てば，$\overline{V}_1,\cdots,\overline{V}_m$ をそれぞれ $\overline{V}_1{}^{\perp},\cdots,\overline{V}_m{}^{\perp}$ におきかえ，$\subseteqq$ を $\supseteqq$ におきかえたものもそのまま成り立つ，ということが結論できる．これを射影幾何における双対原理と呼ぶ．

むろん双対原理を生む1対1対応は V—$V^{\perp}$ に限られない．たとえばベクトル $\boldsymbol{x}=(x_1,x_2,\cdots,x_n)$ の座標をすべて逆順にしたベクトルを $\tilde{\boldsymbol{x}}=(x_n,\cdots,x_2,x_1)$ と書き，ベクトルの集合 S に対して $\tilde{S}=\{\tilde{\boldsymbol{x}};\ \boldsymbol{x}\in S\}$ とすれば，$\tilde{V}$—$V^{\perp}$ もやはり双対原理を生む．

例1　§6問4で作った $PG(2,2)$ について，フラット間の包含

---

1)　$(\boldsymbol{x},\boldsymbol{y})$ は内積を示す．つまり $\boldsymbol{x}=(x_0,\cdots,x_n)$，$\boldsymbol{y}=(y_0,\cdots,y_n)$ として $(\boldsymbol{x},\boldsymbol{y})=x_0y_0+\cdots+x_ny_n$.

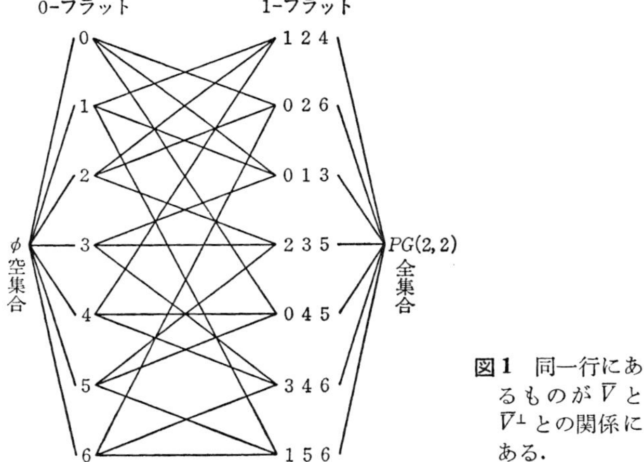

図 1　同一行にあるものが $\overline{V}$ と $\overline{V}^{\perp}$ との関係にある.

関係と $\overline{V}$ と $\overline{V}^{\perp}$ との対応をつくると図 1 のようになる.

例 2　双対原理を用いて $PG(4, q)$ の中で 1 点を通る直線は何本あるかを求めてみよう.

$PG(4, q)$ の中で一つの 0-フラットを含む 1-フラットの数(x_1)は 3-フラットに含まれる 2-フラットの数(x_2)に等しい.

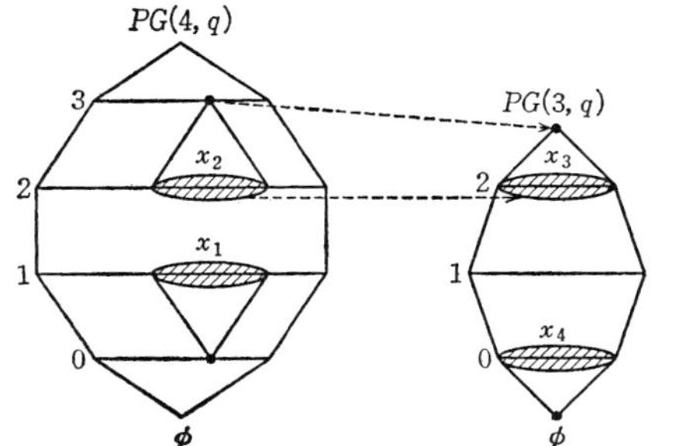

図 2

x_2 は $PG(3, q)$ の中での2-フラットの数 (x_3) に等しいから，これは $PG(3, q)$ の0-フラットの数 (x_4) に等しい(図2). 故に求める数は

$$x_4 = \frac{q^4-1}{q-1}$$

問2　$AG(4, 3)$ の中で1直線を含む平面は何枚あるか(ヒント: 1直線として原点を通るものを考えても一般性を失わない).

直線の巡回変換の周期

§6で直線の巡回変換がきわめて便利であることをみたが，ここでそのサイクルの長さについて考えよう. 一般の t-フラットの周期性については[11]に詳しく，また[12]において完成された. ここではこれらを参照して実験計画に当面必要な直線の場合だけをのべよう.

一般に或る直線のサイクルがちょうどその幾何の点の総数に等しい場合それを全サイクル，そうでないときは短サイクルと呼んでおこう. そうするとつぎのような簡明な定理が成り立つ.

定理1　$AG(n, q)$ の原点を通らない直線はすべて全サイクルで，原点を通る直線のサイクルの長さはちょうど $PG(n-1, q)$ の点の総数 $(q^n-1)/(q-1)$ に等しい.

定理2　$PG(n, q)$ の直線は

(i)　$n+1$ が奇数のときは，すべて全サイクル

(ii)　$n+1$ が偶数のときは，短サイクルはただ1本で，残りはすべて全サイクル. 短サイクルのサイクル長は

$$\frac{v}{q+1} \qquad (v=(q^{n+1}-1)/(q-1)) \tag{8}$$

である. ——

この節の残りはすべて上の二つの定理の証明にあてる.

一般に巡回変換は α の指数だけを考えれば,

(9)
$$G=\{0,1,\cdots,v-1\}_{\mathrm{mod}\,v}$$

の部分集合 $L=\{l_1,\cdots,l_k\}$ に $i\in G$ を加えると $L_i=\{l_1+i,\cdots,l_k+i\}$ である．ここで v は $AG(n,q)$ で原点を通らない直線を考える場合には $v=q^n-1$ (原点を除く), $PG(n,q)$ を考える場合には $v=(q^{n+1}-1)/(q-1)$ となる．また L として直線を考えるから, $AG(n,q)$ の場合 $k=q$, $PG(n,q)$ の場合 $k=q+1$ である．

或る直線 L を考えるとき, L を不変にする G の元全体を H とする．すなわち

(10)
$$H=\{i;\ L=L_i,\ i\in G\}$$

とすると, H は明らかに G の部分加群(→§A 1)であり, その生成元を c とすると,

(11)
$$H=\{0,c,2c,\cdots,(h-1)c\},\qquad (h=|H|)$$

と書ける．したがって

(12)
$$v=ch$$

でなければならない．

H による G のコセットを $H,H_1,\cdots,H_{c-1}$ とすると, H が L を不変にするから, H_1 の元全体は L を L_1 に写す G の元全体であ

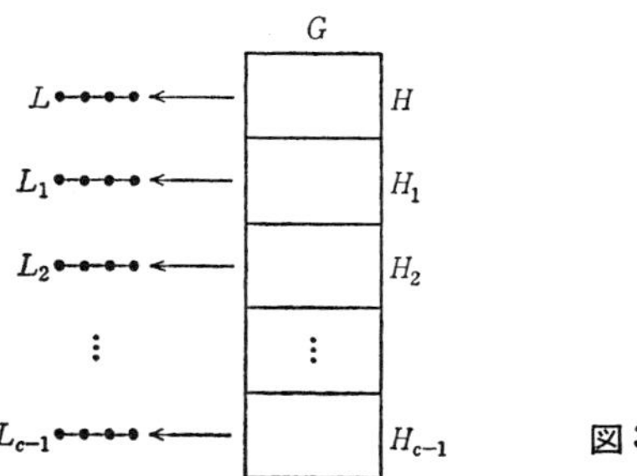

図3

り，H_i と L_i とが1対1に対応し(図3)，したがってこのとき L のサイクルは c である．サイクル長が v であるための必要十分条件は H が0だけからなることである．

さて L の構造をみてみると，L は H によって不変であるから，もし $l_0 \in L$ があれば，$l_0+c, l_0+2c, \cdots, l_0+(h-1)c \in L$ であり，$l_1 \in L$ があれば $l_1+c, l_1+2c, \cdots, l_1+(h-1)c \in L$ であるから，結局

$$L = \{l_0, l_0+c, l_0+2c, \cdots, l_0+(h-1)c, \\ l_1, l_1+c, l_1+2c, \cdots, l_1+(h-1)c, \\ \cdots\cdots\} \tag{13}$$

の形をしている．

したがって $|L|$ は h の倍数であり，(12)から $|L|$ と v とは公約数 h をもっている．ところで $AG(n, q)$ の原点を通らない直線を考えるとき，$v=q^n-1$ で $|L|=q$ だから，v と $|L|$ との最大公約数は1で，$h=1$ でなければならない．したがって定理1の前半が証明された．(後半は $AG(n, q)$ の原点を通る直線が $PG(n-1, q)$ の点であるという定義そのものから明らかである．)

そこで以下は定理2，つまり $PG(n, q)$ の場合だけを考えよう．はじめに，もし

$$c < v \tag{14}$$

であれば，(13)で L には l_1 以下の行はないこと，つまり

$$|L| = h \quad したがって \quad v = c|L| \tag{15}$$

であることを示そう．

まず，α^{l_0} と α^{l_0+c} とは $GF(q)$ 上1次独立であることは明らか(もし $\alpha^{l_0+c}=a\alpha^{l_0}$，$a \in GF(q)$ ならば $\alpha^c=a$ で，c は v の倍数でなければならないから(14)と矛盾する)．L は直線(2次元線形空間)だから $\alpha^{l_0}, \alpha^{l_0+c}$ を基として生成される，つまり

$$L = \langle \alpha^{l_0}, \alpha^{l_0+c} \rangle \tag{16}$$

となる．これに $\alpha^{l_1-l_0}$ を掛けると $\langle\alpha^{l_1},\alpha^{l_1+c}\rangle$ に変換されるが，α^{l_1}，$\alpha^{l_1+c}\in L$ である以上これは L に一致せねばならない．すなわち $\alpha^{l_1-l_0}$ は L を不変にするから，$l_1-l_0\in H$ であり，したがって $l_1-l_0=jc$，$l_1=l_0+jc$ の形をしており，l_1 も(13)の第1行に属する．他の l_i についても全く同様である．

そこでもし $n+1$ が奇数ならば $v=(q^{n+1}-1)/(q-1)$ は $|L|=(q^2-1)/(q-1)$ の倍数になり得ない(第1章§3 補題1)から，(14)が成立せず $c=v$ とならざるを得ない．これで定理2(i)が示された．

また $n+1$ が偶数ならば v は $|L|$ の倍数(第1章§3 補題1)で，(15)より $c=v/|L|=v/(q+1)$ となる．またこのような短サイクルが1本しかないことは；もし L' がサイクル長 c をもつとすると，上の議論からこれは

$$L'=\{l',l'+c,l'+2c,\cdots,l'+(h-1)c\}$$

の形をしているから，L から巡回変換によって L' に到達可能であり，したがって L' は L と同一のサイクルに属することになるからである．

§8　有限射影幾何による割りつけ

§4の終りでのべたように有限射影幾何を用いると，直交計画の構成がきわめて見通しよく行なわれる．§3の定理1や§4の定理1を実現するためにガロア体上の射影幾何がきわめて有効に働くのである．

大きさ $N=q^k$ の直交計画を考えるときは，$PG(k-1,q)$ なる射影幾何の点に各因子を対応させて考えるのであるが，この対応を<u>割りつけ</u>と呼んでいる．たとえば因子 F_i を $PG(k-1,q)$ の点 G_i に割りつけるということは，G_i の座標成分を $g_{i1},g_{i2},\cdots,g_{ik}$ とすると

$$(1)\qquad \begin{cases} F_i \rightarrow G_i = (g_{i1}, g_{i2}, \cdots, g_{ik}) \\ \nu_i = g_{i1}\theta_1 + g_{i2}\theta_2 + \cdots + g_{ik}\theta_k, \qquad (g_{ij}, \theta_j \in GF(q)) \end{cases}$$

のような式によって F_i の水準番号 ν_i を補助変数 $\theta_1, \cdots, \theta_k$ で表現することを意味する(§3(12)).

こうすると，明らかに $PG(k-1, q)$ の異る点 $G_i=(g_{i1}, \cdots, g_{ik})$, $G_j=(g_{j1}, \cdots, g_{jk})$ はベクトルとして1次独立であるから，これらに因子 F_i, F_j をそれぞれ割りつけたとき，

$$(2)\qquad \begin{cases} \nu_i = g_{i1}\theta_1 + \cdots + g_{ik}\theta_k \\ \nu_j = g_{j1}\theta_1 + \cdots + g_{jk}\theta_k \end{cases}$$

は1次独立な式となる．したがって交互作用のないときの割りつけの原則はきわめて簡単に，

(3)　各因子を $PG(k-1, q)$ の異なる点に割りつけよ

となる．

このような原則のもとに作られる式§3(12)から得られる計画は明らかに強さ2の直交計画を作るのである．またこの原則からすぐ，もし大きさ $N=q^k$ の強さ2の直交計画を作る場合，因子の数 m は最大いくつまでとれるかという問題は，m が $PG(k-1, q)$ の点の総数を越えることができないから

$$(4)\qquad m \leqq \frac{q^k-1}{q-1}$$

という制約が得られる．したがってもし与えられた m が(4)を越えるならば，k を増加させる，つまり計画の大きさを増加させねばならないことがわかる．

射影幾何による割りつけが真に効力を発揮するのは，交互作用のある場においてである．交互作用の或る因子番号の対の集合をいつものように I とすると，(3)に加えて

(5)　$\left\{ \begin{array}{l} \{i, j\} \in I \text{ で，} F_i \to G_i,\ F_j \to G_j \text{ と割りつけたとき，他} \\ \text{の因子 } F_k (k \neq i, j) \text{ は } G_i \text{ と } G_j \text{ を結ぶ直線 } \overline{G_i G_j} \text{ 上に割} \\ \text{りつけてはならない．} \end{array} \right.$

(6)　$\left\{ \begin{array}{l} \{i, j\}, \{k, l\} \in I \text{ で，} \{i, j\} \cap \{k, l\} = \text{空集合ならば，} F_i \to \\ G_i,\ F_j \to G_j,\ F_k \to G_k,\ F_l \to G_l \text{ とわりつけたとき直線} \\ \overline{G_i G_j}, \overline{G_k G_l} \text{ とが交ってはならない．} \end{array} \right.$

が割りつけの原則である．

この(5), (6)がそれぞれ§4定理1(5), (6)に相当することは見易い．なぜなら，(5)の場合もし$\overline{G_i G_j}$上にない点G_kにF_kが割りつけられれば，G_i, G_j, G_kをベクトルとみたときこれは1次独立である．また(6)に対しては，$\overline{G_i G_j}$と$\overline{G_k G_l}$が交わらなければG_i, G_j, G_k, G_lは1次独立であることは，射影幾何の直線の定義から明らかである．

こうして交互作用を含む場合の最適直交計画の問題が有限射影幾何の直線という言葉で簡潔に表現することができた．したがって複雑な問題の割りつけのためには，有限射影幾何の点や直線を自由に取り扱えるようにしておく必要がある．また与えられた交互作用パターンIに適合する直交計画をできるだけ小さいNで実現するための自動計画をコンピュータを用いて行なうといった研究も進んでいる[14]．

またはじめに断わったように，ここでは2因子交互作用だけを問題にしているが，3因子交互作用に対しては射影幾何の平面(2-フラット)が，4因子に対しては立体(3-フラット)が対応することも明らかであろう．このような拡張は少なくとも理論上はいくらでも可能である．

例1　簡単な例であるが，§4の問2をとりあげてみよう．この計画は2水準で大きさは2^3だから，$F_1, F_2, F_3, F_4 (F_1 \times F_2, F_2 \times$

表1

$\alpha^\nu=a_0+a_1\alpha+a_2\alpha^2$						
$(\alpha^3=1+\alpha)$				(直線)		
ν	a_0	a_1	a_2	0	1	3
0 ——	1	0	0	1	2	4
1 ——	0	1	0	2	3	5
2 ——	0	0	1	3	4	6
3 ——	1	1	0	4	5	0
4 ——	0	1	1	5	6	1
5 ——	1	1	1	6	0	2
6 ——	1	0	1			
(点)	(座標)					

$F_3, F_3\times F_1$) を $PG(2,2)$ 上に割りつけることになる.

$PG(2,2)$ は§6の問4などですでにみたが，この点と直線を表1のように巡回的に構成しておこう．また点と直線の関係を見易いように図1のように示しておく.

いま，F_1, F_2 をまずはじめに，

$$F_1\to 0\ (1\ 0\ 0),\qquad F_2\to 1\ (0\ 1\ 0)$$

と割りつけると，$F_1\times F_2$ があるから，原則(5)から，点3(1 1 0)には他の点は割りつけられない．そこで F_3 を，残りの点2, 4, 5, 6のどれか，たとえば2に割りつけると，

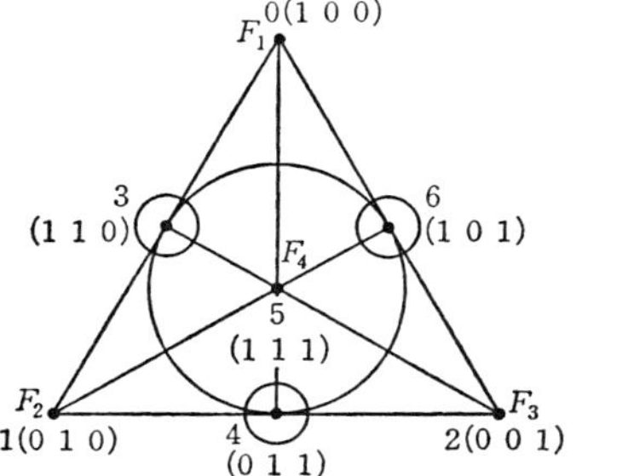

図1

$$F_3 \to 2(0\ 0\ 1)$$

$F_1 \times F_3$ があるから 6 が，$F_2 \times F_3$ があるから 4 が塞がる．そこで結局残りの点 5 に F_4 を割りつける

$$F_4 \to 5(1\,1\,1)$$

となる．

以上から

(7)　$\nu_1 = \theta_1, \quad \nu_2 = \theta_2, \quad \nu_3 = \theta_3, \quad \nu_4 = \theta_1 + \theta_2 + \theta_3$

なる式を得て，これを展開すれば求める直交計画 $\boldsymbol{\Gamma}$ が得られる．このことは §4 と同様である．

また推定や分散分析も §4 と同様である．しかし一つ注意すべき点は，残差平方和 S の自由度 ϕ が 0 になる場合が起り得ることである．われわれの場合を計算してみると

(8)　$\phi = 2^3 - (1 + 4 \times (2-1) + 3 \times (2-1)^2) = 0$

となり，σ^2 の推定は不可能である．このことは図 1 のように，$PG(2, 2)$ の点がすべて塞がっていて余分の点が全くないときに起ることは見易いであろう．こんなことも射影幾何を用いると (8) のような計算をしないで一眼でわかるのである．$PG(k-1, q)$ がアパートでその点が部屋であるとすると，すべての部屋を使い尽してしまうと誤差分散 σ^2 の推定ができなくなってしまうというように考えると記憶しやすいであろう．

例 2　§4 の問 3 をとり上げよう．この大きさは $2^4 = 16$ だから，$PG(3, 2)$ が用いられる．$PG(3, 2)$ の点は §6 の問 4 答に，直線は §6 の表 3 に巡回表現が与えてあるからこれを利用しよう．このように高次元になると図 1 のような図を描くことがむずかしいから，§6 の表 3 の力を一ぱいに利用せねばならない．

まず

$$F_1 \to 0, \qquad F_2 \to 1$$

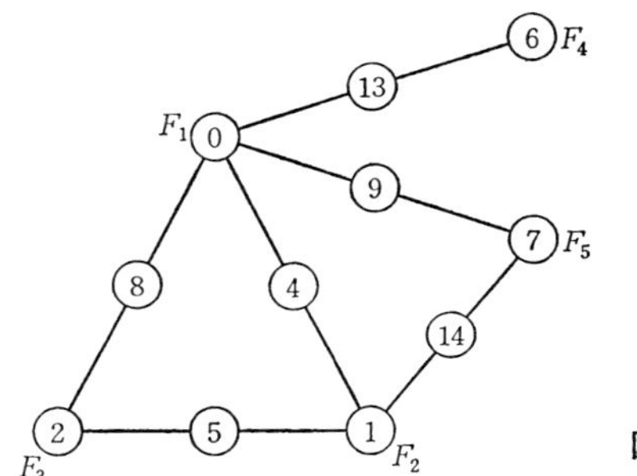

図 2

とすると，$F_1\times F_2=\overline{0\ 1}=0\ 1\ 4$ だから 4 は塞がる(図 2)．そこで，

$$F_3\rightarrow 2$$

とすると，$F_1\times F_3=\overline{0\ 2}=0\ 2\ 8$ だから 8 は塞がる．$F_2\times F_3=\overline{1\ 2}=1\ 2\ 5$ となるので 5 が塞がる．

$$F_4\rightarrow 6$$

とすると，$F_1\times F_4=\overline{0\ 6}=0\ 6\ 13$ で 13 が塞がる．そこで残りの

$$F_5\rightarrow 7$$

とすると，$F_1\times F_5=\overline{0\ 7}=0\ 7\ 9$，$F_2\times F_5=\overline{1\ 7}=1\ 7\ 14$ となり，すべての原則(5), (6)を満たしているから，これで割りつけが完成し，各点の座標(§6 問 4 答表 4)から

$$(9)\qquad \begin{cases} \nu_1=\theta_1, & \nu_4=\theta_3+\theta_4 \\ \nu_2=\theta_2, & \nu_5=\theta_1+\theta_2+\theta_4 \\ \nu_3=\theta_3, & \end{cases}$$

となって求める式を得る．これを展開し $\boldsymbol{\Gamma}$ を作ることは§4 の方法と同様である．

この場合も誤差の自由度 ϕ を求めておくと

$$(10)\qquad \phi=2^4-(1+5\times(2-1)+6\times(2-1)^2)=4$$

となり，σ^2 の推定は十分可能である．図 2 で 11 点が塞がってい

るが，$PG(3,2)$ の点は全部で15(実験総数から1(中心効果に相当)を引いた数)で残りが 15−11=4 であることを裏書きしている．

交絡と交絡法

上に割りつけの原則を書いたが，その原則を守らなかったらどういうことが起るだろうか．簡単な例で考えてみよう．

例3　2水準4因子で交互作用 $F_1\times F_2$, $F_3\times F_4$ があるとき，大きさ 2^3 の計画を立てたい．$PG(2,2)$ を用いるので例1と同じ図1を利用しよう．このとき F_1, F_2, F_3, F_4 を図1のように割りつけたとすると(今度は例1と交互作用パターンがちがうから)，$F_1\times F_2=0\ 1\ 3$, $F_3\times F_4=2\ 3\ 5$ となってこの二つの直線が3で交わり，原則(6)に反することになる．

じつはどう割りつけても，この場合は原則のすべてを満たすわけには行かないのである(各自確かめて見られたい)．しかたがないから図1の割りつけのまま(7)を用いて実験を行なってデータを得たとする．これは§4表2とまったく同一であるからそれを参照しよう．

さて，われわれのモデルは

$$y_{\nu_1,\cdots,\nu_4}=\mu+\alpha^1_{\nu_1}+\cdots+\alpha^4_{\nu_4}+\alpha^{1,2}_{\nu_1,\nu_2}+\alpha^{3,4}_{\nu_3,\nu_4}+e_{\nu_1,\cdots,\nu_4} \tag{11}$$

となるが，これに対してたとえば $\alpha^{1;2}_{0;0}$ を推定することを考えてみよう．この基になる統計量 $\bar{y}^{1;2}_{0;0}$ を求めると，§4表2から

$$\bar{y}^{1;2}_{0;0}=\frac{y_1+y_2}{2} \tag{12}$$

であるが，その構造式を求めてみると

$$\begin{array}{rl} y_1 &= \mu+\alpha^1_0+\alpha^2_0+\alpha^3_0+\alpha^4_0+\alpha^{1;2}_{0;0}+\alpha^{3;4}_{0;0}+e_1 \\ y_2 &= \mu+\alpha^1_0+\alpha^2_0+\alpha^3_1+\alpha^4_1+\alpha^{1;2}_{0;0}+\alpha^{3;4}_{1;1}+e_2 \quad \downarrow\text{平均} \\ \hline \bar{y}^{1;2}_{0;0} &= \mu+\alpha^1_0+\alpha^2_0 \qquad\qquad +\alpha^{1;2}_{0;0}+\alpha^{3;4}_{0;0}+\bar{e}^{1;2}_{0;0} \end{array} \tag{13}$$

(13)でわかるように $\alpha^{3;4}_{0;0}$ という項が右辺に混入して来て§4(9)に

よって $\hat{\alpha}_{0,0}^{1,2}$ を作っても，それは $\alpha_{0,0}^{1,2}+\alpha_{0,0}^{3,4}$ の不偏推定になっているに過ぎず，$\alpha_{0,0}^{1,2}$ と $\alpha_{0,0}^{3,4}$ とを分離して推定することは不可能なのである．この現象を交絡と呼んでいる．——

交絡が起ることは最小二乗法の正規方程式が不定となることに対応している．しかしすべての効果が不定となるわけではない．上の例でいえば，$F_1\times F_2$ と $F_3\times F_4$ の交互作用効果が不定となるだけである．他のもの，たとえばこの例では主効果はすべて正しい不偏推定が得られるのである．

問1 上の例でたとえば α_0^1 については，§3(26)によって $\hat{\alpha}_0^1$ を求めれば，これが不偏推定となることを確かめよ．——

このように直交計画では交絡するところがはっきりわかっているため，逆にこの災を転じて福となすことができるのである．これが交絡法と呼ばれる方法である．たとえば交互作用なしとして，2水準大きさ 2^3 の実験で，8因子を処理したい．これは $PG(2,2)$ に8点を割りつけることになり不可能である．そこでアパートの大きさを増やして $PG(3,2)$ としてそこに割りつけるというのが正統な方法である．

しかしこの8因子 $F_1,\cdots,F_8$ のうち，たとえば F_7 と F_8 との主効果を分離して推定する必要がないときは，F_7, F_8 を $PG(2,2)$ の同一の点に割りつけてしまうのである．こうして直交計画を上記の方法で作れば，他の因子 $F_1,\cdots,F_6$ の主効果はまったく支障なく推定できるのである．この方法は，一つの因子の水準をどれか一つに固定して，考える因子を減らすという方法とは本質的に異なる情報を得ることになるのである．

注1 この章の最後にあたって二,三注をのべておこう．ここでは直交計画として，ガロア体の応用という観点から，もっぱら，水準数が等しくて素数の累乗の場合を考えたが，これは実用的に

は大きな制約となる．水準数が等しければ，素数の累乗でなくとも有限環を用いることによって，§3,4の場合と似た取り扱いができる．しかし環の上の有限幾何を作ることはむずかしく，§8のような方法に発展させるのはむずかしい．また水準が異なる場合でも，たとえば2水準系の中に4水準や8水準のものが含まれている場合は，理論的にすっきり取り扱える．そうでない場合にはいろいろな実用的な工夫がなされている[13]が，理論上はすっきり行かない．またラテン方格やグレコラテン方格などの話題は実験計画法の多くの書物に出ているが，これは大きさ s^2 の強さ2の直交計画の問題と本質的に同一であるので，ここでは省略した．以上を通してさらに詳しくは[4]などを参照されたい．

第3章　誤り訂正符号への応用

§1　誤り訂正符号の問題

第4章§1でものべるように，ディジタル情報というものは結局は，パルスの有無，磁化されているか否かなどの2種の状態(一方を0，他方を1と表わす)に符号化されうる．そこでディジタル情報を通信するということは，0,1の系列を送るということと考えてよい．

地点Aにある情報源から1秒に1ビットの割合で情報が出現しているとする．つまり0,1のどれかが1秒に1個の割で出現している．この情報を地点Bに通信したいのだが，送信能力は1秒に2ビット，つまり情報の出現速度の2倍であるとする．また送信途上でノイズのため誤る確率，つまり0(1)を送って1(0)が受信される確率がpであるとする．正しく受信される確率は$q=1-p$である．(図1．このように，0が1に誤る確率と，1が0に誤る確率とが同一であるような通信媒体を二進対称チャネルというが，ここでは今後この場合だけを考える．）また誤りの出現は独立であるとする．

この誤りの確率を少なくするために，2倍の送信能力を利用し

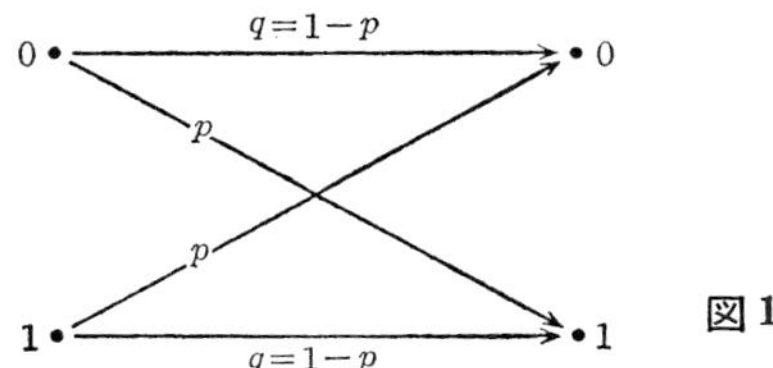

図1

ようとしてつぎのように考えた人がいる．情報源から0が出たら0 0を，1が出たら1 1を送信する．つまり駄目押しのため2回送信しようというわけである．

情報源	0	1	1	0	…
送　信	0 0	1 1	1 1	0 0	…

こうしておいて，受信側では，0 0が受信されれば0が，1 1が受信されれば1が出現したと判定し，もし0 1あるいは1 0が受信されれば確率1/2で0か1かを決めることにする．

このようにしたら正しく通信される確率は多少増加するだろうか．答は否である．事実情報源で0が出現して受信者が0と判定する確率は $q^2+(pq+qp)/2=q$ であり，普通に送信する場合と変らない．1の場合もむろん同様である．

ところが，情報源から出た記号をいくつかまとめて，それを適当に符号化すると，正しく受信される確率が改善されることがわかる．問題はその符号化の方法である．いま情報源から出る続く二つの記号を表1のように符号化して送信するとする；

表1

	符　号			
0 0 →	0 0 0 0	1 0 0 0	0 1 0 0	0 0 0 1
0 1 →	1 1 0 1	0 1 0 1	1 0 0 1	1 1 0 0
1 0 →	1 0 1 0	0 0 1 0	1 1 1 0	1 0 1 1
1 1 →	0 1 1 1	1 1 1 1	0 0 1 1	0 1 1 0

(1)　　0　1　1　0　1　1 …

　　　　1 1 0 1　1 0 1 0　0 1 1 1…

こうすると最初の2秒だけ時間おくれがあるが，あとは上のように連続して送信が出来る．

さてこの場合受信される長さ4の系列，つまり{0, 1}の4次元ベクトルは16通りのものがありうるが，これから表1のように出現記号を判定するとする．つまり表1の第1行のどの4次元ベクトルが受信されても００が出現したと判定し，第2行のベクトルのどれが受信されても０１の出現を判定するなど．

二つの記号をそのまま送信したときそれらが正しく受信される確率は q^2 となるが，表1のような符号化と推定法を用いたとき，正しく判定される確率を求めてみよう．表1で例えば００が出現して００００が送信されたとすると，０００0, １０００, ０１００, ０００１が受信されたときに限り正しく判定されるから，その確率は

$$q^4+3pq^3 \tag{2}$$

である．他の場合もよくみると，或る符号ベクトルとそれと同一行にある他の三つのベクトルとのハミング距離[1]が１であるから，正しく通信される確率はすべて(2)に等しい．

$$q^4+3pq^3-q^2 = pq^2(q-p) \tag{3}$$

であり，$q>p$ である限り表1による方法が，正しく通信される確率を改善していることがわかる．たとえば $p=0.1$ ならば

$$q^2 = 0.81, \qquad q^4+3pq^3 = 0.875 \tag{4}$$

となる．

二つをまとめると誤り受信の確率を減らすことができたが，三つをまとめるとさらに減らすことができないだろうか．事実，表2のような符号化と判定法を用いると，正しく受信される確率はどの場合も

$$P = q^6+6pq^5+p^2q^4 \tag{5}$$

---

1)　n 次元の 0,1 ベクトル $\boldsymbol{x}=(x_1, \cdots x_n)$ と $\boldsymbol{y}=(y_1, \cdots, y_n)$ のハミング距離 $d(\boldsymbol{x}, \boldsymbol{y})$ とは $x_i \neq y_i$ となる i の個数，$d(\boldsymbol{x}, \boldsymbol{y})=|\{i;\ x_i \neq y_i,\ 1 \leqq i \leqq n\}|$．$x_i, y_i$ のとる値が $\{0, 1\}$ にかぎらず，一般に有限集合 $\{a, b, c, \cdots\}$ の場合にも同様に定義される．

表 2

コード	デコード方式						
000→000000	100000	010000	001000	000100	000010	000001	001100
100→110100	010100	100100	111100	110000	110110	110101	111000
010→011010	111010	001010	010010	011110	011000	011011	010110
001→101001	001001	111001	100001	101101	101011	101000	100101
110→101110	001110	111110	100110	101010	101100	101111	100010
011→110011	010011	100011	111011	110111	110001	110010	111111
101→011101	111101	001101	010101	011001	011111	011100	010001
111→000111	100111	010111	001111	000011	000101	000110	001011
(000)	(100)	(010)	(001)	(110)	(011)	(101)	(111)

で，$p=0.1$ のときは $P=0.892$ となり，普通の方法 $q^3=0.729$ に比べてずっと改善される.

いままで考えた例では送信速度が情報出現速度の 2 倍であるという前提で話を進めたが，一般には情報源の k 次元ベクトルを n 次元ベクトル$(n>k)$に符号化する問題となる(図 2).

シャノン(C. Shannon)は k/n が，誤り確率 p に依存して決まる或る一定量より小さければ，n を大きくすることによって，適当なコード化のもとに，正しく受信する確率をいくらでも 1 に近づけることができることを示している [15]. しかしここで問題とするのは，そのコードをどのように作るべきかという組合せ論的

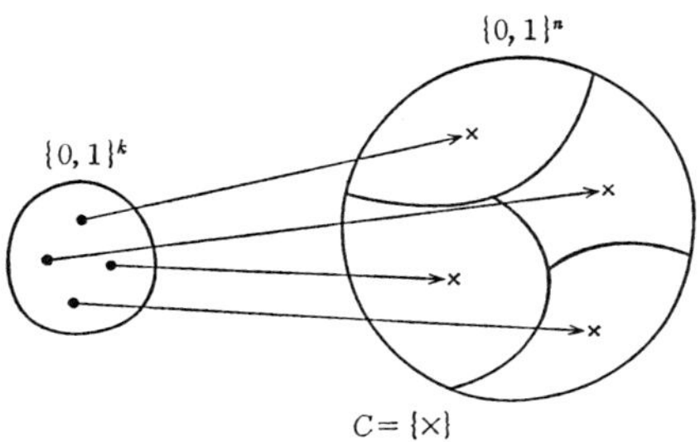

図 2

問題である．

さて一般に符号 C とは情報源のベクトルに対応する n 次元ベクトル全体(図2の×の集合)を言い，C に属するベクトルを符号語，n を符号の長さと呼んでいる．

受信されるベクトルは 0, 1 の n 次元ベクトル全体 $\{0,1\}^n$ にわたる可能性があるが，それから送信された符号語はどれかを判定することを復号と呼ぶ．復号方式とは結局，$\{0,1\}^n$ を各符号語に属する領域に分割し，受信ベクトルの落ちた領域に対応する符号語が送信されたものと判定する方式に他ならない(図2)．

誤り訂正符号の問題とは，与えられた k, n に対してどのような符号を選び，どのような復号方式をとるべきかを研究する問題であると言える．すぐわかるように符号語相互のハミング距離はできるだけ大きい符号が望ましいし，復号方式は受信ベクトルにハミング距離の意味で最も近い符号語に復号するのがよいことがわかる．

二つのベクトル $\boldsymbol{x}, \boldsymbol{y}$ のハミング距離を $d(\boldsymbol{x}, \boldsymbol{y})$ とし，符号 C の最小距離を

$$(6)\qquad d(C) = \min\{d(\boldsymbol{x}, \boldsymbol{y});\ \boldsymbol{x}, \boldsymbol{y} \in C,\ \boldsymbol{x} \neq \boldsymbol{y}\}$$

で定義するとき，$d(C)$ が大きい符号が望ましい．事実 $d(C) \geqq 3$ で最寄りの符号語に復号するという復号方式をとれば，誤りが一つ起ってもそれを訂正することができるし，$d(C) \geqq 5$ ならば二つの誤りを訂正することができる(図3)．一般に $d(C) \geqq 2e+1$ ならば C は e-誤り訂正可能である．(4)や(5)で計算したように，正しく復号する確率は $d(C)$ だけからは決まらないが，いずれにせよ $d(C)$ は符号 C の良さを決定的に特徴づける尺度である．

以上では誤りの訂正ということだけを考えたが，$d(C)$ を誤りの検出ということに利用することもできる．図3(イ)で x, y を a,

b に復号することをしないで，単に誤りであると判定するにとどめるならば，$d(C) \geqq 3$ のとき二つの誤りを検出することができる．$d(C) \geqq 5$ ならば，訂正をあきらめれば四つの誤りを検出できる．また図3(ロ)のように，x, y はそれぞれ a, b に復号し，z, u を誤りと判定すれば一つの誤りを訂正してかつ三つの誤りまで検出できる．$d(C) \geqq 4$ ならば図3(ハ)のようにやはり一つの誤りを訂正し，二つの誤りが検出できる．

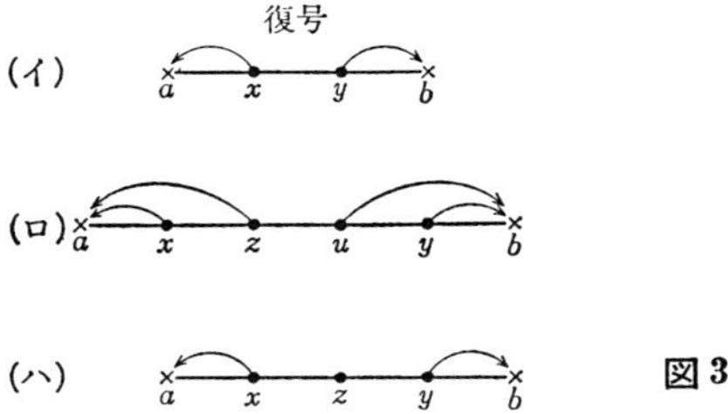

図3

このように誤りの訂正をするか，検出をするかは復号方式によるが，現在の符号理論では誤り訂正に主眼がおかれている．いずれにせよ $d(C)$ の大きさが C の良さを特徴づけることには変りない．そこで符号理論では，与えられた k, n に対して，主として $d(C)$ が最大となるような，または $d(C)$ が一定値以上になるような C を求めることが問題となるのである．このような問題はすべて組合せ論的な問題で，k, n が大きいときは大変な難問となる．また復号方式として受信ベクトルを最寄りの符号語に復号するという方式を決めたとしても，一つ一つ探索して行くようではとても実用にならないので，そのための簡単で効率的なアルゴリズムが望まれるのである．

また以上の例では通信の問題を考えたのだが，一般に通信とは情報の空間的な伝達で，記憶とは時間的な伝達であるから，コンピュータの記憶装置などにもこの誤り訂正符号の理論はそのまま用いることができるし，また数字や文字や商品などにつける棒符号(bar code)の読み取りなど多くの情報処理器機にこの理論はこれからますます利用されるようになるであろう．

§2　線形符号

§1でのべた符号理論における組合せ問題は，$\{0,1\}$ を大きさ2のガロア体 $GF(2)$ とみなし，$\{0,1\}^n$ の中に演算を導入することによって，その難問の多くが解決される．現在までのところ実用上は殆ど $GF(2)$ 上の問題であるが，理論としては $GF(q)$(q は素数の累乗)上で展開できるので，ここでも $GF(q)$ 上で話を進める．

§1でのべた $\{0,1\}^n$ のかわりに $GF(q)$ 上 n 次元ベクトル空間 $GF(q)^n$ を考えよう．$GF(q)^n$ の線形部分空間[1)]を符号 C とみなすとき，これを線形符号という．線形符号でない符号もむろん考えられるが，現在実用化されているほとんどのものは線形符号である．何故符号として線形部分空間をとると都合がよいかは，理論の展開とともに次第に明らかになるであろう．

線形符号 C の次元が $k(\leqq n)$ であるときにはとくに(n,k)線形符号という．$GF(q)$ 上ランク $l(\leqq n)$ の $l\times n$ 行列を H とし，

(1)
$$n=l+k$$

とすると，(n,k) 線形符号 C は，符号語を行ベクトル $\boldsymbol{x}=(x_1,\cdots,x_n)$ で表わせば，

(2)
$$C=\{\boldsymbol{x};\ H\boldsymbol{x}^T=0,\ \ \boldsymbol{x}\in GF(q)^n\}$$

($\boldsymbol{x}^T$ は $\boldsymbol{x}$ の転置を示す)

---

1)　ベクトル空間(線形空間)の定義を第1章§2脚注1)(20ページ)に示したが，V がベクトル空間であるとき，その部分集合 U がそれ自身ベクトル空間であるとき U を V の線形部分空間という．

と表わせる．このときHをパリティ検査行列(あるいは簡略的に単に検査行列)という．またランクkの$k\times n$行列をGとするとCは

$$C=\{\boldsymbol{x}=\boldsymbol{t}G;\ \boldsymbol{t}\in GF(q)^k\} \tag{3}$$

とも書ける．Gを生成行列と呼ぶ．同一のCに対して，これを表現するHやGはいくつもありうるが，いずれも

$$HG^T=0 \tag{4}$$

なる関係を満たす．

生成行列Gとして，

(5)　$G=[I\ \ P]$　　(Iは$k\times k$単位行列，Pは$k\times l$行列)

の形をとったものは基準形と呼ばれている．このとき(3)は

$$\left\{\begin{array}{lll} x_1 & = & t_1 \\ x_2 & = & \qquad t_2 \\ \vdots & & \qquad\qquad \ddots \\ x_k & = & \qquad\qquad\qquad t_k \\ x_{k+1} & = & p_{11}t_1+p_{12}t_2+\cdots+p_{1k}t_k \\ \vdots & & \vdots \\ x_n & = & p_{l1}t_1+p_{l2}t_2+\cdots+p_{lk}t_k \end{array}\right. \tag{6}$$

と書ける．送信のときの符号化の具体的手順にもよるが，普通$t_1, t_2, \cdots, t_k$が情報源に直結した情報を表わしているので，(6)が符号化のアルゴリズムを与えている．この意味で，$x_1, x_2, \cdots, x_k$を情報ビット，$x_{k+1}, \cdots, x_n$を検査ビットなどと呼ぶことがある．

問1　線形符号Cの生成行列Gが(5)の形をしているとき，Cに対する検査行列の一つは

(7)　$H=[-P^T\ \ I]$　　(Iは$l\times l$単位行列)

となることを示せ．——

例1　$n=4$，$k=2$の例として検査行列として

$$(8) \qquad H=\begin{bmatrix}1&0&1&1\\0&1&0&1\end{bmatrix}$$

をとり，$H\boldsymbol{x}^T=0$ なる方程式の解全体が $(4,2)$ 線形符号で，これを実際求めてみると，

$$C=\{(0\ 0\ 0\ 0),\ (1\ 1\ 0\ 1),\ (1\ 0\ 1\ 0),\ (0\ 1\ 1\ 1)\}$$

となり，これは§1表1で用いた符号である．

また $n=6$, $k=3$ の例として

$$(9) \qquad H=\begin{bmatrix}1&0&0&1&0&1\\0&1&0&1&1&0\\0&0&1&0&1&1\end{bmatrix}$$

を検査行列とした場合§1表2で用いた符号が得られる．——

なお，或る (n,k) 線形符号 C があるとき，C のすべてのベクトルに直交するベクトル全体 $C^{\perp}=\{\boldsymbol{x}\in GF(q)^n;\ \boldsymbol{x}\boldsymbol{y}^T=0,\ \boldsymbol{y}\in C\}$ は明らかに (n,l) 線形符号であるが，$C^{\perp}$ を C の双対符号と呼んでいる．明らかに C の生成行列(検査行列)は $C^{\perp}$ の検査行列(生成行列)である．

線形符号の基本定理

$\boldsymbol{x}=(x_1,\cdots,x_n)\in GF(q)^n$ の 0[1] でない成分の数をハミングウェイト $w(\boldsymbol{x})$ という．つまり

$$(10) \qquad w(\boldsymbol{x})=|\{i;\ x_i\neq 0,\ 1\leqq i\leqq n\}|.$$

また，$\boldsymbol{x},\boldsymbol{y}\in GF(q)^n$ のハミング距離を $d(\boldsymbol{x},\boldsymbol{y})$ とすると

$$(11) \qquad d(\boldsymbol{x},\boldsymbol{y})=w(\boldsymbol{x}-\boldsymbol{y})$$

となることは明らかで，これから線形符号 C に対して，その最小距離 $d(C)$ (§1(6)) はつぎのようになる．

---

1) この0は $GF(q)$ の体としての0を意味するのであって，§1でみたような二つの状態を0と1とに記号化したときの0ではない．したがってハミング距離は組合せ論的概念であるが，ハミングウェイトはすでに線形代数的概念である．

(12) $$d(C) = \min\{w(\boldsymbol{x});\ \boldsymbol{x} \neq 0,\ \boldsymbol{x} \in C\}.$$

問2 (12)を証明せよ．——

(12)は簡単ながらすでに線形符号の有効性を示す重要な公式である．さらにつぎの定理は，実験計画法における直交計画の構成に関する定理(第2章§3定理1)と並ぶ，組合せ論的問題を線形代数の問題に帰着させた，きわめて重要な定理で，線形符号の有益性を決定づける定理である．

定理1 $GF(q)$上ランクlの$l \times n$行列Hを検査行列としてもつ線形符号Cの最小距離$d(C)$が$t+1$に等しいための必要十分条件は，Hのどのt列をとっても$GF(q)$上1次独立で，1次従属な$t+1$列があることである($t \geqq 1$).

証明 $H=[\boldsymbol{h}_1, \cdots, \boldsymbol{h}_n]$と書き，$\boldsymbol{h}_1, \cdots, \boldsymbol{h}_n$を$l$次元列ベクトルとしておくと，$\boldsymbol{x}=(x_1, \cdots, x_n)$に対して，$H\boldsymbol{x}^T=0$は，

(13) $$\boldsymbol{h}_1 x_1 + \cdots + \boldsymbol{h}_n x_n = 0$$

と書けるから，$\boldsymbol{x} \in C$と(13)とは同値である．したがって，Cの中にハミングウェイト$w(\boldsymbol{x})=r$なる$\boldsymbol{x}$が存在することと，$\boldsymbol{h}_1, \cdots, \boldsymbol{h}_n$のうち1次従属な$r$個があることとは同値である．よって(12)より定理が成り立つ．▌

例2 (8)のHは定理1で$t=1$の場合に当る(0ベクトルでない一つのベクトルは1次独立)．§1の表1の符号Cの最小距離は$d(C)=2$である．(9)のHは$t=2$の場合に当る．§1表2の符号の最小距離は3である，これらの例はいずれも定理1を実証している．——

定理1から，どの$2e$列も1次独立なランクlの$l \times n$行列を作り，それを検査行列とする符号Cを(2)によって作れば，$d(C) \geqq 2e+1$となるから，Cは少なくともe-誤り訂正可能な符号となる．このようにして線形符号の最小距離を保証する問題はきわめて単

純化されたのであるが，それでもなお問題の一般的解決には程遠い．

符号長 n，情報ビット数 k，最小距離 d が与えられたとき，$GF(q)^n$ の中に $d(C) \geqq d$ となるような符号 C を構成する問題が実用上要求される．しかし，これは問題を線形符号に限ったとしても一般的には解けていない．

ベクトルの集合で，その中のどの t 個のベクトルも1次独立であるようなものを，<u>t-独立集合</u>と呼ぶ．$GF(q)^l$ の中で最大な t-独立集合を $M(l, t, q)$ と書くことにすると，l, t, q が与えられて $M(l, t, q)$ を求める問題は<u>最大 t-独立集合</u>の問題と呼ばれている．これが求まれば，定理1より，$|M(l, t, q)|=m$，$M(l, t, q)=\{\boldsymbol{h}_1, \cdots, \boldsymbol{h}_m\}$ とし，$H=[\boldsymbol{h}_1, \cdots, \boldsymbol{h}_m]$ を検査行列とする符号 C が $d(C) \geqq t+1$ となるから，上記の実用上の問題は；$l=n-k$ とし，もし $n \leqq m=|M(l, d-1, q)|$ ならば $\boldsymbol{h}_1, \cdots, \boldsymbol{h}_m$ のうち勝手に n 個を選んで検査行列を作ればよいし，$n>m$ ならば要求された問題は不可能であると判定できる．

また，ちょうど最大 t-独立集合から作られた H による符号は，与えられた誤り訂正能力を達成する符号の中で最も多くの情報を運ぶものと解釈できるので，この意味で線形符号に限れば最適な符号である．

こうして最大 t-独立集合問題の解決が望まれているが，これは $t=2$ の場合任意の l, q に対して，$t=3$，$q=2$ の場合任意の l に対して，解決ずみである他は，l の小さいところで断片的な解決があるだけである．

さて定理1で $t=2$ とすれば $t+1=3$ となるから，1-誤り訂正符号を作るには，どの2列も1次独立であるような H を選べばよい．さらに $q=2$ の場合であれば，二つのベクトルが1次独立というのは(その中に0ベクトルが含まれていない限り)それらが単に異なるということと同値である.

二進の場合の1-誤り訂正符号で，Hの列として，0ベクトルを除く，可能なl次元ベクトル全体をとったもの，したがって

$$n = 2^l - 1 \tag{14}$$

としたものが，いわゆるハミング符号である．たとえば$l=3$の場合には，その検査行列は

$$H = \begin{bmatrix} 1 & 0 & 1 & 0 & 1 & 0 & 1 \\ 0 & 1 & 1 & 0 & 0 & 1 & 1 \\ 0 & 0 & 0 & 1 & 1 & 1 & 1 \end{bmatrix} \tag{15}$$

となる．この列ベクトルの並べ方の順序は，最小距離だけを考える場合問題にならないが，あとでのべる復号アルゴリズムを論ずるときは考慮する必要がある．(15)では(第i行を第i桁とみたときの)二進数と考えてその小さい順に並べてある.

またハミング符号のHがちょうど最大2-独立集合から作られていることは明らかだから，これは上記の意味で最適な符号である.

問2　ハミング符号の検査行列の列ベクトルが$GF(2)^l$の中で最大2-独立集合であることを示せ．一般に$PG(l-1, q)$の点の座標を列ベクトルで表わすと，$PG(l-1, q)$のすべての点に対応する列ベクトルの集合Sは，$GF(q)^l$の中の最大2-独立集合であることを示せ．(Sの元をすべて並べてできる$GF(q)$上$l \times v$ ($v=(q^l-1)/(q-1)$) 行列を検査行列とする線形符号を一般ハミング符号と呼ぶことにする.)

復号方式

定理1によってともかく原理的には線形符号の最小距離を保証することができた．そこでつぎに線形符号における復号方式の原

理をのべよう．

$GF(q)^n$ を加群とみると，線形符号 C はその部分群となる．そこで C による $GF(q)^n$ のコセット分割ができる（§A 1）．C は 0 ベクトルを含むから

(16) $$C=\{\boldsymbol{x}_1, \boldsymbol{x}_2, \cdots, \boldsymbol{x}_N\}, \qquad \boldsymbol{x}_1=0$$

として，コセット分割

(17) $$GF(q)^n = C\cup C_1\cup C_2\cup\cdots\cup C_M,$$
$$C_i=\{\boldsymbol{y}_i+\boldsymbol{x};\ \boldsymbol{x}\in C\}$$

が表1のようになったとする．

表1

C	C_1	C_2	$\cdots$	C_j	$\cdots$	C_M
$\boldsymbol{x}_1$	$\boldsymbol{y}_1$	$\boldsymbol{y}_2$	$\cdots$	$\boldsymbol{y}_j$	$\cdots$	$\boldsymbol{y}_M$
$\boldsymbol{x}_2$	$\boldsymbol{x}_2+\boldsymbol{y}_1$	$\boldsymbol{x}_2+\boldsymbol{y}_2$	$\cdots$	$\boldsymbol{x}_2+\boldsymbol{y}_j$	$\cdots$	$\boldsymbol{x}_2+\boldsymbol{y}_M$
$\vdots$	$\vdots$	$\vdots$		$\vdots$	$\cdots$	$\vdots$
$\boldsymbol{x}_i$	$\boldsymbol{x}_i+\boldsymbol{y}_1$	$\boldsymbol{x}_i+\boldsymbol{y}_2$	$\cdots$	$\boldsymbol{x}_i+\boldsymbol{y}_j$	$\cdots$	$\boldsymbol{x}_i+\boldsymbol{y}_M$
$\vdots$	$\vdots$	$\vdots$		$\vdots$	$\cdots$	$\vdots$
$\boldsymbol{x}_N$	$\boldsymbol{x}_N+\boldsymbol{y}_1$	$\boldsymbol{x}_N+\boldsymbol{y}_2$	$\cdots$	$\boldsymbol{x}_N+\boldsymbol{y}_j$	$\cdots$	$\boldsymbol{x}_N+\boldsymbol{y}_M$
0	$\boldsymbol{\sigma}_1$	$\boldsymbol{\sigma}_2$	$\cdots$	$\boldsymbol{\sigma}_j$	$\cdots$	$\boldsymbol{\sigma}_M$

表1の行の各元はコセットリーダ $\boldsymbol{y}_j$ の選び方によって異なるが，コセットリーダとしてそのコセットの中でハミングウェイト最小のものを選んだとき，表1を<u>復号表</u>と呼んでいる．§1表1, 2は復号表の例である．

復号表による復号方式の原則は；$\boldsymbol{x}\in GF(q)^n$ が受信されたとき，復号表で $\boldsymbol{x}$ が $\boldsymbol{x}_i\in C$ の行に属していれば，$\boldsymbol{x}$ を $\boldsymbol{x}_i$ に復号するという方式である．

この原則を実現するのに表を探すようではとても実用にならないが，つぎのような手順を踏めばよい．受信ベクトル $\boldsymbol{x}$ に対して

(18) $$\boldsymbol{\sigma}=\boldsymbol{H}\boldsymbol{x}^T \qquad (H \text{ は } l\times n \text{ 検査行列})$$

を計算する．これを $\boldsymbol{x}$ の<u>シンドロウム</u>と呼ぶ．$\boldsymbol{x}\in C$ のシンドロ

ウムは0であり，同一コセットに属するベクトルのシンドロウムは等しく，C_iに属する元のシンドロウムはすべて

(19)
$$\boldsymbol{\sigma}_i = H\boldsymbol{y}_i^T$$

に等しいことは容易にわかる．またシンドロウム全体はl次元ベクトル空間$GF(q)^l$にちょうど一致している．

問3　シンドロウム全体が$GF(q)^l$に一致することを証明せよ．
――

以上の性質を利用して復号表による復号方式のアルゴリズムをのべよう；受信ベクトルを$\boldsymbol{x}$とし，

(20)　$\boldsymbol{\sigma} = H\boldsymbol{x}^T$を求める

(21)　$\boldsymbol{\sigma} = \boldsymbol{\sigma}_j$となる$j$を見つける

(22)　$\boldsymbol{x}$を$\boldsymbol{x}_i = \boldsymbol{x} - \boldsymbol{y}_j$に復号する．

例3　例1でみた(9)を検査行列とする符号Cは§1表2に示すものであった．これに対して復号の手順をたどってみよう．たとえば受信ベクトルが

$$\boldsymbol{x} = (1\ 0\ 1\ 0\ 1\ 0)$$

であるとすると，シンドロウムは

$$H\boldsymbol{x}^T = \begin{bmatrix} 1 & 0 & 0 & 1 & 0 & 1 \\ 0 & 1 & 0 & 1 & 1 & 0 \\ 0 & 0 & 1 & 0 & 1 & 1 \end{bmatrix} \begin{bmatrix} 1 \\ 0 \\ 1 \\ 0 \\ 1 \\ 0 \end{bmatrix} = \begin{bmatrix} 1 \\ 1 \\ 0 \end{bmatrix}$$

となり，これを行ベクトルとみて$(1\ 1\ 0) = \boldsymbol{\sigma}_j$とすると，§1表2から対応するコセットリーダ$\boldsymbol{y}_j$は，$\boldsymbol{y}_j = (0\ 0\ 0\ 1\ 0\ 0)$であるから，$\boldsymbol{x}$を

$$\boldsymbol{x}_i = \boldsymbol{x} - \boldsymbol{y}_j = (1\ 0\ 1\ 0\ 1\ 0) - (0\ 0\ 0\ 1\ 0\ 0)$$

$$=(1\ 0\ 1\ 1\ 1\ 0)$$

に復号すればよい．——

この復号方式によれば，受信ベクトル $\boldsymbol{x}$ にハミング距離の意味で最寄りの符号語に復号されることは明らかである．なぜなら，もし $\boldsymbol{x}$ に対して(22)で定まる $\boldsymbol{x}_i$ と異なる $\boldsymbol{x}_k \in C$ がより近いとする．つまり

$$d(\boldsymbol{x}, \boldsymbol{x}_i) > d(\boldsymbol{x}, \boldsymbol{x}_k)$$

とすると，$d(\boldsymbol{x}, \boldsymbol{x}_i) = d(\boldsymbol{x}_i + \boldsymbol{y}_j, \boldsymbol{x}_i) = w(\boldsymbol{y}_j)$，$d(\boldsymbol{x}, \boldsymbol{x}_k) = d(\boldsymbol{x}_i + \boldsymbol{y}_j, \boldsymbol{x}_k) = w(\boldsymbol{y}_j + \boldsymbol{x}_i - \boldsymbol{x}_k)$ で，$\boldsymbol{x}_i - \boldsymbol{x}_k \in C$ だから，$\boldsymbol{y}_j + \boldsymbol{x}_i - \boldsymbol{x}_k$ は $\boldsymbol{y}_j$ と同一コセットに属し，$w(\boldsymbol{y}_j)$ がこのコセットで最小のウェイトをもつことに反する．

したがって§1でみたように $d(C) \geqq 2e+1$ ならば，上の復号方式によって e-誤り訂正が可能となることが主張できる．

上の方法で，或るコセットでウェイト最小のものが二つ以上あるときに，コセットリーダとしてはそのどれをとってもさしつかえない．たとえば§1表2で最後の列の中にはウェイト2のものが三つある．このうちこの場合は(0 0 1 1 0 0)がコセットリーダとして選ばれている．他のものを選べばむろん復号結果は異なったものとなるが，このコセットに属するベクトルはすべて符号語までの最短距離が2であるから，二つの誤りが起きない限りこの領域には落ちない．したがって，この符号が保証する1-誤り訂正は実現されているわけである．

(20), (21), (22)のアルゴリズムをよく見ると，表を探索するような処理はない．シンドロウム全体は l 次元ベクトル全体であるから，これを q 進 l 桁の数とみてその小さい順にでも並べておけば，(21)でも探索処理は不要である．しかし $\boldsymbol{\sigma}_j$ に対する $\boldsymbol{y}_j$ を記憶しておかねばならない．この記憶量は実際の場では膨大なもの

になり，この原則だけで符号理論の問題が一般的に解決したとはいえない．このような記憶をしないで，演算だけで復号をするための技術が必要になってくるわけである．

そのもっとも簡単な場合が1-誤り訂正を保証する$GF(2)$上のハミング符号の場合である．受信ベクトル$\boldsymbol{x}$は符号語$\boldsymbol{x}_i \in C$と誤差ベクトル$\boldsymbol{e}$の和

$$(23) \qquad \boldsymbol{x} = \boldsymbol{x}_i + \boldsymbol{e}$$

で，そのシンドロウム

$$(24) \qquad \begin{aligned} \boldsymbol{\sigma} = H\boldsymbol{x}^T &= H\boldsymbol{x}_i^T + H\boldsymbol{e}^T \\ &= H\boldsymbol{e}^T \end{aligned}$$

であるから，1-誤りだけを考えるならば$\boldsymbol{e}$のウェイトが1であるから，その非零の要素が第ν番目にあるとすれば，受信ベクトルのシンドロウムはHの第ν番目の列ベクトルに一致する．したがって検査行列の列ベクトルを，たとえば(15)のように，二進l桁の数とみて小さい順に並べておけば，シンドロウムの示す二進l桁数がνであれば，$\boldsymbol{e}$はν番目が1で他は0であるベクトル$\boldsymbol{e}=(0 \cdots 1 \cdots 0)$となるから，(23)より，$\boldsymbol{x}_i = \boldsymbol{x} - \boldsymbol{e}$，つまり受信ベクトルの$\nu$番目の座標成分から1を引きさえすれば復号ができる．

以上によって1-誤りの場合はハミング符号によって完全に解決されたことがわかった．しかしこのシステムで2個以上の誤りが起れば誤った復号がなされる．2個以上の誤りに対しては，Hの具体的な作り方も復号の具体的アルゴリズムもこの節でのべた原則論だけでは，実用上の技術として不十分である．以下の節でこの問題に挑戦して行こう．

問 の 答

2 $GF(q)^l$の二つのベクトルは(0ベクトルを除けば)同一の$PG(l-1, q)$の点に対応するときに限って1次従属であるから，$PG(l-1, q)$の

異なる点に対応する $GF(q)^l$ のベクトルは1次独立であり，$PG(l-1,q)$ のすべての点を考える限りそれが最大であることも明らか.

§3 巡回符号

$\{0,1\}^n$ を $GF(q)^n$ とみなすことによってベクトル空間という構造がそこに導入されて符号理論の組合せ的問題がかなり取扱いやすくなったが，ベクトル空間ではまだ構造が希薄である．その主な理由はベクトル同士の積という概念が妥当に定義できないところにあると思われる(むろん内積というものはあるが，その結果はベクトルにならないからこれは真の意味の積ではない).

そこで $GF(q)$ 上の1変数多項式環 $GF(q)[x]$ を考え，その中の n 次多項式 $\rho(x)$ を一つ選んで，$\mathrm{mod}\,\rho(x)$ の演算系つまり剰余環

$$R=\frac{GF(q)[x]}{\langle\rho(x)\rangle} \tag{1}$$

を考えてみよう(§A1)．R は代表元を $n-1$ 次多項式にとれば，任意の $f(x)\in R$ は

$$f(x)=f_0+f_1x+\cdots+f_{n-1}x^{n-1}\leftrightarrow(f_0,f_1,\cdots,f_{n-1}) \quad (f_i\in GF(q)) \tag{2}$$

の関係で $GF(q)^n$ の元と1対1に対応する．こうして R の部分集合 C を符号とみなすとき，これを<u>多項式による符号</u>[1)]と呼ぶことにしよう．R は $GF(q)$ 上のベクトル空間であると同時にこの中に剰余環としての積が妥当に定義される．また R はちょうど整数の中の $\mathrm{mod}\,m$ (m は整数)の演算系と同様な構造をもっているからその取り扱いもきわめて容易である．

$GF(q)^n$ の中で線形部分空間を符号と選ぶことが有益であった

---

1) 多項式符号というのがあるが，これはもう少し特殊な符号をいう．§4 注1.

ように，R の中のイデアル(§A1)を符号 C と選ぶことがきわめて有益である．これは明らかに線形符号である．

問1　R の中のイデアル C は線形符号であることを示せ．——

R のイデアル C を符号とみなすとき，その生成多項式を $g(x)$ とする，つまり

(3)　$$C=\langle g(x)\rangle \qquad (\S\mathrm{A}\,1)$$

とするとき，$g(x)$ を符号 C の生成多項式と呼ぶ．線形符号が生成行列で完全に決ったように，多項式による符号は生成多項式で完全に決まる．

一般にイデアルの生成多項式を $g(x)$ とすると $\langle g(x)\rangle=\langle(g(x),\rho(x))\rangle$ $((g(x),\rho(x))$ は $g(x)$ と $\rho(x)$ との最大公約式)だから，生成多項式としては $\rho(x)$ の因数のみを考えれば十分である．$\rho(x)$ を既約多項式の積で表わすとき

(4)　$$\rho(x)=p_1(x)^{e_1}p_2(x)^{e_2}\cdots p_t(x)^{e_t}$$

（$p_i(x)$ は既約多項式）

となったとすると，R のイデアルはすべて

$$\langle p_1(x)^{r_1}p_2(x)^{r_2}\cdots p_t(x)^{r_t}\rangle \qquad (0\leqq r_i\leqq e_i)$$

の形をしている．したがって $\langle p_i(x)\rangle$ は極大イデアル[1)]であり，$\langle\rho(x)/p_i(x)\rangle$ は極小イデアル[1)]である．

巡回符号

上記の $\rho(x)$ として或る特殊な多項式をとることによって，実用上有効な特性をもつ符号が作られる．その典型的なものは，

(5)　$$\rho(x)=x^n-1$$

の場合で，R の中では x^n がいつでも1に等しくなるのである．x^n-1 の因数 $g(x)$ を生成多項式とする符号を巡回符号と呼ぶ．C

1)　R のイデアル I は $J\supset I(J\subset I),J\neq R(J\neq 0)$ なるイデアル J が存在しないとき極大(極小)という．

が巡回符号であると，$c(x) \in C$ ならば C がイデアルであるから，$xc(x) \in C$ となる．このことは巡回符号の場合

$$(6) \quad \begin{cases} c(x) = c_0 + c_1 x + \cdots + c_{n-1} x^{n-1} \leftrightarrow (c_0, c_1, \cdots, c_{n-1}) \\ xc(x) = c_{n-1} + c_0 x + \cdots + c_{n-2} x^{n-1} \leftrightarrow (c_{n-1}, c_0, \cdots, c_{n-2}) \end{cases}$$

となり，符号語の座標を巡回させたものがやはり符号語になるという性質を示す．このため巡回符号という名があるのである．

巡回符号は送信や復号のための回路構成が容易であること，ランダム誤りだけでなくバースト誤り [17], [18] への対処が容易であることなど多くの利点があるため，多項式による符号のうち実用上のほとんどが巡回符号である．また先にのべたハミング符号も巡回符号として表現できる．今後この節では主として巡回符号についてのべよう．

なお第1章§6でもみたように，(5)における n は $GF(q)$ ($q=p^l$) の標数 p の倍数でないと仮定して一般性を失わない．$GF(2)$ の場合 n は奇数のみを考えることになる．この場合(4)の分解で $e_1 = \cdots = e_t = 1$ となる(第1章§6問2)から，

$$(7) \qquad x^n - 1 = p_1(x) p_2(x) \cdots p_t(x)$$

と異なる既約多項式の積に分解される．

さて巡回符号 C とその l 次生成多項式を $g(x)$ とし

$$(8) \qquad x^n - 1 = g(x) h(x) \qquad (h(x) \text{ は } k \text{ 次，} k+l=n)$$

としよう．C は $GF(q)$ 上線形符号であるから，その生成行列や検査行列が $g(x)$ から導けるはずである．C がイデアルであるから，$g(x), xg(x), \cdots, x^{k-1}g(x)$ は C に含まれ，同時にこれらは $GF(q)$ 上1次独立であるから C の基底になりうる．したがって

$$(9) \qquad g(x) = g_0 + g_1 x + \cdots + g_l x^l$$

とすると，

$$(10)\qquad G=\begin{bmatrix} g_0 & g_1 & g_2 & \cdots & g_l & 0 & \cdots & 0 & 0 \\ 0 & g_0 & g_1 & \cdots & g_{l-1} & g_l & \cdots & 0 & 0 \\ & & & & \cdots\cdots\cdots & & & & \\ 0 & 0 & 0 & \cdots & 0 & g_0 & \cdots & g_{l-1} & g_l \end{bmatrix}$$

が C の生成行列となる.

もし基準形(§2(5))で書きたければ, x^i を $g(x)$ で割りその商を $q_i(x)$, 余りを $r_i(x)$ とする, つまり

$$(11)\qquad x^i = g(x)q_i(x)+r_i(x)\qquad (i=0, 1, \cdots, k-1)$$

とすると, $x^i-r_i(x)\,(i=l, l+1, \cdots, n)$ が $\in C$ でかつ1次独立だから, これを C の基底とすれば([PI] の型の)基準形が得られる.

また $h(x)=h_0+h_1x+\cdots+h_kx^k$ とすると, $g(x)h(x)$ は R の中で0だから

$$(12)\qquad g_0h_i+g_1h_{i-1}+\cdots+g_lh_{i-l}=0\qquad (i=0, \cdots, n-1)$$

(添字は $\bmod n$ で考え, 形式的に $h_{k+1}=\cdots=h_{n-1}=0$ とみなす). したがって C の検査行列は§2(4)より

$$(13)\qquad H=\begin{bmatrix} 0 & 0 & \cdots & 0 & h_k & \cdots & h_1 & h_0 \\ 0 & 0 & \cdots & h_k & h_{k-1} & \cdots & h_0 & 0 \\ & & & \cdots\cdots\cdots & & & & \\ h_k & h_{k-1} & \cdots & h_0 & 0 & \cdots & 0 & 0 \end{bmatrix}.$$

問2　基準形の検査行列(§2(7))を作るにはどうしたらよいか.

問3　$x^n-1=g(x)h(x)$ のとき $C=\langle g(x)\rangle$ と $D=\langle h(x^{-1})\rangle$ とは双対符号であることを示せ.

例1　$GF(2)$ 上 x^7-1 は, $x^7-1=(1+x)(1+x^2+x^3)(1+x+x^3)$ と既約因数に分解されるが, $g(x)=(1+x)(1+x^2+x^3)=1+x+x^2+x^4$ を生成多項式とする巡回符号は表1のようになる.

表 1

$0=0$	—	0 0 0 0 0 0 0
$g(x)=1+x+x^2+x^4$	—	1 1 1 0 1 0 0
$xg(x)=x+x^2+x^3+x^5$	—	0 1 1 1 0 1 0
$x^2g(x)=x^2+x^3+x^4+x^6$	—	0 0 1 1 1 0 1
$x^3g(x)=(1+x)g(x)=1+x^3+x^4+x^5$	—	1 0 0 1 1 1 0
$x^4g(x)=(x+x^2)g(x)=x+x^4+x^5+x^6$	—	0 1 0 0 1 1 1
$x^5g(x)=(1+x+x^2)g(x)=1+x^2+x^5+x^6$	—	1 0 1 0 0 1 1
$x^6g(x)=(1+x^2)g(x)=1+x+x^3+x^6$	—	1 1 0 1 0 0 1

拡大体における検査方程式

線形符号の場合，検査行列によって或るベクトルが符号語であるか否かを判定したが，多項式による符号の場合にはもっと直接的な方法がある．はじめに生成多項式

(14) $$g(x)=g_0+g_1x+\cdots+g_{l-1}x^{l-1}+x^l$$

が既約多項式である場合を考える．このとき $g(x)=0$ の任意の一つの根を α とするとき，α は $GF(q)$ の l 次拡大体 $GF(q^l)$ の中にある．$g(x)$ を $GF(q^l)$ の表現多項式とすると $GF(q^l)$ の元は α の $l-1$ 次以下の多項式で表わせる．

いま R の任意の多項式 $f(x)$ の x に α を代入した $f(\alpha)$ に (14) の関係

(15) $$\alpha^l=-g_0-g_1\alpha-\cdots-g_{l-1}\alpha^{l-1}$$

を用いて α の $l-1$ 次以下の多項式に帰着すると R から $GF(q^l)$ への準同型写像が得られる (図 1)．

明らかに，この準同型写像の核が $g(x)$ を生成多項式とするイデアル，つまり符号 C である．したがって $f(x)=f_0+f_1x+\cdots+f_{n-1}x^{n-1}\in R$ が $f(x)\in C$ であるための必要十分条件は

(16) $$f(\alpha)=f_0+f_1\alpha+\cdots+f_{n-1}\alpha^{n-1}=0$$

と書ける．(16) は拡大体 $GF(q^l)$ における検査方程式である．

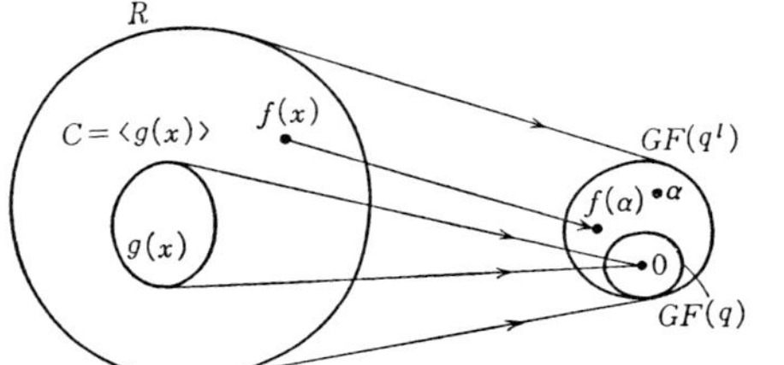

図 1

例 2　$GF(2)$ 上 $x^7-1=(x+1)(1+x+x^3)(1+x^2+x^3)$ であるが $g(x)=1+x+x^3$ は既約多項式であり，$g(x)=0$ の根を α とすると，$\alpha^3=1+\alpha$ で

(17)
$$\alpha^3=\alpha+1,\qquad \alpha^4=\alpha^2+\alpha,$$
$$\alpha^5=\alpha^2+\alpha+1,\qquad \alpha^6=\alpha^2+1$$

だから，$GF(2^3)$ 上の検査方程式(16)は

(18)
$$f_0+f_1\alpha+f_2\alpha^2+f_3(\alpha+1)+f_4(\alpha^2+\alpha)$$
$$+f_5(\alpha^2+\alpha+1)+f_6(\alpha^2+1)=0$$

となる．これを $\alpha^0=1, \alpha, \alpha^2$ の係数別に書けば $GF(2)$ 上の方程式

(19)
$$\begin{cases} f_0 \qquad\qquad +f_3 \qquad +f_5+f_6=0 \\ \qquad f_1 \qquad +f_3+f_4+f_5 \qquad =0 \\ \qquad\qquad f_2 \qquad +f_4+f_5+f_6=0 \end{cases}$$

を得る．したがって $GF(2)$ 上の検査行列は

(20)
$$H=\begin{bmatrix} 1&0&0&1&0&1&1 \\ 0&1&0&1&1&1&0 \\ 0&0&1&0&1&1&1 \end{bmatrix}$$

となる．このように(16)から $GF(q)$ 上の検査行列を導くことは容易である．

問 4　$g(x)=0$ のもう一つの根を $\beta(\neq\alpha)$ とするとき(16)と

(21)
$$f(\beta)=0$$

とは同値である，したがって(21)のβとしてαの$GF(q)$上フロベニウスサイクル$\alpha, \alpha^q, \alpha^{q^2}, \cdots, \alpha^{q^{l-1}}$を代入したものはすべて同値であることを示せ．

問 5 $GF(3)$ 上 $x^8-1=(x-1)(x-2)(x^2+1)(x^2+2x+2)(x^2+x+2)$と既約因数に分解される．$g(x)=x^2+1$を生成多項式とする巡回符号の($GF(3)$上の)検査行列を例2の方法と，(13)による方法とで作り両者が同値であることを確かめよ．——

つぎに符号Cの生成多項式$g(x)$が二つの異なるl_1, l_2次の既約多項式の積$g(x)=p_1(x)p_2(x)$である場合を考えよう．この場合$p_1(x)=0$の根をα_1，$p_2(x)=0$の根をα_2とし，上と同様な方法で，Rから$GF(q^{l_1})$および$GF(q^{l_2})$への準同型写像を作ることができ，これをφ_1, φ_2としよう．明らかに符号Cはφ_1の核$\langle p_1(x)\rangle$と，φ_2の核$\langle p_2(x)\rangle$との共通部分であるから(図2)，$f(x)\in R$が$f(x)\in C$であるための必要十分 §3 巡 回 符 号

$$
(22)\quad \begin{cases} f(\alpha_1) = f_0+f_1\alpha_1+f_2\alpha_1^2+\cdots+f_{n-1}\alpha_1^{n-1} \\ \qquad\qquad\qquad\qquad\qquad\qquad (GF(q^{l_1})\text{ 上}) \\ f(\alpha_2) = f_0+f_1\alpha_2+f_2\alpha_2^2+\cdots+f_{n-1}\alpha_2^{n-1} \\ \qquad\qquad\qquad\qquad\qquad\qquad (GF(q^{l_2})\text{ 上}) \end{cases}
$$

である．これが検査方程式となる．

以上を一般化して定理の形にまとめておくとつぎのようになる．

定理 1 $GF(q)$上の巡回符号Cの生成多項式$g(x)$は，符号長nが$GF(q)$の標数pの倍数でないなら，異なる$l_1, \cdots, l_s$次の既約多項式$p_1(x), \cdots, p_s(x)$の積

$$
(23)\qquad g(x) = p_1(x)\cdots p_s(x)
$$

として一般性を失わないが，このとき$f(x)\in R$が符号Cに属するための必要十分条件は

$$
(24)\qquad f(\alpha_i) = 0, \qquad (i=1, \cdots, s).
$$

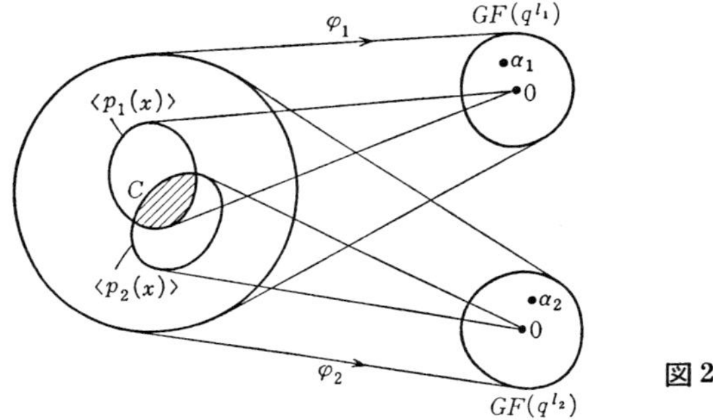

図 2

ただし α_i は $p_i(x)=0$ の任意の一つの根で $GF(q^{l_i})$ の中にある $(i=1, \cdots, s)$.

巡回符号としてのハミング符号

前項で考えた図 1 の写像で，もし $g(x)$ として原始既約多項式を選ぶとすると，$GF(2)$ の場合，$GF(2^l)$ 上の検査方程式(16)は，$\alpha^\nu(\nu=0, 1, \cdots, n-1)$ が $GF(2^l)^+$ のすべての元を尽すから，これを $GF(2)$ 上の l 次元列ベクトルとして(19), (20)のように表現すれば，これがハミング符号の検査方程式および検査行列になることが容易にわかる．したがって長さ $n=2^l-1$ のハミング符号とは，$GF(2)$ 上 l 次の原始既約多項式を生成多項式とする巡回符号であると定義することもできる．

さらに図 1 の写像において $GF(2^l)$ の同一の元に写像される R の元全体は，R の C によるコセットになる(図 3)．ところが α は $GF(2^l)$ の原始根だから $\alpha^0, \alpha^1, \cdots, \alpha^{n-1}$ が $GF(2^l)^+$ の元をすべて尽す．このことは R の C による(C 以外の)各コセットの中に $x^0=1$, $x^1, x^2, \cdots, x^{n-1}$ がちょうど 1 個ずつ含まれていることを示す．C の中には 0 があるから，結局，つぎの定理が得られる．

定理 2 C をハミング符号としたとき，R の C による各コセッ

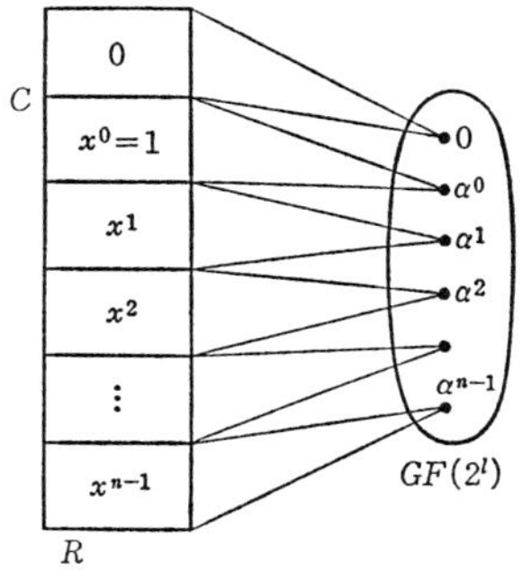

図 3

トの中に，x の単項式

(25) $$0,\ x^0,\ x^1,\ x^2,\ \cdots,\ x^{n-1}$$

がちょうど 1 個ずつ含まれる．——

単項式はウェイト 1 のベクトルに対応するから，復号表(§2 表 1)でコセットリーダとして選ばれる．したがってこの場合符号語 $\boldsymbol{x}_i$ を中心に(ハミング距離の意味で)半径 1 の球を

(26) $$S(\boldsymbol{x}_i)=\{\boldsymbol{x}\in GF(2)^n;\ d(\boldsymbol{x},\boldsymbol{x}_i)\leqq 1\}$$

とすると，これらの球はどの二つも共通部分をもたず全空間 $R=GF(2)^n$ を被う．つまり

(27) $$GF(2)^n=S(\boldsymbol{x}_1)\cup S(\boldsymbol{x}_2)\cup\cdots\cup S(\boldsymbol{x}_N)$$
$$(S(\boldsymbol{x}_i)\cap S(\boldsymbol{x}_j)=\phi)$$

このような符号は(一般の $GF(q)$ で半径 r の場合も含めて)完全符号と呼ばれている．ハミング符号以外の完全符号はごくわずかしか知られていない．

さて一般に l 次生成多項式 $g(x)=g_0+g_1x+\cdots+g_lx^l$ をもつ語長 n の巡回符号 C の送信アルゴリズムは，任意の $k-1$ 次以下の多項式を $p(x)$ とすると，表 1 でみたように

(28)　　　　$f(x) = p(x)g(x) \mod (x^n-1)$

として $f(x)$ を送信すればよい．これが§2(6)に相当するもので $p(x)$ が情報ビットを担う $t_1, \cdots, t_k$ に相当する．つまり一定の l 次多項式 $g(x)$ につぎつぎと変化する $k-1$ 次多項式を掛けるという操作にすぎない．

これを実現する回路は図4のような線形回路[1)]を用いればよい．入力多項式 $p(x)$ は高次の係数から順に入れ，その後 $n-k$ 個だけ0を入れると，出力 $f(x)$ はやはり高次の係数から順に出る．

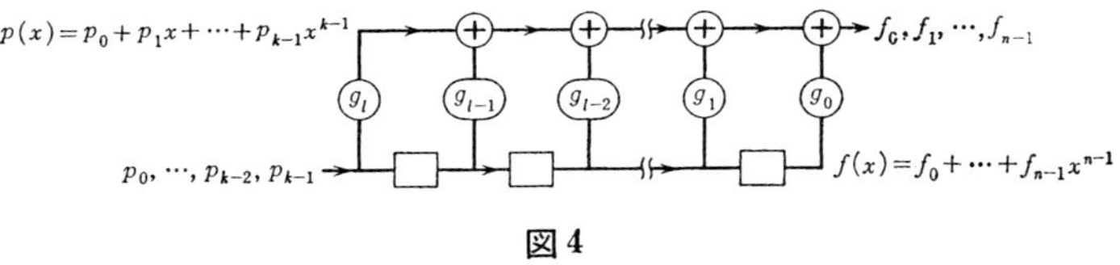

図4

例3　$GF(2)$ 上 $n=7$ で $g(x)=x^3+x+1$ を生成多項式とする場合，図5のように

$$(p_0+p_1x+p_2x^2+p_3x^3)g(x) = f_0+f_1x+f_2x^2+\cdots+f_6x^6$$

$$f_6 = p_3, \quad f_5 = p_2, \quad f_4 = p_1+p_3, \quad f_3 = p_0+p_2+p_3$$

$$f_2 = p_1+p_2, \quad f_1 = p_0+p_1, \quad f_0 = p_0$$

が順次得られる．($GF(2)$ 上の線形回路では一定倍は0倍か1倍だから，線をつながないか，つなぐかに帰着される．)——

1)　以下の三つの組合せでできる回路を $GF(q)$ 上線形回路という．

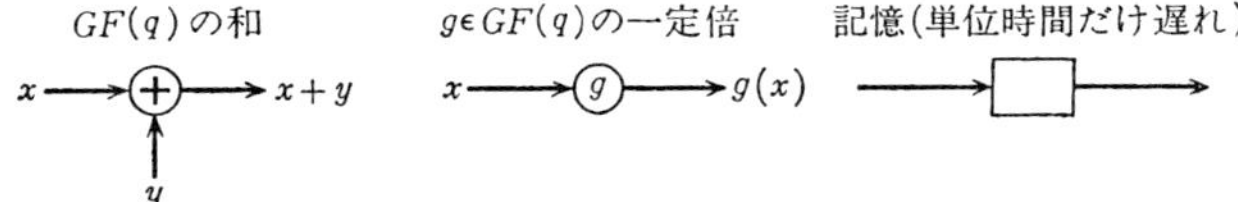

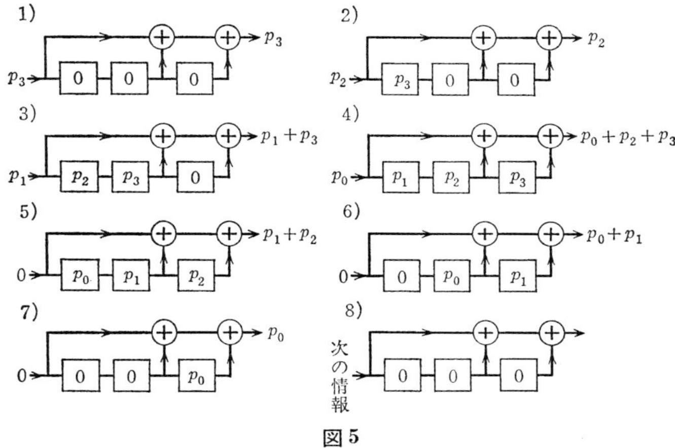

図 5

送信のアルゴリズムはすべての巡回符号に共通に上記のような簡単な方法で行なえるが，復号方式はここでのべるハミング符号の場合以外はそれほど簡単でない．ハミング符号の場合§2の(24)以降でのべたような方法でも無論よいが，回路構成の面からはより簡単で，かつ定理2を根拠とする方法をのべておこう．

受信多項式$f(x)$を$g(x)$で割った余り

$$r(x) = r_0 + r_1 x + \cdots + r_{l-1} x^{l-1} \tag{29}$$

を出す．

$$r_0 + r_1 \alpha + \cdots + r_{l-1} \alpha^{l-1} = \alpha^j \tag{30}$$

となる番号jを求め，$f(x)+x^j$に復号する．

(29)のような余りを出す回路を実現するのは容易である．例3の場合で考えると，つまり$g(x)=1+x+x^3$のときは図6のような回路を用い，$f(x)$の係数を高次の順に入力し，入れ終ったときに，r_0, r_1, r_2が図6のように記憶の中に残る．

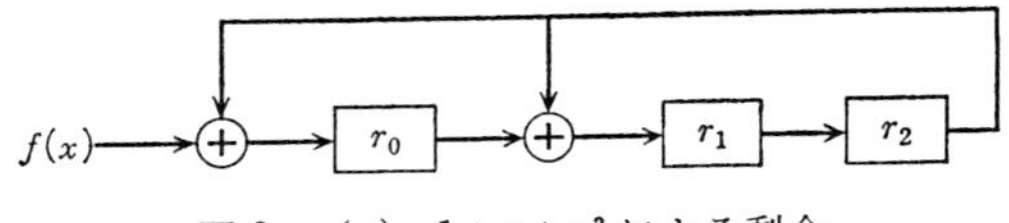

図 6　$g(x)=1+x+x^3$ による剰余

(30)の手順は，図 6 と同じ回路で余りの係数 $r_0, r_1, \cdots, r_{l-1}$ が得られた後，入力をせずに単にシフトを繰り返し，ちょうど i 回シフトしたとき記憶状態が $1, 0, \cdots, 0$ となったとすると，

$$\alpha^{i+j} = 1 \qquad (=\alpha^n) \tag{31}$$

だから

$$j = n-i \tag{32}$$

として得られる．したがってシフト回数 i を数えておくだけで j が得られる．

(30)の左辺 $r_0, r_1, \cdots, r_{l-1}$ を与えて右辺の j を求めるのに，上のやり方はすべてを調べるというやり方だから一面大へん無駄なようであるが，1 回のシフトは 1 クロックパルス(通常 10^{-9} 秒のオーダ)であるから，あまり大きくない n に対しては実用的である．なによりも回路が簡単で図 6 に相当するものが一つありさえすれば，それで(29)の操作も(30)の操作も処理できるところが利点である．(なお第 1 章§8 参照のこと.)

問の答

1　C が R の部分加群であり，さらにイデアルの性質から $c(x)\in C$ なら $ac(x)\in C$ $(a\in GF(q))$ であるから，C は R の $GF(q)$ 上線形部分空間である．

3　$D=\langle h(x^{-1})\rangle=\langle x^k h(x^{-1})\rangle$ の生成行列は(13)だから．

§4　BCH 符号

1-誤り訂正の問題はハミング符号によって解決されていると言

えるが，2-誤り以上の問題に対処するものとして，BCH 符号[1]，リード・マラー符号，射影幾何符号などいろいろ提案されている．これらはいずれも線形符号であるが，ハミング符号のように最適性が保証されていない．この節ではこのうち最もよく知られたBCH 符号についてのべることにしよう．

BCH 符号は $GF(q)$ 上の巡回符号の中で生成多項式 $g(x)$ として或る特性を課したものに他ならない．ここでも§2と同様に，n が $GF(q)$ の標数 p の倍数でない，つまり

(1) $$p \nmid n$$

の場合を考えるものとする．

このとき1の原始 n 乗根の一つを α としよう(第1章§6)．α は一般に $GF(q)$ の適当な拡大体の中にある．むろん十分大きな m に対しては $\alpha \in GF(q^m)$ となるが，α を含む最小の拡大体つまり，$\alpha \in GF(q^m)$ であって $m' < m$ ならば $\alpha \notin GF(q^{m'})$ となるような m を求めるには，第1章§6(2)によればよい．特別な場合として $n = q^m - 1$ の形をしていれば，明らかに α を含む最小の拡大体は $GF(q^m)$ である．

このとき $\alpha, \alpha^2, \cdots, \alpha^{d-1}$ を零点とする最小次数の多項式 $g(x)$ を生成多項式とする巡回符号をBCH 符号と呼ぶのである．このとき定理2でのべるように，BCH 符号の最小距離は d であることがわかる．これらBCH 符号あるいはさらに巡回符号一般の特性を調べるために，つぎのマトソン・ソロモン多項式と呼ばれるものがきわめて重要な役割を果す．

なお，n がちょうど $n = q^m - 1$ となっているとき，つまり1の原始 n 乗根 α が同時に $GF(q^m)$ の原始元となっているときのBCH

1) R. C. Bose, D. K. Ray-Chaudhuri, A. Hocquenghem によって発案された符号であるためこの名称がある．

符号をとくに原始 BCH 符号と呼ぶことがある．

マトソン・ソロモン多項式

R(§3(1))の中の巡回符号 C，その生成多項式を $g(x)$ としよう．いま $GF(q)$ 上1の原始 n 乗根を α としておく．任意の符号語

(2)　　$$c(x)=c_0+c_1x+\cdots+c_{n-1}x^{n-1}\in C$$

に対して

(3)　　$$\bar{c}(x)=\bar{c}_n+\bar{c}_{n-1}x+\cdots+\bar{c}_2x^{n-2}+\bar{c}_1x^{n-1}$$

(4)[1]　　$$\bar{c}_i=c(\alpha^i)/n \qquad (1\leqq i\leqq n)$$

なる多項式が対応するが，これをマトソン・ソロモンの随伴多項式と呼ぶ．

これに対してつぎの重要な関係が成り立つ．

定理1　巡回符号 C の符号語 $c(x)$ の係数 c_i((2))とそのマトソン・ソロモンの随伴多項式の係数 $\bar{c}_i$((4))との間に

(5)　　$$c_i=\bar{c}(\alpha^i) \qquad (0\leqq i\leqq n-1)$$

なる関係が成り立つ．

証明　まず

(6)　　$$\bar{c}(\alpha^i)=\sum_{j=1}^{n}c(\alpha^j)\alpha^{i(n-j)}/n.$$

ところが $\alpha^{i(n-j)}=\alpha^{in}\cdot\alpha^{-ij}=\alpha^{-ij}$ (なぜなら $\alpha^{in}=(\alpha^n)^i=1$) だから

(7)　　$$\begin{aligned}\bar{c}(\alpha^i)&=\sum_{j=1}^{n}\left(\sum_{k=0}^{n-1}c_k\alpha^{jk}\right)\alpha^{-ij}/n\\&=\sum_{k=0}^{n-1}c_k\sum_{j=1}^{n}\alpha^{(k-i)j}/n\end{aligned}$$

となるが，つぎの補題から

---

1)　$1/n$ は $GF(q)$ における n の乗法逆元を示す．したがって(1)の条件がある限りそれはつねに存在する．たとえば $GF(2)$ では $1/n=1$，$GF(3)$ では $1/8=2$ など．

$$\sum_{j=1}^{n} \alpha^{(k-i)j}/n = \delta_{ki} \tag{8}$$

($k=i$ ならば $\delta_{ki}=1$, $k \neq i$ ならば $\delta_{ki}=0$)

したがって(5)が成り立つ.

補題1 1の原始 n 乗根を α とするとき, 任意の正の整数 l に対して, $\beta=\alpha^l$ とするとき

$$\sum_{j=1}^{n} \beta^j = \beta+\cdots+\beta^{n-1}+\beta^n = \sum_{j=0}^{n-1} \beta^j = 0 \qquad (\beta^n=1) \tag{9}$$

が成り立つ.
ただし $l \neq n$ とする.

証明 $\beta \neq 1$ で $\beta^n-1=(\beta-1)(1+\beta+\cdots+\beta^{n-1})=0$ だから $1+\beta+\cdots+\beta^{n-1}=0$ である. ▎

簡単な例で, 定理1を検証してみよう.

$GF(2)$ 上の一つの原始 $n=3$ 乗根を $\alpha \in GF(2^2)$ $(\alpha^2=\alpha+1)$ とし $g(x)=1+x$ としよう.

$$c(x) = x^2g(x) = 1+x^2 = c_0+c_1x+c_2x^2$$

に対して $\bar{c}_1=c(\alpha)=1+\alpha^2=\alpha$, $\bar{c}_2=c(\alpha^2)=1+\alpha=\alpha^2$, $\bar{c}_3=c(\alpha^3)=1+1=0$ だから, $c(x)$ のマトソン・ソロモン多項式は

$$\bar{c}(x) = \alpha^2x+\alpha x^2$$

となり, $\bar{c}(\alpha^0)=\alpha^2+\alpha=1=c_0$, $\bar{c}(\alpha^1)=\alpha^3+\alpha^3=0=c_1$, $\bar{c}(\alpha^2)=\alpha+\alpha^2=1=c_2$ で定理1の(5)式が成り立つことが確かめられる.

巡回符号 C があるとき, その各符号語 $c(x)$ に対して随伴多項式 $\bar{c}(x)$ が作られるが, これは α を含む最小の拡大体 $GF(q^m)$ 上の多項式であることに注意しよう. C の各語に対応する随伴多項式の全体を $\bar{C}$ とすると, C の元と $\bar{C}$ の元とは1対1に対応し加法に関しては同型であることがわかる.

問1 C と $\bar{C}$ とが加法に関して同型であることを示せ. ——

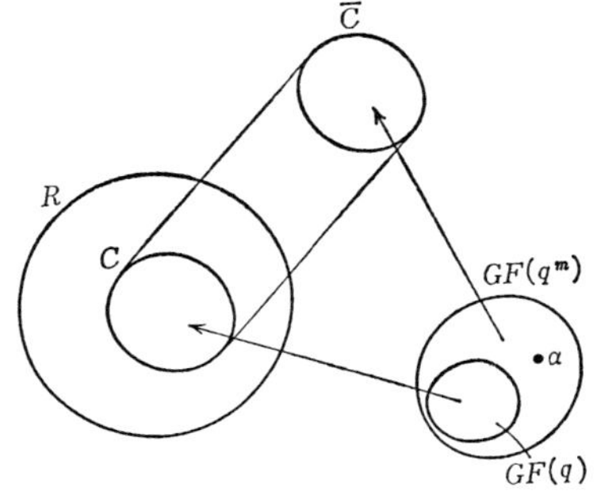

図 1

例 1 $GF(2)$, $n=7$, $g(x)=x^3+x+1$ の場合について C と $\bar{C}$ との対応をみると，表 1 のようになっている．この場合 $GF(q^m)=GF(2^3)$ で 1 の原始 7 乗根 α は $GF(2^3)$ の原始元でもある．この α は $\alpha^3=1+\alpha$ を満たすもので詳しくは附表 T 2 参照.

BCH 符号の最小距離

マトソン・ソロモンの随伴多項式を媒介とすると，BCH 符号の最小距離の評価が簡単である.

定理 2 $GF(q)$ 上 1 の原始 n 乗根 α に対して，$\alpha, \alpha^2, \cdots, \alpha^{d-1}$ が $g(x)=0$ の根であるとき，$g(x)$ を生成多項式とする(語長 n の)巡回符号(つまり BCH 符号)[1)]を C とし，C の随伴多項式全体を $\bar{C}$ とするとき，$\bar{c}(x)\in\bar{C}$ はすべて $n-d$ 次以下の多項式である．したがって C の符号語のウェイトは(0 ベクトルを除いて)すべて d 以上つまり C の最小距離は少なくとも d である.

証明 $\alpha, \alpha^2, \cdots, \alpha^{d-1}$ が $g(x)=0$ の根ならば，任意の $c(x)\in C$ に対して，これらはやはり $c(x)=0$ の根となる．したがって (4) より

1) BCH 符号の生成多項式は $\alpha, \alpha^2, \cdots, \alpha^{d-1}$ を零点とする最小次数の多項式であるから，この定理では BCH 符号よりやや広義の符号を対称としているが，事実上意味をもつものは BCH 符号である.

表1

		c_0	c_1	c_2	c_3	c_4	c_5	c_6	$\bar{c}_7$	$\bar{c}_6$	$\bar{c}_5$	$\bar{c}_4$	$\bar{c}_3$	$\bar{c}_2$	$\bar{c}_1$
0	0	0	0	0	0	0	0	0	0	0	0	0	0	0	0
g	$1+x+x^3$	1	1	0	1	0	0	0	1	α	α^2	0	α^4	0	0
xg	$x+x^2+x^4$	0	1	1	0	1	0	0	1	1	1	0	1	0	0
x^2g	$x^2+x^3+x^5$	0	0	1	1	0	1	0	1	α^6	α^5	0	α^3	0	0
x^3g	$x^3+x^4+x^6$	0	0	0	1	1	0	1	1	α^5	α^3	0	α^6	0	0
$(1+x)g$	$1+x^2+x^3+x^4$	1	0	1	1	1	0	0	0	α^3	α^6	0	α^5	0	0
$(1+x^2)g$	$1+x+x^2+x^5$	1	1	1	0	0	1	0	0	α^5	α^3	0	α^6	0	0
$(1+x^3)g$	$1+x+x^4+x^6$	1	1	0	0	1	0	1	0	α^6	α^5	0	α^3	0	0
$(x+x^2)g$	$x+x^3+x^4+x^5$	0	1	0	1	1	1	0	0	α^2	α^4	0	α	0	0
$(x+x^3)g$	$x+x^2+x^3+x^6$	0	1	1	1	0	0	1	0	α^4	α	0	α^2	0	0
$(x^2+x^3)g$	$x^2+x^4+x^5+x^6$	0	0	1	0	1	1	1	0	α	α^2	0	α^4	0	0
$(1+x+x^2)g$	$1+x^4+x^5$	1	0	0	0	1	1	0	1	α^4	α	0	α^2	0	0
$(1+x^2+x^3)g$	$1+x+x^2+x^3+x^4+x^5+x^6$	1	1	1	1	1	1	1	1	0	0	0	0	0	0
$(1+x+x^3)g$	$1+x^2+x^6$	1	0	1	0	0	0	1	1	α^2	α^4	0	α	0	0
$(x+x^2+x^3)g$	$x+x^5+x^6$	0	1	0	0	0	1	1	1	α^3	α^6	0	α^5	0	0
$(1+x+x^2+x^3)g$	$1+x^3+x^5+x^6$	1	0	0	1	0	1	1	0	1	1	0	1	0	0

$\bar{c}_1 = \cdots = \bar{c}_{d-1} = 0$ であり，(3) より $\bar{c}(x) \in \bar{C}$ は $n-d$ 次以下．したがって $\bar{c}(x)=0$ となる x は $n-d$ 個以下であるから，(5) より c_0, $c_1, \cdots, c_{n-1}$ のうち非零のものは $n-(n-d)=d$ 個以上，つまり符号語 $(c_0, c_1, \cdots, c_{n-1})$ のウェイトは d 以上である．

例 2　$GF(2)$ 上語長 $n=15$ の場合，つまり原始 BCH 符号を考えよう．1 の原始 15 乗根 α は $GF(2^4)$ の原始元でもある．$GF(2^4)$ の表現多項式を x^4+x+1 とすれば，この零点が α で，α による $GF(2^4)$ の元の巡回表現は附表 T 2 にある．また $x^{15}-1$ の因子分解(第 1 章 §3 例 1)から

$$g(x) = (x^4+x+1)(x^4+x^3+x^2+x+1)$$

をとれば，$x^4+x+1=0$ の根は $\alpha, \alpha^2, \alpha^4$ を，$x^4+x^3+x^2+x+1=0$ の根は α^3 を含むから，$g(x)=0$ の根は

$$\alpha,\ \ \alpha^2,\ \ \alpha^3,\ \ \alpha^4$$

を含み，$g(x)$ を生成多項式とする BCH 符号は $d=5$ に相当するもので，最小距離は $d=5$ であり，2-誤り訂正能力をもつ．

BCH 符号の復号方式

§3 定理 1 から，BCH 符号 C の生成多項式 $g(x)$ を既約多項式の積に分解して

$$g(x) = p_1(x) \cdots p_s(x) \tag{10}$$

とし，$p_i(x)=0$ の任意の一つの根を β_i とすると $(i=1, \cdots, s)$，$c(x) \in C$ である必要十分条件は

$$c(\beta_i) = c_0 + c_1\beta_i + c_2\beta_i^2 + \cdots + c_{n-1}\beta_i^{n-1} = 0 \qquad (i=1, \cdots, s) \tag{11}$$

である．

$g(x) | (x^n-1)$ であるから β_i は $x^n-1=0$ の根で，したがって 1 の原始 n 乗根 α の累乗で表わせる．前項でみたように α を含む最小の拡大体を $GF(q^m)$ とすれば，(11) は $GF(q^m)$ 上の検査方程式

である．

BCH 符号の定義から $\alpha, \alpha^2, \cdots, \alpha^{d-1}$ は $p_1(x), \cdots, p_s(x)$ のいずれかの零点になっているから，(11)のかわりに

(12) $$c(\alpha^i)=0 \qquad (i=1, \cdots, d-1)$$

を考えてもよい．むろん(12)は(11)より多くの式をもつが冗長な式がありランクは同一である．そこでここでは(12)を検査方程式と考えることにする．

いま受信多項式を $f(x)\in R$ とし，広義のシンドロウムを

(13) $$s_i=f(\alpha^i) \qquad (i=1, \cdots, d-1)$$

としよう．$f(x)$ は符号語 $c(x)$ と誤り $e(x)$ の和 $f(x)=c(x)+e(x)$ であるが，$c(\alpha^i)=0$ だから $s_i=e(\alpha^i)$ となり，$e(x)=e_0+e_1x+\cdots+e_{n-1}x^{n-1}$ とすれば，(13)は

(14) $$s_i=e_0+e_1\alpha^i+e_2\alpha^{2i}+\cdots+e_{n-1}\alpha^{(n-1)i} \qquad (i=1, \cdots, d-1)$$

となる．

ここで

(15) $$d=2t+1$$

として t-誤り訂正の復号方式をのべよう．

簡単のため $t=2$, $d=5$ の場合，$t=2$ 個の誤りが起ったときそれを見出す方法をのべる．この場合(14)の右辺 $e_0, e_1, \cdots, e_{n-1}$ のうち非零のものが2個あり，これを e_μ, e_ν としておこう．そうすると(14)は

(16) $$\begin{cases} s_1=e_\mu\alpha^\mu+e_\nu\alpha^\nu \\ s_2=e_\mu\alpha^{2\mu}+e_\nu\alpha^{2\nu} \\ s_3=e_\mu\alpha^{3\mu}+e_\nu\alpha^{3\nu} \\ s_4=e_\mu\alpha^{4\mu}+e_\nu\alpha^{4\nu} \end{cases}$$

となり，$s_1, \cdots, s_4$ を与えて(16)から μ, ν, e_ν, e_μ を求めることがわ

れわれの問題となる($GF(q)=GF(2)$ の場合 $e_\mu=e_\nu=1$ だから，μ, ν のみを求めればよい).

これらを直接求めるかわりに α^μ, α^ν を零点とする2次多項式 $\sigma(x)=(x-\alpha^\mu)(x-\alpha^\nu)$ を

$$\sigma(x) = x^2+\sigma_1 x+\sigma_0 \tag{17}$$

とおき，σ_0, σ_1 を求める問題を考えよう．$\sigma(x)$ を誤りロケータ多項式という．$\sigma(x)=0$ を $GF(q^m)$ 上で解けば α^μ, α^ν が得られて誤りの位置 μ, ν がわかる．α^μ, α^ν がわかれば，(16)のうちから独立な2式を選んで e_μ, e_ν を求めるのは容易である.

さて(16)のうち第1,2,3式にそれぞれ $\sigma_0, \sigma_1, 1$ を掛けて加えると，

$$\begin{aligned} s_1\sigma_0+s_2\sigma_1+s_3 &= e_\mu\alpha^\mu(\sigma_0+\sigma_1\alpha^\mu+\alpha^{2\mu}) \\ &\quad +e_\nu\alpha^\nu(\sigma_0+\sigma_1\alpha^\nu+\alpha^{2\nu}) = 0. \end{aligned} \tag{18}$$

また(16)の第2,3,4式にそれぞれ $\sigma_0, \sigma_1, 1$ を掛けて加えると，

$$s_2\sigma_0+s_3\sigma_1+s_4 = 0 \tag{19}$$

を得る．(18), (19)なる $GF(q^m)$ 上の連立1次方程式を解けば σ_0, σ_1 が得られる.

以上のアルゴリズムを一般の場合についてのべると，つぎの定理が得られる.

定理3　最小距離 $d=2t+1$ の BCH 符号において，t 箇所に誤りを含む $f(x)\in R$ が受信されたとき，そのシンドロウム $s_i=f(\alpha^i)$ $(i=1, \cdots, d-1)$ を求め

$$\left\{\begin{array}{l} s_1\sigma_0+s_2\sigma_1+\cdots+s_t\sigma_{t-1}+s_{t+1} = 0 \\ s_2\sigma_0+s_3\sigma_1+\cdots+s_{t+1}\sigma_{t-1}+s_{t+2} = 0 \\ \quad\cdots \\ s_t\sigma_0+s_{t+1}\sigma_1+\cdots+s_{2t-1}\sigma_{t-1}+s_{d-1} = 0 \end{array}\right. \tag{20}$$

なる $GF(q^m)$ 上の t 元連立1次方程式の解 $\sigma_0, \sigma_1, \cdots, \sigma_{t-1}$ に対して

(21) $$\sigma(x)=\sigma_0+\sigma_1 x+\cdots+\sigma_{t-1}x^{t-1}+x^t=0$$

なる方程式の $GF(q^m)$ の中の根 $\alpha^{\nu_1}, \alpha^{\nu_2}, \cdots, \alpha^{\nu_t}$ を求めれば，誤りの位置 $\nu_1, \nu_2, \cdots, \nu_t$ が得られる．——

(21)の解は，これが $GF(q^m)$ の中にあることがわかっているから，$GF(q^m)$ の元をその原始元 θ(原始 BCH 符号の場合は θ は α とみてよい)で巡回表現しておけば，

(22) $$x=x_0+x_1\theta+\cdots+x_{m-1}\theta^{m-1} \qquad (x_i\in GF(q))$$

を(21)に代入して $x_0, x_1, \cdots, x_{m-1}$ を求めることによって得られる．

例 3 例 2 の場合を考えよう．いま誤りが $\mu=2$, $\nu=7$ の位置にある多項式が受信されたとする．この 2, 7 が上のアルゴリズムによって自動的に発見される過程をみよう．(以下の計算では附表 T 2 を参照のこと．$GF(2^4)$ の原始元 α は $\alpha^4=1+\alpha$ を満たすとする.)

まずシンドロウムは

(23) $$\begin{cases} s_1=\alpha^2+\alpha^7=\alpha^{12} \\ s_2=\alpha^4+\alpha^{14}=\alpha^9 \\ s_3=\alpha^6+\alpha^6=0 \\ s_4=\alpha^8+\alpha^{13}=\alpha^3 \end{cases}$$

となるはずである．(s_1, s_2, s_4 はフロベニウスサイクルになっていることに注意．したがって実際にシンドロウムを求めるのはこのうちの一つでよい.) したがって

(24) $$\begin{cases} \alpha^{12}\sigma_0+\alpha^9\sigma_1 \qquad =0 \\ \alpha^9\sigma_0 \qquad +\alpha^3=0 \end{cases}$$

を解くと，$\sigma_0=\alpha^9$，$\sigma_1=\alpha^{12}$ となり

(25) $$x^2+\alpha^{12}x+\alpha^9=0$$

を解くために，

(26)　　$x = x_0 + x_1\alpha + x_2\alpha^2 + x_3\alpha^3 \qquad (x_i \in GF(2))$

とおいてこれを(25)に代入し，$\alpha^0, \alpha^1, \alpha^2, \alpha^3$ の係数別に x_0, x_1, x_2, x_3 に関する方程式を作ると，

(27)
$$\begin{cases} x_1 + x_3 = 0 \\ x_0 + x_2 = 1 \\ x_0 + x_3 = 0 \\ x_0 + x_1 + x_2 + x_3 = 1 \end{cases}$$

となる．この解は

$$(x_0\ x_1\ x_2\ x_3) = (0\ 0\ 1\ 0),\ (1\ 1\ 0\ 1)$$

の2組あり，これらはそれぞれ $\alpha^2, \alpha^7 (=1+\alpha+\alpha^3)$ に対応する．

問2　例3の場合シンドロウムが $s_1=\alpha^2, s_2=s_1^2=\alpha^4, s_4=s_1^4=\alpha^8, s_3=\alpha^{11}$ であるとき誤りの箇所を指摘せよ．——

以上のアルゴリズムではちょうど t 個の誤りを考えたが，誤りが $t-1$ 個以下の場合どうなるかを考えておこう．たとえば例3で1箇所だけが誤っていたとしよう．そのロケーションが6であったとすると，そのシンドロウムは

(28)　　$s_1 = \alpha^6, \quad s_2 = \alpha^{12}, \quad s_3 = \alpha^3, \quad s_4 = \alpha^9$

となり，誤りロケータ多項式の係数を決める方程式

(29)
$$\begin{cases} \alpha^6\sigma_0 + \alpha^{12}\sigma_1 + \alpha^3 = 0 \\ \alpha^{12}\sigma_0 + \alpha^3\sigma_1 + \alpha^9 = 0 \end{cases}$$

が不定になる(第2式は第1式の α^6 倍)．

このときは誤りロケータの次数を1次減らして，つまり $\sigma(x) = \sigma_0 + x$ と新たにおいてその係数を

(30)
$$\alpha^6\sigma_0 + \alpha^{12} = 0$$

によって決めればよい．これによれば $\sigma_0 = \alpha^6$，したがって $\sigma(x) = 0$ の根は α^6 となりロケーション6が決定される．

一般に(20)の解が不定になれば，誤りは $t-1$ 個以下と判定で

き，このとき誤りロケータの次数を一つ下げて $\sigma(x)=\sigma_0+\sigma_1 x+\cdots+\sigma_{t-2}x^{t-2}+x^{t-1}$ とし，

$$(31)\quad \begin{cases} s_1\sigma_0+s_2\sigma_1+\cdots+s_{t-1}\sigma_{t-2}+s_t=0 \\ s_2\sigma_0+s_3\sigma_1+\cdots+s_t\sigma_{t-2}+s_{t+1}=0 \\ \quad\cdots \\ s_{t-1}\sigma_0+s_t\sigma_1+\cdots+s_{2t-3}\sigma_{t-2}+s_{2t-2}=0 \end{cases}$$

を解けばよい．(31)がまた不定ならば，さらに1次下げるというように逐次判定することができる．

注1 以上BCH符号によって，いちおう一般の t に対して，t-重誤りの訂正の問題をのべたが，BCH符号はハミング符号がそうであるような意味で最適である保証はないし，復号方式もやや煩雑であるなどの理由からか，この他にも多くの符号が提案されている．このうちリード・マラー符号，射影幾何符号などは，それらの復号方式が多数決関数という簡単な操作に基づいている点で有用であると言われている．近年これらを理論的に統一した多項式符号と呼ばれるものが嵩忠雄教授他によって提案されている[16]，[18]．

問の答

2 4, 10.

第4章　組合せ回路への応用

§1　ディジタル情報処理の問題

第2,3章において実験計画や符号理論の組合せ論的構成問題にガロア体がどのように応用されるかを見てきた．しかしこの章ではもっと基本的なディジタル情報処理の問題に眼を向けてみよう．従来これはいわゆるブール代数の問題として取り扱われてきた．ここにもガロア体を応用することによって，組合せ回路設計その他の面で新たな課題が生れてくる．

一般にディジタル情報処理の問題というのは，結局のところ有限の記号の集合上の変換であるといえる．これを定式化すると，二つの有限集合

(1)　$$\Omega=\{a_1, \cdots, a_M\}, \qquad \Gamma=\{b_1, \cdots, b_N\}$$

を考え，インプット Ω からアウトプット Γ への写像 f

(2)　$$\Omega \xrightarrow{f} \Gamma$$

を与えることだと言ってもよい．これを裏書きするいくつかの例を上げよう．

例1　数字読み取り

数字読み取りという簡単な例を仮想しよう．一つの枡の中に図1のような上，中，下，左上，右上，……などの7本の線があり，その枡の中に書かれた図形がその線を横切れば1，横切らなければ0とすると，その図形に対して$\{0, 1\}$上の7次元ベクトルが対応する(図1)．

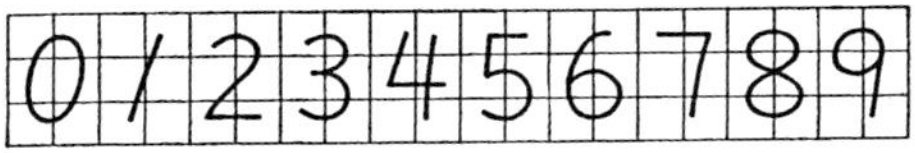

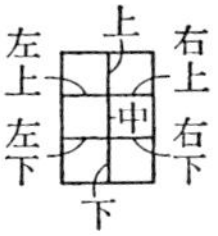

	0	1	2	3	4	5	6	7	8	9
上	1	0	1	1	0	1	1	1	1	1
左上	1	0	0	0	1	1	1	0	1	1
右上	1	1	1	1	1	0	0	1	1	1
中	0	1	1	1	1	1	1	0	1	1
左下	1	1	1	0	0	0	1	0	1	0
右下	1	0	0	1	1	1	1	1	1	1
下	1	0	1	1	0	1	1	0	1	0

上　左上　右上　中　左下　右下　下

図 1

0-9 の数字が図 1 に示したような $\{0,1\}$ 上の 7 次元ベクトルに対応している．実際多くの人々によって書かれる数字は図 1 に示したような標準的なものにはならずに，多少ずれたものになるであろうから，数字読み取りの問題というのは，$\{0,1\}$ 上の 7 次元ベクトル全体 Ω を $\Gamma=\{0,1,\cdots,9\}$ に写像する図 2 のような f を与えることだと言うことができる．

図 1 に示したような 7 本の補助線は筆者の思いつきで選んだもので適切か否かは明らかでない．実際には何人かの人間を選んで

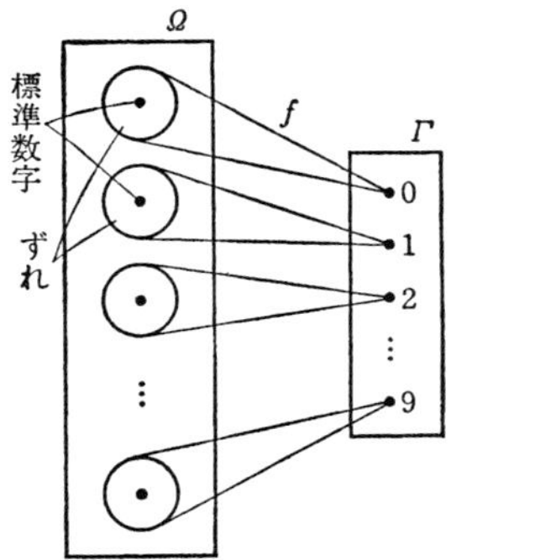

図 2

枡の中に数字を書いて貰い，いろいろ検討する必要があろう．そしてできるだけ混線が起らないように(つまり図2で数字 i の f の原像と数字 j の原像が重ならないように)，また無駄のないように(つまり Ω の中に写像されない空白の部分が少なくなるように)，内部の補助線を選ぶ必要があろう．

いずれにせよ数字読み取りの問題というのは(2)の問題として定式化できることは確かである．以上では数字に話を限定したが一般の文字でも原理は同様であろう．

例2 情報圧縮

文献などを特徴づけるのにキーワードがしばしば用いられ，このキーワードによって文献を検索するということが近年とくに重要になってきている．

たとえば或る大学の図書館に在庫する科学技術文献の一つ一つがそれぞれいろいろなキーワードで特徴づけられているとする．これらのキーワード全体を，

(3) $$W = \{w_1, w_2, \cdots, w_v\}$$

としておこう．或る文献が w_i と w_j と w_k という三つのキーワードをもつとき，この文献を，第 i, j, k 座標が1で他は0である $\{0, 1\}$ 上の v 次元ベクトルで表現することにしよう．

いまこの図書館にある科学技術文献の総数を N とすると，通常

(4) $$N \ll 2^v$$

である．つまりキーワードはかなり冗長度をもって使われているのが一般的傾向である．いいかえれば

(5) $$\Omega = \{0, 1\}^v$$

の中に実在の文献を表現するベクトルはきわめて疎に点在しているにすぎない．

そこでこれらをコンピュータの中で連続して記憶したり，検索するために，圧縮した情報にコード化したいという要求が生れる．つまり

(6)　　$N \doteqdot 2^u \qquad (N \leqq 2^u)$

となるような u を選び，$\Omega=\{0,1\}^v$ から $\Gamma=\{0,1\}^u$ への写像 f が作れれば望ましいのである．このような問題をキーワード縮約と呼ぶことにしよう．

以上は図書館の文献という問題であったが，これに似た問題は，特許問題，裁判における判例検索，生産工場における設計図面ファイルなど随所にみられる．

また，キーワード縮約に似た問題にハッシングという問題がある．たとえば生産工場における部品コードとか，スーパーマーケットにおける商品コードとか，学生番号など人間にとって意味のわかり易いコードは一般に桁が多くなり過ぎる傾向にある．

たとえば大学の学生番号として

T7701131

というのがあるが，これは工学部(T)で1977年に入学した(77)機械学科(01)の131番の学生であるという意味をもっている．しかしアルファベット一つと十進7桁によって表わせる情報は $\log_2(26\times10^7)\doteqdot28$ ビットで

$$2^{28} \doteqdot 10^{8.4} \doteqdot 2.5\times10^8$$

に相当するが，学生総数はとても2億5千万人もいないからずい分冗長な情報を使っていることになる．

そこでコンピュータ内に記憶するときにはこれを上と同様の原理で圧縮しておこうというのがハッシングと呼ばれる操作である．

以上のような問題を総称して情報圧縮の問題と呼ぶことにすると，これはやはり(2)のような形に定式化される．ただし図3に

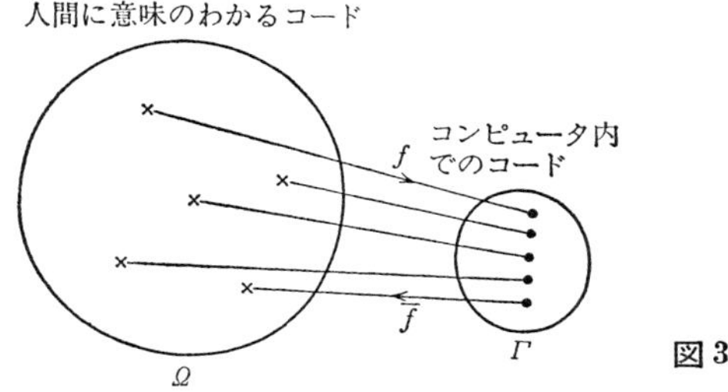

図 3

見るように Ω のすべての点が Γ に写像される必要はなく，実在する点(図 3 中×印)だけが写像されればよい．またコンピュータ内のコードを人間用のコードに直す逆変換 $\bar{f}$ もしばしば必要になるのである．従来のハッシング技法ではこの点がうまく行かない．

例 3　漢字印刷

コンピュータによって漢字を印刷するのに，漢字の種類が多いためローマ字のアルファベットのようなタイプによる印刷ができないのが難点である．現在ではたとえば一つの枡を 50×50 位に細分し，細分化された細胞の白黒で漢字を表現し印刷している．(もう少し荒く 30×50 位の場合もあるが，あまり荒いと認識できなくなるし見た眼にもよくない.)

このため漢字を記憶したり通信したりするのに 50×50=2500 ビットの情報を必要としている．一方，漢字の総数としては

$$2^{15} \fallingdotseq 3.3\times 10^{4}$$

もとっておけば十分だろうから，15 ビットの情報で足りるはずである．したがって，原理的には $\Omega=\{0,1\}^{15}$ から $\Gamma=\{0,1\}^{2500}$ への写像 f を作ることができればよいことになり，(2)の形になるわけである．なおこの場合は，小さい空間から大きな空間の疎らに散在している点への写像という意味で例 2 の逆変換 $\bar{f}$ に似た事

情となる．——

以上の3例は身近な例にすぎないが，もっと広くみれば大型コンピュータやマイクロコンピュータをはじめ，生産工場におけるロボット，スーパーマーケットのPOSシステム，自動倉庫，自動販売機，テレビゲーム，電卓など現代文明のあらゆる分野にディジタル情報処理が用いられている．

この場合これらの情報処理を行なうのに，大型コンピュータを備えておいてソフトウェアで解決する方法と，個別の要求に応じて単能なハードウェアを作る方法とに大別されると思う．この節で問題とすることはどちらかというと後者に属する問題で，個々に異なる要求をもつ情報処理の回路設計を標準化された方法で行なうための基礎理論として役立つのではないかと期待される．

§2　真理表のガロア体による表現

さて実際の装置で§1(2)の写像fを実現するためには，結局のところパルスの有無，磁化されているか否か，光が当っているか否かなどの2元処理媒体が用いられる．そこでΩやΓの元a_iやb_jを0,1のベクトルにコード化して考えるのが妥当である．§1の例でも例1のa_iや例2のキーワード縮約のa_iやb_jはすでに2元の形にコード化してある．

いま$a_1, a_2, \cdots, a_M \in \Omega$のおのおのを0,1の$m$次元ベクトルに，$b_1, \cdots, b_N \in \Gamma$のおのおのを0,1の$n$次元ベクトルにコード化できたとすると，§1(2)は

$$
(1)\qquad \begin{cases} y_1 = f_1(x_1, \cdots, x_m) \\ \quad\cdots \\ y_n = f_n(x_1, \cdots, x_m) \end{cases} \qquad x_i, y_j \in \{0, 1\}
$$

のように0,1のm次元ベクトル$(x_1, \cdots, x_m)$を0,1のn次元ベク

トル$(y_1, \cdots, y_n)$に写像することだと考えることができ，問題は$f_1, \cdots, f_n$なる$\{0, 1\}$上の関数を作ることに帰着される．

(1)の一例として表1のような変換が要求されたとして，このような情報処理を実現する回路を構成する問題を考えよう．表1は各y_iについていわゆる真理表を与えたものであるから，各y_iをx_1, x_2, x_3, x_4のブール関数(→次項)として書きくだし，必要ならばそれをできるだけ簡単にして，その回路を構成することが，従来もっともよく知られた方法である．

表1

x_1	x_2	x_3	x_4	y_1	y_2
0	0	0	0	0	0
0	0	0	1	0	1
0	0	1	0	0	1
0	0	1	1	1	0
0	1	0	0	0	1
0	1	0	1	1	0
0	1	1	0	1	0
0	1	1	1	1	1
1	0	0	0	0	1
1	0	0	1	1	0
1	0	1	0	1	0
1	0	1	1	1	1
1	1	0	0	1	0
1	1	0	1	1	1
1	1	1	0	1	1
1	1	1	1	0	0

ベクトル(x_1, x_2, x_3, x_4)のハミングウェイトを二進数で表現したものが(y_1, y_2)．ただしウェイト4は0とみなした．

まずこれに匹敵する方法を$GF(2)=\{0, 1\}$上の演算で実現してみよう．それにはつぎの定理を利用すればよい．

定理1 $GF(2)$上の任意のm変数関数

(2) $$y = f(x_1, \cdots, x_m) \qquad y, x_i \in GF(2)$$

はすべて$GF(2)$上のm変数多項式としてつぎのように表わされ

る．（簡単のため $m=4$ について書く．）

$$(3)\qquad \begin{aligned} f(x_1, x_2, x_3, x_4) &= \sum_{i=0}^{1}\sum_{j=0}^{1}\sum_{k=0}^{1}\sum_{l=0}^{1} a_{ijkl}x_1^i x_2^j x_3^k x_4^l \\ &= a_{0000}+a_{1000}x_1+a_{0100}x_2+a_{0010}x_3 \\ &\quad +a_{0001}x_4+a_{1100}x_1x_2+a_{1010}x_1x_3 \\ &\quad +a_{1001}x_1x_4+a_{0110}x_2x_3+a_{0101}x_2x_4 \\ &\quad +a_{0011}x_3x_4+a_{1110}x_1x_2x_3 \\ &\quad +a_{1101}x_1x_2x_4+a_{1011}x_1x_3x_4 \\ &\quad +a_{0111}x_2x_3x_4+a_{1111}x_1x_2x_3x_4. \end{aligned}$$

ここで係数 a_{ijkl} はつぎのようにして決まる．

(4)

$$\left\{\begin{array}{ll} a_{0000}=f(0,0,0,0), & a_{1111}=\sum_x\sum_y\sum_z\sum_u f(x,y,z,u) \\ a_{1000}=\sum_x f(x,0,0,0), & a_{0111}=\sum_x\sum_y\sum_z f(0,x,y,z) \\ a_{0100}=\sum_x f(0,x,0,0), & a_{1011}=\sum_x\sum_y\sum_z f(x,0,y,z) \\ a_{0010}=\sum_x f(0,0,x,0), & a_{1101}=\sum_x\sum_y\sum_z f(x,y,0,z) \\ a_{0001}=\sum_x f(0,0,0,x), & a_{1110}=\sum_x\sum_y\sum_z f(x,y,z,0) \\ a_{1100}=\sum_x\sum_y f(x,y,0,0), & a_{0011}=\sum_x\sum_y f(0,0,x,y) \\ a_{1010}=\sum_x\sum_y f(x,0,y,0), & a_{0101}=\sum_x\sum_y f(0,x,0,y) \\ a_{1001}=\sum_x\sum_y f(x,0,0,y), & a_{0110}=\sum_x\sum_y f(0,x,y,0) \end{array}\right.$$

ここで，$\sum_x$，$\sum_x\sum_y$ などの x, y はそれぞれ $GF(2)=\{0,1\}$ の元全体について動くものとする．——

この定理は§3 でのべる定理 2 の特殊な場合である．したがって証明は§3 定理 2 でまとめてのべることにするが，その意味を考えておこう．もし $GF(2)$ 上任意の $f(x_1, \cdots, x_m)$ が(3)のように多項式で表わすことができることがわかれば，その係数 a_{ijkl} を決定するのは，いわゆる未定係数法の原理あるいはフーリエ展開の原理に基づけば簡単である．しかるにもし任意の関数 $f(x_1, \cdots, x_m)$ に対して(4)のように決まる係数を(3)に代入したときそれがちょうど $f(x_1, \cdots, x_m)$ に一致すれば，この定理が正しいことがわかるから，証明の手順はそのようにすればよい．なお $GF(2)$ 上では $x^2=x$ だから(3)の中に2乗以上の項は必要がないことにも注意しておこう．

例1 表1の y_1, y_2 は定理1より

$$(5) \qquad \begin{cases} y_1 = x_1x_2+x_2x_3+x_3x_4+x_4x_1+x_1x_3+x_2x_4 \\ y_2 = x_1+x_2+x_3+x_4 \end{cases}$$

となることが容易にわかる．

問1 表2は2桁の二進数 (x_1x_0) と (y_1y_0) との加算表である．結果は最大3桁になるから，これを (z_2, z_1, z_0) で表わしてある．z_0, z_1, z_2 のおのおのを x_1, x_0, y_1, y_0 で表わす $GF(2)$ 上の関数を作れ．

問2 表3に示すものは3変数の多数決関数である．これを $GF(2)$ 上の多項式で書け．5変数の多数決関数はどうか．——

表2

x_1	x_0	y_1	y_0	z_2	z_1	z_0
0	0	0	0	0	0	0
0	0	0	1	0	0	1
0	0	1	0	0	1	0
0	0	1	1	0	1	1
0	1	0	0	0	0	1
0	1	0	1	0	1	0
0	1	1	0	0	1	1
0	1	1	1	1	0	0
1	0	0	0	0	1	0
1	0	0	1	0	1	1
1	0	1	0	1	0	0
1	0	1	1	1	0	1
1	1	0	0	0	1	1
1	1	0	1	1	0	0
1	1	1	0	1	0	1
1	1	1	1	1	1	0

$(x_1x_0)+(y_1y_0)=(z_2z_1z_0)$
二進数2桁の和

表3

x_1	x_2	x_3	y
0	0	0	0
1	0	0	0
0	1	0	0
0	0	1	0
1	1	0	1
0	1	1	1
1	1	1	1
1	0	1	1

多数決

(5)のような式が作れればこれから組合せ回路を作ることは極めて簡単である．$GF(2)$ での積は and 回路と同じであり，和は and と or 回路の組合せで実現できる．

ブール代数について

ブール代数とは $\{0,1\}$ 上に定義された演算系で

$$x\cap y\,(\text{and}),\qquad x\cup y\,(\text{or})$$

なる可換な2項演算と

$$\bar{x}\,(\text{not})$$

なる1項演算があり，これらは表4のように定義される．(なおこれと $GF(2)=\{0,1\}$ との関係は表5に示す通りとなる.)

これから(6)の様々な関係が導出される．

表4

x	y	$x\cap y$
0	0	0
0	1	0
1	0	0
1	1	1

x	y	$x\cup y$
0	0	0
0	1	1
1	0	1
1	1	1

x	$\bar{x}$
0	1
1	0

表5

(ブール)	(ガロア)
$x\cap y$	$=xy$
$x\cup y$	$=x+y+xy$
$\bar{x}$	$=x+1$

$$(6)\quad\begin{cases} x\cup x=x \\ x\cap x=x \end{cases}\ \text{ベキ等則}$$

$$\begin{cases} (x\cup y)\cup z=x\cup(y\cup z) \\ (x\cap y)\cap z=x\cap(y\cap z) \end{cases}\ \text{結合則}$$

$$\begin{cases} x\cap(y\cup z)=(x\cap y)\cup(x\cap z) \\ x\cup(y\cap z)=(x\cup y)\cap(x\cup z) \end{cases}\ \text{分配則}$$

$$\left\{\begin{array}{ll} x\cap(x\cup y)=x & \\ x\cup(x\cap y)=x & \end{array}\right\}\text{吸収則}$$
$$\begin{array}{ll} \bar{x}\cup x=1 & \\ \bar{x}\cap x=0 & \end{array}\Bigg\}\text{相補則}$$
$$\left.\begin{array}{l} \overline{x\cup y}=\bar{x}\cap\bar{y} \\ \overline{x\cap y}=\bar{x}\cup\bar{y} \end{array}\right\}\text{ド・モルガン則.}$$

これらの式で上下対になっているものは，すべて‘∪’と‘∩’を入れ替えられていることに気がつく．このようにブール代数では或る式が成立すれば，その式の中の‘∪’(‘∩’)を全部‘∩’(‘∪’)に，1(0)を0(1)に置き替えてできる式もやはり成り立つのである．これをブール代数の双対原理と呼ぶ．たとえば分配則の上側の式は，‘∪’を‘+’に，‘∩’を‘・’で置き替えてみると，それは普通の数したがって体についても成り立つが，下側の式は体では成り立たないことに注意しよう．ブール代数に双対の原理があることは一つの魅力ではあるが．—— ブール代数の世界で拡大という概念が考えられないものであろうか．

さて真理表が与えられて，これをブール代数で表わすにはどうするかを述べよう．たとえば表3(多数決)を例とする．まず$\{0,1\}^3$の各点xについて，その点の座標(x_1, x_2, x_3)がインプットされたときだけ1となり，その他の点に対してはすべて0となる特性関数を，各ベクトルについて用意する．たとえば表3で1 0 1に対する特性関数は$x_1\cap\bar{x}_2\cap x_3$である(一般に0のところは否定をとってandで結合すればよい)．そうしておいてアウトプットが1となるようなベクトルxに対する特性関数をすべてorで結合すれば求めるものが得られる．表3について作ると，

(7) $$y=(x_1\cap x_2\cap\bar{x}_3)\cup(\bar{x}_1\cap x_2\cap x_3)\cup(x_1\cap x_2\cap x_3)\cup(x_1\cap\bar{x}_2\cap x_3)$$

が多数決関数をブール代数で表わしたものとなる．こうして作られるものを標準形という．双対原理からこの‘∩’と‘∪’とを入れ替えても(7)が成り立つから，表3は

(8)　$$y=(x_1\cup x_2\cup \bar{x}_3)\cap(\bar{x}_1\cup x_2\cup x_3)\cap(x_1\cup x_2\cup x_3)\cap(x_1\cup \bar{x}_2\cup x_3)$$

とも表わせる．これがもう一つの標準形である．

このようにして標準形は作れるが，必ずしもこれが真理表を表わす最も簡単なブール関数であるとは限らない．そのために標準形をより簡単にするためのいろいろな技法が考えられている[19]．たとえば(7)から出発してこれをより簡単な式にしてみよう．

まず，ベキ等則と結合則とから $x=x\cup x\cup x$ であるから

$$x_1\cap x_2\cap x_3=(x_1\cap x_2\cap x_3)\cup(x_1\cap x_2\cap x_3)\cup(x_1\cap x_2\cap x_3)$$

を(7)の右辺に代入して，可換性と結合則を用いると，

$$y=((x_1\cap x_2\cap \bar{x}_3)\cup(x_1\cap x_2\cap x_3))\cup((\bar{x}_1\cap x_2\cap x_3)\cup(x_1\cap x_2\cap x_3))\cup((x_1\cap \bar{x}_2\cap x_3)\cup(x_1\cap x_2\cap x_3))$$

となるが，たとえば第1項についてみると，

$$(x_1\cap x_2\cap \bar{x}_3)\cup(x_1\cap x_2\cap x_3)=(x_1\cap x_2)\cap(\bar{x}_3\cup x_3)$$

（分配則）

$$=x_1\cap x_2$$

（相補則）

となり，他の項も同様に変形できるから

(9)　$$y=(x_1\cap x_2)\cup(x_2\cap x_3)\cup(x_1\cap x_3)$$

を得る．問2の答と比較してみよ．

問の答

1　$z_0=x_0+y_0,\qquad z_1=x_1+y_1+x_0y_0,$

$z_2=x_1y_1+x_0y_0y_1+x_0y_0x_1.$

2　$y=x_1x_2+x_2x_3+x_3x_1$　（3変数）

$y=\sum_{i<j<k}x_ix_jx_k+\sum_{i<j<k<l}x_ix_jx_kx_l$　（5変数）

§3　多値論理への拡張

以上では $GF(2)$ について主に考えてきたが，$\{0, 1\}$ の 2 値論理だけでなく多値論理への拡張は，ガロア体の場合，容易であるから，ここでは一般のガロア体 $GF(q)$ $(q=p^s$，p は素数$)$ について考えておこう．§2 定理 1 の拡張がこの節の主目的である．

まず，1 変数について考えよう．つぎの定理が成り立つ．

定理 1　$GF(q)$ 上の任意の 1 変数関数

(1)
$$y = f(x) \qquad (x, y \in GF(q))$$

は $GF(q)$ 上の $r=q-1$ 次多項式

(2)
$$f(x) = a_0 - a_1 x - a_2 x^2 - \cdots - a_r x^r$$
$$(r=q-1,\ \ a_i \in GF(q))$$

として表わされる．ここで

(3)
$$\begin{cases} a_0 = f(0) \\ a_i = \displaystyle\sum_{x \in GF(q)} x^{r-i} f(x) \qquad (1 \leqq i \leqq r) \end{cases}$$

$(x=0$ でも $x^0=1$ となることに注意$)$．

証明　任意の関数に対して (3) で決まる係数を (2) の右辺に代入したとき，その値がつねに $f(x)$ に等しくなることを示せばよい．

(4)
$$\text{(2) の右辺} = a_0 - \sum_{i=1}^{r} a_i x^i$$
$$= f(0) - \sum_{i=1}^{r} \Bigl(\sum_{y \in GF(q)} y^{r-i} f(y) \Bigr) x^i$$
$$= f(0) - \sum_{y \in GF(q)} \Bigl(\sum_{i=1}^{r} y^{r-1} x^i \Bigr) f(y)$$

となるが，$x=0$ のときこれが $f(0)$ となることは明らかであるから $x \neq 0$ として考えよう．

$\sum_{i=1}^{r} y^{r-i} x^i$ は，$y=x$ のとき $x^r \sum_{i=1}^{r} 1 = r x^r$ となるが，$x^r=1$ でかつ $r=q-1$ であるから $GF(q)$ 上では $r=-1$ となり，結局 $\sum_{i=1}^{r} y^{r-i} x^i = -1$．$y \neq x$ のときには，$y \neq 0$ ならば

(5)　$$\sum_{i=1}^{r} y^{r-i}x^i = y^r \sum_{i=1}^{r} (xy^{-1})^i = 0$$　(第3章§4 補題1)

であり，$y=0$ ならば

(6)　$$\sum_{i=1}^{r} y^{r-i}x^i = y^0x^r = 1$$

となる．したがって

(7)　$$(2)\text{の右辺} = f(0)-(f(0)-f(x)) = f(x).$$

例1　形式的な例だが，第1章§4 例1でみた $GF(3^2)$ を考えよう．これを表1のように座標表現したとき，これを三進法2桁の数とみる(左の桁を1の位，右の桁を3の位としよう)．それを十進法で表わしたものが表1の右の欄(の最初の列)であるが，この十進数を α の指数としたものを $f(x)$ として，$f(x)$ を(2)式によって x の多項式で表わしてみよう．

まず，$a_0=0$ で，

$$a_1 = \sum_x x^7 f(x) = \sum_{j=0}^{7} \alpha^{7j} f(\alpha^j)$$
$$= \alpha^0\alpha + \alpha^7\alpha^3 + \alpha^6\alpha^4 + \alpha^5\alpha^7 + \alpha^4\alpha^2 + \alpha^3\alpha^6 + \alpha^2\alpha^0 + \alpha^1\alpha^5 = 0$$
$$a_2 = \sum_j \alpha^{6j} f(\alpha^j)$$
$$= \alpha^0\alpha + \alpha^6\alpha^3 + \alpha^4\alpha^4 + \alpha^2\alpha^7 + \alpha^0\alpha^2 + \alpha^6\alpha^6 + \alpha^4\alpha^0 + \alpha^2\alpha^5 = \alpha^6$$
$$a_3 = \sum_j \alpha^{5j} f(\alpha^j)$$
$$= \alpha^0\alpha + \alpha^5\alpha^3 + \alpha^2\alpha^4 + \alpha^7\alpha^7 + \alpha^4\alpha^2 + \alpha^1\alpha^6 + \alpha^6\alpha^0 + \alpha^3\alpha^5 = \alpha$$
$$a_4 = \sum_j \alpha^{4j} f(\alpha^j)$$
$$= \alpha^0\alpha + \alpha^4\alpha^3 + \alpha^0\alpha^4 + \alpha^4\alpha^7 + \alpha^0\alpha^2 + \alpha^4\alpha^6 + \alpha^0\alpha^0 + \alpha^4\alpha^5 = \alpha^7$$
$$a_5 = \sum_j \alpha^{3j} f(\alpha^j)$$
$$= \alpha^0\alpha + \alpha^3\alpha^3 + \alpha^6\alpha^4 + \alpha^1\alpha^7 + \alpha^4\alpha^2 + \alpha^7\alpha^6 + \alpha^2\alpha^0 + \alpha^5\alpha^5 = \alpha^7$$

$$\begin{aligned}
a_6 &= \sum_j \alpha^{2j} f(\alpha^j) \\
&= \alpha^0\alpha+\alpha^2\alpha^3+\alpha^4\alpha^4+\alpha^6\alpha^7+\alpha^0\alpha^2+\alpha^2\alpha^6+\alpha^4\alpha^0+\alpha^6\alpha^5=\alpha^5 \\
a_7 &= \sum_j \alpha^{j} f(\alpha^j) \\
&= \alpha^0\alpha+\alpha^1\alpha^3+\alpha^2\alpha^4+\alpha^3\alpha^7+\alpha^4\alpha^2+\alpha^5\alpha^6+\alpha^6\alpha^0+\alpha^7\alpha^5=\alpha \\
a_8 &= \sum_x f(x) \\
&= \alpha^\infty+\alpha+\alpha^3+\alpha^4+\alpha^7+\alpha^2+\alpha^6+\alpha^0+\alpha^5=0.
\end{aligned}$$

したがって

$$f(x)=-(\alpha^6x^2+\alpha x^3+\alpha^7x^4+\alpha^7x^5+\alpha^5x^6+\alpha x^7)$$

が求める多項式である.

表 1

x	$f(x)$
$\alpha^\infty=0\ 0$	$0\to\alpha^\infty$
$\alpha^0\ =1\ 0$	$1\to\alpha$
$\alpha^1\ =0\ 1$	$3\to\alpha^3$
$\alpha^2\ =1\ 1$	$4\to\alpha^4$
$\alpha^3\ =1\ 2$	$7\to\alpha^7$
$\alpha^4\ =2\ 0$	$2\to\alpha^2$
$\alpha^5\ =0\ 2$	$6\to\alpha^6$
$\alpha^6\ =2\ 2$	$8\to\alpha^0$
$\alpha^7\ =2\ 1$	$5\to\alpha^5$

表 2

x	$f(x)$
0	α
1	α
α	0
α^2	1

問 1　表 2 のような $GF(2^2)$ 上の関数を多項式で表わせ. ——

上の定理 1 の (2) において, $x\neq0$ である限り, 恒等的に $x^r=1$ であるから (2) の最後の項は定数になる. しかし $x=0$ も同時に考えるためこの項が必要である.

定理 1 を一般の m 変数の場合に拡張することはつぎのように比較的容易である.

定理 2　$GF(q)$ 上の任意の m 変数関数

$$(8) \qquad y=f(x_1, x_2, \cdots, x_m) \qquad (y, x_1, \cdots, x_m \in GF(q))$$

は $GF(q)$ 上の m 変数多項式としてつぎのように表わされる．

$$(9) \qquad f(x_1, x_2, \cdots, x_m)=\sum_{i_1=0}^{r}\sum_{i_2=0}^{r}\cdots\sum_{i_m=0}^{r} a_{i_1 i_2 \cdots i_m} x_1{}^{i_1} x_2{}^{i_2} \cdots x_m{}^{i_m}$$

$$(r=q-1, \quad a_{i_1 i_2 \cdots i_m} \in GF(q)).$$

ここで，

(10)

$$\left\{\begin{aligned}
&\left.\begin{aligned}
a_{00\cdots0} &= f(0, 0, \cdots, 0)\\
a_{i0\cdots0} &= -\sum_x x^{r-i} f(x, 0, \cdots, 0)\\
a_{0i\cdots0} &= -\sum x^{r-i} f(0, x, \cdots, 0)\\
&\cdots\\
a_{00\cdots i} &= -\sum x^{r-i} f(0, 0, \cdots, x)
\end{aligned}\right\} \sum_x \text{は } GF(q) \text{ 全体の和} \quad (1 \leqq i \leqq r)\\
&\left.\begin{aligned}
a_{ij0\cdots0} &= (-1)^2 \sum_x \sum_y x^{r-i} y^{r-j} f(x, y, 0, \cdots, 0)\\
a_{i0j\cdots0} &= (-1)^2 \sum\sum x^{r-i} y^{r-j} f(x, 0, y, \cdots, 0)\\
&\cdots\\
a_{0\cdots0ij} &= (-1)^2 \sum\sum x^{r-i} y^{r-j} f(0, 0, \cdots, x, y)
\end{aligned}\right\} \quad (1 \leqq i,\ j \leqq r)\\
&\quad\cdots\\
&a_{i_1 i_2 \cdots i_m} = (-1)^m \sum_{x_1}\sum_{x_2}\cdots\sum_{x_m} x_1^{r-i_1} x_2^{r-i_2} \cdots\\
&\qquad\qquad x_m^{r-i_m} f(x_1, x_2, \cdots, x_m) \qquad (1 \leqq i_1, i_2, \cdots, i_m \leqq r).
\end{aligned}\right.$$

証明　$m=2$ の場合について証明をしておけば，一般の場合は形式的に拡張できる．

$$(11) \qquad (9)\text{の右辺} = \sum_{i=0}^{r}\sum_{j=0}^{r} a_{ij} x_1^i x_2^j$$

$$= a_{00} + \sum_{i=1}^{r} a_{i0} x_1^i + \sum_{j=1}^{r} a_{0j} x_2^j$$

$$+\sum_{i=1}^{r}\sum_{j=1}^{r}a_{ij}x_1^i x_2^j$$

$$=f(0,0)-\sum_{i=1}^{r}\Bigl(\sum_{x}x^{r-i}f(x,0)\Bigr)x_1^i$$

$$-\sum_{j=1}^{r}\Bigl(\sum_{x}x^{r-j}f(0,x)\Bigr)x_2^j$$

$$+\sum_{i=1}^{r}\sum_{j=1}^{r}\Bigl(\sum_{x}\sum_{y}x^{r-i}y^{r-j}f(x,y)\Bigr)x_1^i x_2^j$$

となるがこの第2,3項は定理1の証明中の式よりそれぞれ $f(0,0)-f(x_1,0)$, $f(0,0)-f(0,x_2)$ に等しいから

$$\text{(12)}\qquad \text{(9)の右辺} = f(0,0)-(f(0,0)-f(x_1,0))$$

$$-(f(0,0)-f(0,x_2))$$

$$+\sum_{i=1}^{r}\sum_{j=1}^{r}\Bigl(\sum_{x}\sum_{y}x^{r-i}y^{r-j}f(x,y)\Bigr)x_1^i x_2^j.$$

ここで $x_1=0$ かあるいは $x_2=0$ ならば(12)の最後の項は0であるから，(12)が $f(x_1,x_2)$ に等しいことは明らか．したがって $x_1\neq 0$, $x_2\neq 0$ としておこう．(12)の最後の項を L とおくと，

$$\text{(13)}\qquad L=\sum_{x}\sum_{y}\Bigl(\sum_{i=1}^{r}x^{r-i}x_1^i\Bigr)\Bigl(\sum_{j=1}^{r}y^{r-j}x_2^j\Bigr)f(x,y)$$

となるが，$\sum_{i=1}^{r}x^{r-i}x_1^i$ は定理1の証明と同様($x_1\neq 0$ だから)

$$\begin{cases} x=x_1 \text{　のとき　} -1 \\ x\neq x_1 \text{　のとき　} \begin{cases} x\neq 0 \text{　ならば　} 0 \\ x=0 \text{　ならば　} 1 \end{cases} \end{cases}$$

となり，$\sum_{j=1}^{r}y^{r-j}x_2^j$ も同様に

$$\begin{cases} y=x_2 \text{　のとき　} -1 \\ y\neq x_2 \text{　のとき　} \begin{cases} y\neq 0 \text{　ならば　} 0 \\ y=0 \text{　ならば　} 1. \end{cases} \end{cases}$$

したがって

$$L = f(0,0)-f(x_1,0)-f(0,x_2)+f(x_1,x_2)$$

となり，(12)が $f(x_1, x_2)$ に等しいことが示された．▌

上の定理2で $GF(q)$ を $GF(2)$ とした特別な場合が，§2定理1であることは容易にうなずけるであろう．

問の答

1　$f(x)=\alpha+x^2+x^3$

§4　拡大体の利用による1変数への帰着

どのようなディジタル情報処理の問題も，§2でみたように $GF(2)$ 上のいくつかの多変数多項式によって表現することができた．この点まではブール代数による方法と本質的な差はないし，従来はすべてこのような方法でコンピュータをはじめ情報処理器機の設計がなされていたと思われる．

しかしこの方法によれば，y_i のおのおのに対して§2(5)のような回路を組まねばならない点でやや煩雑な感をまぬがれない．そこでこれらを全部一まとめにして取り扱えないだろうかという発想が生まれる．これを実現するための数学的道具としては，ガロア体 $GF(2)$ の拡大体 $GF(2^n)$ がきわめて適切なのである．ブール代数には拡大の概念がないためこのような発想が育たなかったのかも知れない．

拡大体 $GF(2^l)$ を用いると§2(1)のような m 変数の n 個の関数を全部一まとめにして，1変数多項式一つで表現できるのである．さし当ってまず $m=n$ の場合を考えよう．

この場合 $(x_1, \cdots, x_m)$ も $(y_1, \cdots, y_m)$ も $GF(2^m)$ の元，あるいは，いままでしばしば行なったように第1章§4(4)の対応によって，拡大体 $GF(2^m)$ の元とみなすことができる．こうして§2(1)を

$$(1)\qquad y = f(x) \qquad (x, y \in GF(2^m))$$

とまとめることができる．そしてここに§3定理1を適用すれば，(1)を多項式として取り扱うことができる．この定理で $GF(q)$ を $GF(2^m)$ とおきかえさえすれば，つぎの定理が得られる．

定理1 $GF(2^m)$ 上の任意の関数(1)はつねに $GF(2^m)$ 上の $r=2^m-1$ 次の多項式

$$f(x)=a_0+a_1x+\cdots+a_rx^r \qquad (a_i\in GF(2^m)) \tag{2}$$

として表現される．そしてそのときの係数はつぎのように決まる．

$$\begin{cases} a_0=f(0) \\ a_i=\sum_{x\in GF(2^m)} x^{r-i}f(x) \qquad (1\leqq i\leqq r) \end{cases} \tag{3}$$

例1 表1のような真理表が与えられたとする．各3桁の座標成分を，附表T2に示すような $GF(2^3)$ の原始根 α $(\alpha^3=1+\alpha)$ の累乗に対応させ，これを $x, y(=f(x))$ とする．

表1

x $(x_1\ x_2\ x_3)$	$(y_1\ y_2\ y_3)\ f(x)$
$\alpha^\infty=0\ \ 0\ \ 0$	$1\ \ 0\ \ 0=\alpha^0$
$\alpha^0\ =1\ \ 0\ \ 0$	$0\ \ 1\ \ 0=\alpha^1$
$\alpha^1\ =0\ \ 1\ \ 0$	$0\ \ 0\ \ 1=\alpha^2$
$\alpha^2\ =0\ \ 0\ \ 1$	$0\ \ 1\ \ 1=\alpha^4$
$\alpha^3\ =1\ \ 1\ \ 0$	$1\ \ 1\ \ 0=\alpha^3$
$\alpha^4\ =0\ \ 1\ \ 1$	$1\ \ 0\ \ 1=\alpha^6$
$\alpha^5\ =1\ \ 1\ \ 1$	$0\ \ 0\ \ 0=\alpha^\infty$
$\alpha^6\ =1\ \ 0\ \ 1$	$1\ \ 1\ \ 1=\alpha^5$

$(\alpha^3=1+\alpha)$

($(x_1\ x_2\ x_3)$ を二進3桁の数 ν とみて $f(x)$ として α^ν をとったもの．ただし $\nu=7$ は ∞ とみなした．)

(3)より各係数を求めると，

$$a_0=\alpha^0=1,\quad a_1=\alpha^2,\quad a_2=\alpha,\quad a_3=\alpha,$$
$$a_4=\alpha^3,\quad a_5=0,\quad a_6=\alpha^2,\quad a_7=0.$$

したがって，表1を表わす多項式は

$$y = 1+\alpha^2 x+\alpha x^2+\alpha x^3+\alpha^3 x^4+\alpha^2 x^6.$$

問1　表2のような真理表が与えられたとする．これを表わす多項式を作れ．——

表2

x	(x_1	x_2	x_3)	(y_1	y_2	y_3) $f(x)$
α^∞	$=0$	0	0	0	1	$0=\alpha^1$
α^0	$=1$	0	0	0	1	$1=\alpha^4$
α^1	$=0$	1	0	0	1	$1=\alpha^4$
α^2	$=0$	0	1	0	1	$1=\alpha^4$
α^3	$=1$	1	0	1	0	$0=\alpha^0$
α^4	$=0$	1	1	1	0	$0=\alpha^0$
α^5	$=1$	1	1	1	0	$1=\alpha^6$
α^6	$=1$	0	1	1	0	$0=\alpha^0$
($\alpha^3=1+\alpha$)				↑ 多数決	↑ 小数決	↑ 和

さて多くの応用の場面では $m\neq n$ である．この場合(1)に相当する式は，

$$(4)\qquad y=f(x),\qquad x\in GF(2^m),\qquad y\in GF(2^n)$$

であり，$GF(2^m)$ の元と $GF(2^n)$ の元とを加えたり掛けたりできないので，定理1のような方法が使えない．

ところが第1章§3定理3からわかるように，もし m と n との最小公倍数を l とし，$GF(2^l)$ の世界を考えると，この中に $GF(2^m)$ と $GF(2^n)$ とがただ一つずつ存在するから，$GF(2^l)$ の中では(4)における計算が自由にできるはずである．

これに対して定理1の拡張であるつぎの定理が得られる．

定理2　$GF(2^m)$ から $GF(2^n)$ への任意の関数 $f(x)$ ((4))はつぎのような多項式で表現できる．

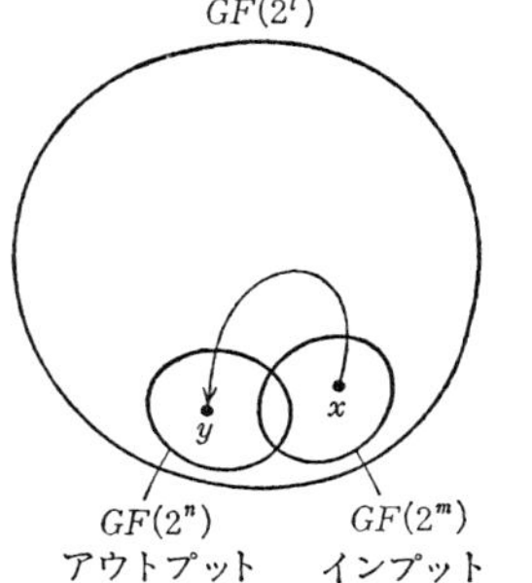

図 1

$$
(5)\quad \begin{cases} f(x) = a_0 + a_1 x + \cdots + a_r x^r \qquad (r = 2^m - 1) \\ x \in GF(2^m), \qquad y \in GF(2^n) \\ a_i \in GF(2^l) \quad (0 \leqq i \leqq r) \quad (l \text{ は } m, n \text{ の最小公倍数}). \end{cases}
$$

そしてこのときの係数はつぎのように決まる.

$$
(6)\quad \begin{cases} a_0 = f(0) \\ a_i = \sum_{x \in GF(2^m)} x^{r-i} f(x) \end{cases}
$$

証明　この証明は§3 定理 1 とほとんど同じである. (5)の右辺に(6)を代入すれば, §3(4)と同様に

$$
(7)\qquad (5)\text{の右辺} = f(0) + \sum_{g \in GF(2^m)} \left(\sum_{i=1}^{r} g^{r-i} x^i \right) f(g)
$$

となる. $x=0$ のとき, これは $f(0)$ になることは明らかだから $x \neq 0$ の場合だけを考える.

$\sum_{i=1}^{r} g^{r-i} x^i$ は, $g=x$ ならば rx^r に等しく, r は奇数だから標数 2 の場合では 1 に等しく, また x は $GF(2^m)$ の元であるから $x^r=1$ で, 結局 $\sum_{i=1}^{r} g^{r-i} x^i = 1$ となる. $g \neq x$ のときは, $g \neq 0$ ならば

$$
(8)\qquad \sum_{i=1}^{r} g^{r-i} x^i = g^r \sum_{i=1}^{r} (xg^{-1})^i = \frac{g^r z(z^r - 1)}{z - 1} \qquad (z = xg^{-1})
$$

であるが，z は $GF(2^m)$ の元だから $z^r-1=0$ であり，$g \neq x$ だから $z-1 \neq 0$ となる．したがって(8)の右辺の値は0である．また $g=0$ ならば，§3(6)と同様に(8)の左辺は1である．

結局 $\sum_{i=1}^{r} g^{r-i}x^i$ は

$$\begin{cases} g=x & \text{のとき } 1 \\ g \neq x & \text{のとき } \begin{cases} g \neq 0 & \text{ならば } 0 \\ g=0 & \text{ならば } 1 \end{cases} \end{cases}$$

となるので，(7)から

(9) (5)の右辺 $= f(0)+(f(0)+f(x)) = f(x)$

となり証明された．——

定理2は定理1と形式的にはほとんど同じであるが，その意義はきわめて重要である．インプット $x \in GF(2^m)$ やアウトプット $y \in GF(2^n)$ は現実世界で意味をもつ情報(を記号化したもの)であるが，$a_i \in GF(2^l)$ は計算の便宜上もうけられた架空の世界の中にある．現実世界の情報を架空の世界に持ち込んで処理し結果をまた現実の世界にもどすという方法である．

このような方法は解析学の分野で，実数値上の微分方程式などを解くのに複素数の領域に持ち込むと統一的な方法で行なえるといった複素解析の方法にきわめて類似している．(実数の場合は2次拡大体つまり複素数体で閉じる，つまり代数的閉体に達するが，有限体の場合は有限次数では閉じない(第1章§6)のが難点である.) 定理2はいわば<u>情報処理の世界での複素解析</u>とでも呼ばれるべきものであろう．

例2 インプット $x \in GF(2^3)$ からアウトプット $y=f(x) \in GF(2^2)$ への変換が表3のように与えられているとき，定理2を適用してみよう．

$GF(2^3)$，$GF(2^2)$ を含む最小の拡大体は $GF(2^6)$ であるから，そ

の表現多項式を x^6+x+1 と選び，$\alpha^6=1+\alpha$ によって原始元を特徴づけると，附表 T 2(の $GF(2^6)$ に相当するもの)が得られるからこの世界で計算することにしよう．

そうすると第1章§4定理1より

(10)　$$\beta=\alpha^9, \quad \gamma=\alpha^{21}$$

がそれぞれ $GF(2^3)$, $GF(2^2)$ の原始根となる．β,γ の最小多項式を第1章§4の方法で求めると，それぞれ

(11)　$$\beta^3+\beta^2+1, \quad \gamma^2+\gamma+1$$

表3

$GF(2^3)\ni x$		インプット	アウトプット		$y=f(x)\in GF(2^2)$
$0=\beta^\infty$	——	0 0 0	0 0	——	$\gamma^\infty=0$
$1=\beta^0$	——	1 0 0	1 0	——	$\gamma^0=1$
$\alpha^9=\beta^1$	——	0 1 0	1 0	——	$\gamma^0=1$
$\alpha^{18}=\beta^2$	——	0 0 1	1 0	——	$\gamma^0=1$
$\alpha^{27}=\beta^3$	——	1 0 1	0 1	——	$\gamma^1=\alpha^{21}$
$\alpha^{36}=\beta^4$	——	1 1 1	1 1	——	$\gamma^2=\alpha^{42}$
$\alpha^{45}=\beta^5$	——	1 1 0	0 1	——	$\gamma^1=\alpha^{21}$
$\alpha^{54}=\beta^6$	——	0 1 1	0 1	——	$\gamma^1=\alpha^{21}$

ウェイト計算

0	⟶	0 0
1	⟶	1 0
2	⟶	0 1
3	⟶	1 1

表4

$GF(2^3)^+$	$GF(2^2)^+$
$\beta^0=1\ 0\ 0$	$\gamma^0=1\ 0$
$\beta^1=0\ 1\ 0$	$\gamma^1=0\ 1$
$\beta^2=0\ 0\ 1$	$\gamma^2=1\ 1$
$\beta^3=1\ 0\ 1$	
$\beta^4=1\ 1\ 1$	
$\beta^5=1\ 1\ 0$	
$\beta^6=0\ 1\ 1$	

となる．したがって $GF(2^3)(GF(2^2))$ の $\beta(\gamma)$ による表現は表4のようになり，したがってインプットと β^ν の，アウトプットと γ^ν との対応が表3のように示される．

(6)によって a_i を計算すると，たとえば a_6 は

$$
(12)\qquad \begin{aligned} a_6 &= \sum_{x\in GF(2^3)} xf(x) \\ &= 1+\alpha^9+\alpha^{18}+\alpha^{27}\cdot\alpha^{21}+\alpha^{36}\cdot\alpha^{42} \\ &\quad +\alpha^{45}\cdot\alpha^{21}+\alpha^{54}\cdot\alpha^{21} \\ &= \alpha^{57} \end{aligned}
$$

となる．この計算はむろん $GF(2^6)$ の中で(附表 T2で)行なわれる．他の a_i も同様だから省略するが，結局表3を表わす関数はつぎのようになる．

$$
(13)\quad f(x)=\alpha^{43}x+\alpha^{58}x^2+\alpha^{39}x^3+\alpha^{46}x^4+\alpha^{30}x^5+\alpha^{57}x^6.
$$

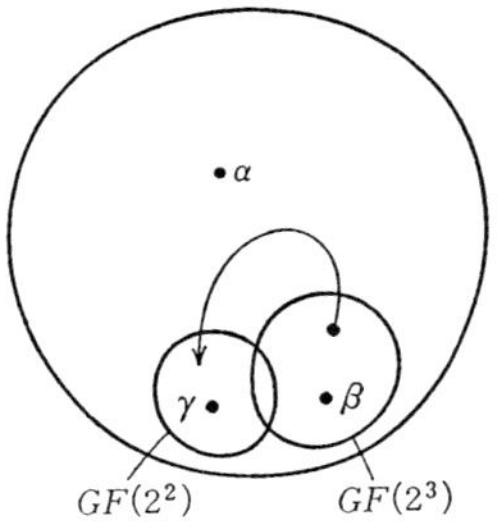

図2

例3　§2表1と同一の真理表を少し順序を変えたものが表5である．この場合 $n=2$, $m=4$ で $n|m$ であるから $GF(2^l)=GF(2^m)$ となり，そのインプット-アウトプット関係は図3のようになる．

$GF(2^4)$ の原始根を $\alpha\,(\alpha^4=1+\alpha)$ とし，$\beta=\alpha^5$ とおくと，β が $GF(2^2)$ の原始根となり $\beta^2=1+\beta$ である．$GF(2^4)$ の表現を附表 T2のようにし，$GF(2^2)$ の表現を表4のようにすると，表5の x, y の列が定まる．

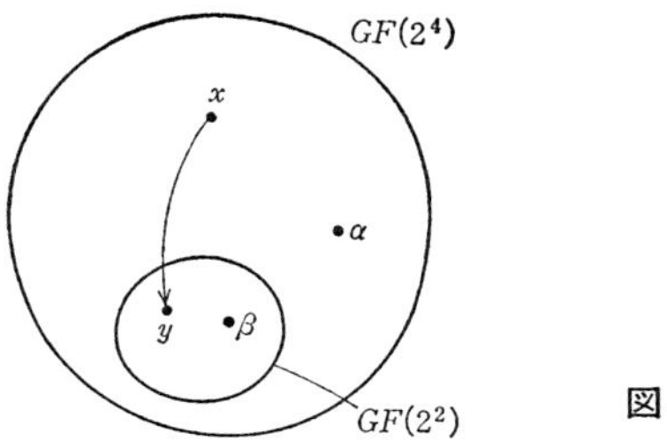

図 3

こうして定理2によって関数を求めると,

(14) $$y = \alpha x + \alpha^6 x^3 + \alpha^4 x^4 + \alpha^7 x^6 + \alpha^{13} x^9 + \alpha^9 x^{12}.$$

問2　多数決関数§2表3を1変数多項式で表わせ. ——

この節ではすべてを1変数に帰着させることに主眼をおいたが,

表5

x	y
$0 = 0\,0\,0\,0$	$0\,0 = \beta^\infty = 0$
$1 = 1\,0\,0\,0$	$0\,1 = \beta^0 = 1$
$\alpha = 0\,1\,0\,0$	$0\,1 = \beta^0 = 1$
$\alpha^2 = 0\,0\,1\,0$	$0\,1 = \beta^0 = 1$
$\alpha^3 = 0\,0\,0\,1$	$0\,1 = \beta^0 = 1$
$\alpha^4 = 1\,1\,0\,0$	$1\,0 = \beta = \alpha^5$
$\alpha^5 = 0\,1\,1\,0$	$1\,0 = \beta = \alpha^5$
$\alpha^6 = 0\,0\,1\,1$	$1\,0 = \beta = \alpha^5$
$\alpha^7 = 1\,1\,0\,1$	$1\,1 = \beta^2 = \alpha^{10}$
$\alpha^8 = 1\,0\,1\,0$	$1\,0 = \beta = \alpha^5$
$\alpha^9 = 0\,1\,0\,1$	$1\,0 = \beta = \alpha^5$
$\alpha^{10} = 1\,1\,1\,0$	$1\,1 = \beta^2 = \alpha^{10}$
$\alpha^{11} = 0\,1\,1\,1$	$1\,1 = \beta^2 = \alpha^{10}$
$\alpha^{12} = 1\,1\,1\,1$	$0\,0 = \beta^\infty = 0$
$\alpha^{13} = 1\,0\,1\,1$	$1\,1 = \beta^2 = \alpha^{10}$
$\alpha^{14} = 1\,0\,0\,1$	$1\,0 = \beta = \alpha^5$

ウェイトカウント

場合によっては多変数を用いる必要性が起るかも知れない．たとえば表5のような場合は$(x_1, x_2, x_3, x_4)\in GF(2^4)$を$(y_1, y_2)\in GF(2^2)$に変換するものであるが，このとき$\boldsymbol{x}_1=(x_1, x_2)$，$\boldsymbol{x}_2=(x_3, x_4)$，$\boldsymbol{y}=(y_1, y_2)$とおき，$GF(2^2)$上の2変数関数$\boldsymbol{y}=f(\boldsymbol{x}_1, \boldsymbol{x}_2)$として取り扱う方がよい場合がでてくるかも知れない．このようなときは§3定理2を用いれば同様に処理可能である．

問 の 答

1 $y = \alpha+\alpha^2x+\alpha^3x^2+\alpha^2x^3+\alpha^6x^5+\alpha x^6$.

2 $GF(2^3)$の原始根をαとして，$\alpha^3=1+\alpha$を用いれば，$y=\alpha^3x+\alpha^6x^2+\alpha^6x^3+\alpha^5x^4+\alpha^3x^5+\alpha^5x^6$.

§5 フロベニウスサイクルの利用

§4定理2でのべた(5)の多項式にはじつは著しい特徴がある．それはつぎの有限体における基本性質に基づいている．

定理1 ガロア体$K=GF(q)$の拡大体$L=GF(q^l)$があるとき，任意の$\theta\in L$について，$\theta\in K$であるための必要十分条件は

$$\theta^q = \theta \tag{1}$$

となることである．

証明 $\theta\in K$ならば(1)が成り立つことは明らか(第1章§2定理3)．またLの原始元をαとすれば，θはαのK上$l-1$次多項式で表わせる．つまり

$$\theta = a_0+a_1\alpha+\cdots+a_{l-1}\alpha^{l-1} \qquad (a_i\in K). \tag{2}$$

これをq乗すると(1)から

$$\theta = a_0+a_1\alpha^q+\cdots+a_{l-1}\alpha^{(l-1)q} \qquad (\text{第1章§2(3)})$$

さらにq乗することを(q^{l-1}乗まで)つづけると

$$\theta = a_0+a_1\alpha^{q^2}+\cdots+a_{l-1}\alpha^{(l-1)q^2}$$

$$\cdots$$

$$\theta = a_0 + a_1\alpha^{q^{l-1}} + \cdots + a_{l-1}\alpha^{(l-1)q^{l-1}}$$

となり，これらから(2)を引くと

$$(3)\qquad \begin{cases} 0 = a_1(\alpha^q - \alpha) + \cdots + a_{l-1}(\alpha^{(l-1)q} - \alpha^{l-1}) \\ 0 = a_1(\alpha^{q^2} - \alpha) + \cdots + a_{l-1}(\alpha^{(l-1)q^2} - \alpha^{l-1}) \\ \quad \cdots\cdots \\ 0 = a_1(\alpha^{q^{l-1}} - \alpha) + \cdots + a_{l-1}(\alpha^{(l-1)q^{l-1}} - \alpha^{l-1}) \end{cases}$$

となるが右辺の係数行列式はファンデルモンドの行列式に等しい(第1章§5問1の答)から，これは $\neq 0$. したがって $a_1 = \cdots = a_{l-1} = 0$ となり，$\theta = a_0 \in K$ である. ▌

条件(1)は第1章§5でみたように，θ のフロベニウスサイクルがすべて θ に等しいことを示している．これはまた θ の任意の K-自己同型写像がすべて θ に等しいことを示している(第1章§5定理1)．したがって上の定理をつぎのようにいうこともできる：任意 $\theta \in L$ について，$\theta \in K$ であるための必要十分条件は，L の任意の K-自己同型 φ に対してつねに

$$(4)\qquad \varphi(\theta) = \theta$$

が成り立つことである．

この定理からつぎの重要な定理が生れる．

定理2　§4定理2で $GF(2^n) = GF(q) = K$ とおくと，

$$(5)\qquad f(x) = a_0 + a_1x + \cdots + a_rx^r$$

において

$$(6)\qquad a_j = a_i^q \Longleftrightarrow j = iq \pmod{(2^m - 1)}$$

となる．特別の場合として

$$(7)\qquad a_0^q = a_0$$

であり，したがって a_0 はつねに $GF(q)$ の元となり，$f(x)$ の任意の項 a_ix^i の $GF(q)$-フロベニウス変換 $a_i^qx^{iq}$ がつねに $f(x)$ の項として含まれる．したがって(5)の右辺の各項は $GF(q)$-フロベニ

ウスサイクルに分割される.

証明 $f(x)\in GF(2^n)$ だから，定理1から $f(x)$ は x の如何にかかわらず $f(x)^q=f(x)$ となるから(第1章§2(3)より)，

$$(8)\quad \begin{cases} a_0^q+a_1^qx^q+a_2^qx^{2q}+\cdots+a_r^qx^{rq} \\ \quad =a_0+a_1x+a_2x^2+\cdots+a_rx^r \end{cases}$$

が，$x\in GF(2^m)$ の如何にかかわらず成立しなければならない．一般に x^k の指数は $GF(2^n)$ では $\bmod(2^m-1)$ で考えるから，(8)の x^k の係数を比較すれば(6)が得られる．∎

例1 §4例2の(13)をみれば，$GF(2^2)$-フロベニウス変換(4乗)によって各項がつぎのように分割されていることがわかる．

$$(9)\quad \begin{cases} \alpha^{43}x \xrightarrow{4乗} \alpha^{46}x^4 \xrightarrow{4乗} \alpha^{58}x^2 \\ \alpha^{39}x^3 \xrightarrow{4乗} \alpha^{30}x^5 \xrightarrow{4乗} \alpha^{57}x^6 \end{cases}$$

(α についての指数は mod 63 ($GF(2^6)$) で，x については mod 7 ($GF(2^3)$) となっていることに注意).

したがって，このフロベニウスサイクルの初期値 $\alpha^{43}x$ と $\alpha^{39}x^3$ だけを知っていれば，あとは4乗して求められてしまうのである．

一般に $x\in GF(2^3)$ の $GF(2^2)$-フロベニウスサイクルは

$$(10)\quad \begin{cases} x \longrightarrow x^4 \longrightarrow x^2 \\ x^3 \longrightarrow x^5 \longrightarrow x^6 \end{cases}$$

であるから x の係数 a_1 と x^3 の係数 a_3 とを求めさえすればあとは計算する必要はない．

例2 §4例3の場合(14)はその $GF(2^2)$-フロベニウスサイクルは

$$(11)\quad \begin{cases} \alpha x \xrightarrow{4乗} \alpha^4x^4 \\ \alpha^6x^3 \longrightarrow \alpha^9x^{12} \\ \alpha^7x^6 \longrightarrow \alpha^{13}x^9 \end{cases}$$

となる．この場合は $x\in GF(2^4)$ の $GF(2^2)$-フロベニウスサイクル

は

(12) $$\begin{cases} x \longrightarrow x^4 \\ x^3 \longrightarrow x^{12} \\ x^6 \longrightarrow x^9 \end{cases}$$

だから，x, x^3, x^6 の係数 a_1, a_3, a_6 を求めておけばよい．――

さてわれわれの関数(5)は結局 $GF(2^n)$-フロベニウスサイクルの和で構成されているから，第1章§5でみたようにトレースとして表わすことができる．たとえば，例1(§4例2)の関数 $f(x)$ は

(13) $$f(x) = t(\alpha^{43}x)+t(\alpha^{39}x^3) = t(\alpha^{43}x+\alpha^{39}x^3)$$

となり，また例2(§4例3)の場合は

(14) $$f(x) = t(\alpha x)+t(\alpha^6x^3)+t(\alpha^7x^6) = t(\alpha x+\alpha^6x^3+\alpha^7x^6)$$

となる．ただしこの場合のトレースは $GF(2^n)$-フロベニウスサイクルの和であって，第1章§5(14)で定義されたものとは(最小多項式の次数が拡大体の次数より小さい元については)異なることに注意しておこう．

たとえば§4例2の変換関数§4表3は結局(13)に帰着されたことになり，

(15) $$\{43, 39\}$$

という二つの整数だけで特徴づけられることになった．どんな関数でもこのようにいくつかの整数の集りで決まってしまうことになり，ガロア体の演算回路(第1章§8)さえあれば，(15)のようないくつかのパラメタをセットするだけで組合せ回路の設計ができることになる．このことは回路設計を標準化し効率化するために，きわめて有用であると思われる．セラーロジックやセラーオートマタ[21]は同一の構造をもつセル(cell)をいくつかつなぎ合せて，与えられた情報処理を実現しようとするものであるが，この分野にも上記の考えは有効であると思われる．

さて，こうして関数ができれば，これによって実際の情報処理を行なうことになるが，これはインプット x に或る値が与えられたときその何倍かのトレースを求めることができればよい．実際にトレースを求めるには第1章§5でのべたような方法をとればよい．しかしトレースが線形であることを考えると，あらかじめ $GF(2^l)$ の基底のトレースを求めておいて，その1次結合で与えられた元のトレースを求める方法が効率的であろう．

例3　(13)によって $f(x)$ を求めてみよう．いつものように $GF(2^6)$ の構造を附表T2のようにとることにする．その基底 $1, \alpha, \cdots, \alpha^5$ のトレースを求めてこれを§4表3の γ で表わしておくと，

$$
(16)\qquad \begin{cases}
t(1) = 1 = 1 = \gamma^0 \\
t(\alpha) = \alpha + \alpha^4 + \alpha^{16} = 1 = \gamma^0 \\
t(\alpha^2) = \alpha^2 + \alpha^8 + \alpha^{32} = 1 = \gamma^0 \\
t(\alpha^3) = \alpha^3 + \alpha^{12} + \alpha^{48} = 0 = \gamma^\infty \\
t(\alpha^4) = \alpha^4 + \alpha^{16} + \alpha = 1 = \gamma^0 \\
t(\alpha^5) = \alpha^5 + \alpha^{20} + \alpha^{17} = \alpha^{42} = \gamma^2
\end{cases}
$$

となるから，これを記憶しておく．こうしてたとえば，$x=\alpha^{27}$ がインプットされると，

$$
\begin{aligned}
&\alpha^{43}\cdot x = \alpha^{43}\cdot\alpha^{27} = \alpha^7 = \alpha^2 + \alpha \\
&\alpha^{39}\cdot x^3 = \alpha^{39}\cdot\alpha^{81} = \alpha^{57} = \alpha^5 + \alpha^4 + \alpha^3 + \alpha^2 + \alpha \\
\therefore\ &\alpha^{43}x + \alpha^{39}x^3 = \alpha^5 + \alpha^4 + \alpha^3 \\
&t(\alpha^{43}x + \alpha^{39}x^3) = \gamma^2 + \gamma^0 + 0 = \gamma^1
\end{aligned}
$$

のようにして $f(x)=\gamma^1$ が求まる．——

§6　情報圧縮，漢字印刷のためのガロア関数

この節では§1で述べた例のうちキーワード縮約のように，インプット空間 Ω の中に実在の点がきわめて疎にしか存在してい

ないような場合やその逆変換や漢字プリントの場合のように，Γ の疎な点に写像する場合について考えることにしよう．

この前者の場合，実在している点の集合を R，$\bar{R}=\Omega-R$ とするとき，$\bar{R}$ の元を Γ のどの点に写像させるかは自由であるから，この考え方によっていくつかの方法が生れる．一番簡単な考え方は，$\bar{R}$ の点はすべて $\Gamma=GF(2^n)$ の 0 に写像されるものとしてしまうやり方である．こうすればいままでの方法はそのまま使える．そして §2(4) や §3(10)(定理 2) の $\sum$ は Ω 全体にわたるのでなく R だけについての和に帰着される．

まず簡単な仮想例について §2(4) の原始的なやり方を適用する場合を考えよう．

例 1 表 1 のような部分的真理表が与えられているとする．これはほとんど trivial な例であるが，§2(4) を形式的に適用し $\sum$ としてデータのあるところだけを加えれば，

$$\begin{cases} y_1 = x_4 \\ y_2 = x_2 \end{cases} \tag{1}$$

を得る．また表 2 についても同様にして

$$\begin{cases} y_1 = x_4 \\ y_2 = x_2 + x_3. \end{cases} \tag{2}$$

例 2 表 3 に対しても同様に §2(4) を適用して，

表 1

x_1	x_2	x_3	x_4	y_1	y_2
1	0	0	0	0	0
0	0	0	1	1	0
1	1	0	0	0	1
0	1	0	1	1	1

表 2

x_1	x_2	x_3	x_4	y_1	y_2
1	0	0	0	0	0
0	0	0	1	1	0
1	0	1	0	0	1
0	1	0	1	1	1

$$(3)\qquad \begin{cases} y_1 = x_3 + x_1x_4 + x_2x_3 + x_2x_4 + x_3x_4 \\ y_2 = x_1x_2 + x_1x_3 + x_1x_4 + x_3x_4 \\ y_3 = x_2 + x_1x_3 + x_2x_3 + x_3x_4 \end{cases}$$

を得る．――

以上でたとえば(3)をみると，これには3次以上の項がないことに気がつく．これは表3の$(x_1\ x_2\ x_3\ x_4)$のウェイトが3以上のものがないことから明らかであろう．このことは当然Ωの全点にデータがある場合も同様に成り立つ一般的性質である．

表3

x_1	x_2	x_3	x_4	y_1	y_2	y_3
1	0	0	0	0	0	0
0	0	1	0	1	0	0
1	1	0	0	0	1	0
0	1	1	0	0	0	1
1	0	0	1	1	1	0
0	0	1	1	0	1	1
0	1	0	1	1	0	1
1	0	1	0	1	1	1

表4

x	y
α^0	$\alpha^\infty = 0$
α^3	$\alpha^0 = 1$
α^4	α^5
α^9	α^{10}

§2の方法は原始的な方法であるが，このようないろいろな特性が直接生かせるため，この節で考えるようにΩに空白がある場合は§4の方法よりよいかも知れない．比較のため表1を§4(あるいは§5)の方法で解いてみよう，

例3 表1のデータをいつものように$GF(2^4)(\alpha^4=1+\alpha)$および$GF(2^2)$で表わすと表4を得るが，これについて§4(6)より式を作ると，

$$(4)\qquad \begin{aligned} y = \ & \alpha^{12}x + \alpha^3x^4 && = t(\alpha^{12}) \\ & + \alpha^{11}x^2 + \alpha^{14}x^8 && + t(\alpha^{11}x^2) \\ & + \alpha^2x^3 + \alpha^8x^{12} && + t(\alpha^2x^3) \end{aligned}$$

$$
\begin{array}{lll}
+\alpha^{10}x^5 & & +\alpha^{10}x^5 \\
+\alpha^4x^6 & +\alpha x^9 & +t(\alpha^4x^6) \\
+\alpha^9x^7 & +\alpha^6x^{13} & +t(\alpha^9x^7) \\
+\quad x^{11} & +\quad x^{14} & +t(x^{11}) \\
+\quad x^{10} & & +x^{10}
\end{array}
$$

となるが，これは(1)に比べてあまりに複雑すぎる．——

上の例から推し測ると，Ω に実在点が散在しているようなとき，$\bar{R}$ の点をすべて0に写すという方法をとるならば，§4の方法より§2のような原始的な方法がよさそうである．しかし $\bar{R}$ の点をどこへ写すかはまったく自由で，実在しているデータだけから，いわゆる素朴な未定係数法の原理で係数を決めるというやり方も考えられる．

例4 表4の例で考えよう．この場合

(5) $$y=a_0+a_1x+a_2x^2+\cdots+a_{15}x^{15}$$

の x に $\alpha^0, \alpha^3, \alpha^4, \alpha^9$ を入れたとき，y がそれぞれ $\alpha^\infty, \alpha^0, \alpha^5, \alpha^{10}$ となるように $a_0, \cdots, a_{15}(\in GF(2^4))$ を決めればよいことになるが，むろんこれら16個の係数のうち4個だけを選んであとは0とみなしてよい．

このよい選び方にはっきりした基準はみつからないが，要するに，

(6) $$\left\{\begin{array}{llll}
\alpha^0 & \alpha^i & \alpha^j & \alpha^k \\
\alpha^3 & \alpha^{3i} & \alpha^{3j} & \alpha^{3k} \\
\alpha^4 & \alpha^{4i} & \alpha^{4j} & \alpha^{4k} \\
\alpha^9 & \alpha^{9i} & \alpha^{9j} & \alpha^{9k}
\end{array}\right.$$

なる列ベクトルが1次独立になるように，あるいは同じことだが(6)を行列とみたときに，そのランクが4となるような，i, j, k を選び(i, j, k の中に0があってもよい)

(7)　$$y=a_1x+a_ix^i+a_jx^j+a_kx^k$$

について考えればよい．

この例ではちょうど $i=0$, $j=2$, $k=3$ が上の条件を満たし

(8)

a_0	a_1	a_2	a_3	
1	1	1	1	0
1	α^3	α^6	α^9	1
1	α^4	α^8	α^{12}	α^5
1	α^9	α^3	α^{12}	α^{10}

なる連立1次方程式を解くと，

$$a_0=\alpha^6,\quad a_1=\alpha^{14},\quad a_2=\alpha^8,\quad a_3=0$$

となるので，求める式が

(9)　$$y=\alpha^6+\alpha^{14}x+\alpha^8x^2$$

となる．しかしながらこの式はもはや§5でみたようなきれいな性質はもたない．——

つぎに以上の問題の逆である漢字印刷のような場合を考えておこう．この場合は，フロベニウスサイクルの利点こそないが，また§4の方法が生きてくるのである．

例5　例として表4(あるいは表1)の逆変換表5を考えよう．§4(6)より

(10)　$$a_0=1,\quad a_1=\alpha^3,\quad a_2=1,\quad a_3=0$$

表5

x	y
α^∞	α^0
α^0	α^3
α^5	α^4
α^{10}	α^9

であるから

$$y = 1 + \alpha^3 x + x^2 \tag{11}$$

を得る.

§7　記憶から演算へ

以上の節でディジタル情報処理の問題をガロア体の演算で表現するということをのべてきたが，ここでその意義について少し考えておこう.

§1(2)で示した変換はもっとも素朴に考えると，記憶と検索という操作で実現できる．記憶のもっとも単純な形態は対応であると考えられる．たとえば或る会社の或る部の新入社員の出身校を覚えているというのは表1のような対応が頭に入っていることだと考えられる．そして‘佐藤’の出身校は何かを思い出すのは，表の左列を順に検索して‘佐藤’を照合して，それに対応する‘慶応’がアウトプットされることである．これは，五つの姓名の集合を Ω，四つの大学の名前の集合を Γ とすると§1(2)として定式化できる.

表1

田　中	→	立　教
安　部	→	早　大
加　藤	→	東　大
佐　藤	→	慶　応
高　橋	→	早　大

さて，これに対して，たとえば§2の表1,2,3なども§1(2)の形になっていることはすでにみた．これらの表に附記されている内容的意味を知っていれば別であるが，そうでなくこれを単に形式的な真理表とみれば，やはり Ω から Γ への写像は記憶と検索

で実現できる．たとえば§2表3で‘0 1 1’の像はこの表の左辺を順に検索して‘0 1 1’が照合されたらそれに対応する‘1’をアウトプットする．

ところがいままでみてきたように，たとえば§2表3に対して，このような写像を演算(ブール代数であろうとガロア代数であろうと)で処理するということはどういう意味があるかを考えてみよう．たとえばブール代数の標準形(→§2)というのは，実は上記の素朴な記憶に似ているのである．つまり§2表3の左辺に現われる3次元ベクトル a に対して，a が現われたとき，そしてその時に限って1となるような，原素的な関数を φ_a とするとき，右辺が1となるようなベクトル $a_1, \cdots, a_k$ についての $\varphi_{a_1}, \varphi_{a_2}, \cdots, \varphi_{a_k}$ をすべてor結合でつなげて

(1) $$y=\varphi_{a_1}\cup\varphi_{a_2}\cup\cdots\cup\varphi_{a_k}$$

としたものが標準形であった．これは $\varphi_{a_1}, \varphi_{a_2}, \cdots, \varphi_{a_k}$ を記憶しておくということと大差ないことになる．

実際§2表3についてこれを行なうと

(2) $$y=(x_1\cap x_2\cap \bar{x}_3)\cup(\bar{x}_1\cap x_2\cap x_3)\cup (x_1\cap x_2\cap x_3)\cup(x_1\cap \bar{x}_2\cap x_3)$$

となることはすでにみた．ところがこれに対して§2でみたように，ブール代数の演算構造(吸収則，分配則，結合則など)を用いると(2)を

(3) $$y=(x_1\cap x_2)\cup(x_2\cap x_3)\cup(x_3\cap x_1)$$

という形に変形することができた．さてこのような形になるともはや単なる素朴な記憶とは違ってくる．

(2)から(3)への移行が可能なのは，むろん直接的には，分配則とか交換則とかの演算規則が確立されているからにもよるが，もっと基本的には§2表3の<u>表全体を考えるからこそ可能</u>なのだと

いえる．たとえば(3)で $x_1=1$，$x_2=1$，$x_3=0$ を代入して計算すると $y=1$ となるのは，§2表3の第5行の対応1 1 0→1だけから決まるのでなく，この表全体の情報からはじめて決まるのである．つまり1 1 0→1を実現するのに，他のすべての行の情報を使っていることになる．

ところが表1のような素朴な記憶では‘佐藤’は‘慶大’出身であるというアウトプットはこの第4行だけで決まり，他の行の情報はなんら必要としない．したがってこの第4行だけを表1から取り出して孤立させても，この情報は失われないし，またこの部だけでなく他の部の対応表を表1に附加しても，この情報はなんら影響を受けない．これに対して§2表3から1 1 0→1を孤立させれば，(3)のような式も作れない．したがって演算によってはこの変換が実現できない．

ここに演算と記憶との根本的な差があると思われる．以上はブール代数によって話を進めたがガロア代数の場合もこの点ではまったく同様であり，(2)から(3)への変形操作のようなものがガロア体の中ではもっと徹底して行なわれているのだといえよう．したがって表1の姓名や校名を適当にコード化して§2，§4のような方法で演算式を作ったとすれば，今度は表1全体が影響し，もはや一つの行を切り離しては考えられなくなるのである．

さて以上で記憶と演算の違いがわかったが，一般に表1のような情報検索やコンパイラー作成などの記号処理に対して，従来はほとんど記憶，検索，照合，分類[20]といったいわゆる上記の素朴な記憶に類する手段がとられていたが，これをガロア体の演算でおきかえられないだろうかというのが，ここで主張したい事柄であった．以上の節で少なくとも原理的にはその可能性は考えられるが，効率上の研究などこれからの問題であろう．

たとえば表2のような文献番号とキーワード(簡単のためアルファベット26文字がそのままキーワードであるとしておく)との対応表がある．たとえば第1行は①という文献は $A, C, \cdots, Z$ というキーワードをもっていることを表わすもので，キーワードをもっているときは1，いないときは0と表わしている．

表2

文献＼キー	A	B	$C\cdots Z$
①	1	0	1…1
②	0	1	0…0
③	1	0	1…1
⋮	⋮	⋮	⋮　⋮
ⓝ	0	0	1…0

このときキーワード別にそれをもっている文献番号を，

(4)
$$\begin{cases} A: ①\ ③ \cdots \\ B: ②\ \cdots \\ C: ①\ ③ \cdots ⓝ \\ \cdots\cdots \\ Z: ①\ ③ \cdots \end{cases}$$

のように記憶しておくようなファイルを転置方式ファイルと呼んでいる．これに対してキーワードをもっている文献は1，もっていなければ0として

(5)
$$\begin{cases} A \text{——} (1\ 0\ 1\ \cdots\ 0) \\ B \text{——} (0\ 1\ 0\ \cdots\ 0) \\ C \text{——} (1\ 0\ 1\ \cdots\ 1) \\ \quad\cdots\cdots \\ Z \text{——} (1\ 0\ 1\ \cdots\ 0) \end{cases}$$

のように $\{0, 1\}$ 上のベクトルで表わすこともできる．また $A, B, C, \cdots, Z$ をたとえば5ビットで，つまり $\{0, 1\}^5$ の点に，コード化

しておくと，(5)は§2(1) $m=5$，$n=26$ の場合として定式化できる．したがって情報検索における転置方式をガロア体の演算で表現できるのである．

附　　録

§A1　代数学の基礎概念

ここでは本書に必要な最小限の代数学のとくに群，環，体など代数系[1)]の概要をのべておく．

つぎの公理 G1-G4 を満たす集合 G を群という．

G1　任意の $x, y \in G$ に対して算法・が定義されその結果 $x \cdot y$ が G に含まれる．

G2　結合律：任意の $x, y, z \in G$ に対して $(x \cdot y) \cdot z = x \cdot (y \cdot z)$ が成り立つ．

G3　単位元の存在：任意の $x \in G$ に対して共通に $e \cdot x = x \cdot e = x$ を満たす元 $e \in G$ がある．e を単位元という．

G4　逆元の存在：任意の $x \in G$ に対して $x \cdot y = y \cdot x = e$ を満たす元 $y \in G$ がある．y を x の逆元という．——

単位元が存在すればこれはただ一つである．なぜなら，e, e' がともに単位元ならば $e \cdot e' = e' = e$．また x の逆元が存在すればそれはただ一つである．なぜなら，y, y' が x の逆元ならば，$y = y \cdot (x \cdot y') = (y \cdot x) \cdot y' = y'$．

算法が可換であるような，つまり任意の $x, y \in G$ に対して $x \cdot y = y \cdot x$ であるような，群を可換群またはアーベル群という．算法を上では $x \cdot y$ と書いたがその記号はなんでもよい．普通は $x \cdot y$ か $x + y$ かをとることが多い．算法の名もこれに応じて乗法(積)，加法(和)と呼んだりする．また $x \cdot y$ を xy と簡略的に書くことも

---

1)　或る法則を満たす算法が定義されている集合を代数系と呼ぶ．

多い．とくに可換群に対して $x+y$ を使うことが多く，このときはとくに加群と呼ぶこともある．

群 G の部分集合 H が(G の算法に関して)群をなすとき，H を G の部分群という．

H が G の部分群であるとき

$$(1)\qquad xH=\{xh;\ h\in H\}$$

を H によるコセット(剰余類)という．G が有限ならばコセットの大きさ $|xH|$ は x によらず一定である．また x をコセット xH のコセットリーダ(剰余類の代表元)という．xH の任意の元 x' に対してつねに $x'H=xH$ が成り立つ[1]から，コセットリーダとして何をとってきてもコセットは不変である．また任意の $x, y\in G$ に対して xH と yH とはまったく一致するかまたは共通部分を持たないかである[1]から，G を H のコセットで分割することができる．つまり

$$(2)\qquad G=x_1H\cup x_2H\cup\cdots\cup x_mH$$
$$(x_iH\cap x_jH=\text{空集合},\ i\neq j).$$

これを H による G のコセット分割という．この分割は H によって一意に決まる．(この分割は $x^{-1}y\in H$ (x^{-1} は x の逆元)のときそしてそのときに限って x と y とが同値であるという，その同値関係を G に導入したときの同値類による分割と同じものである.)

xH のかわりに Hx を考えても以上と同様の議論ができる．この区別を明記したいときは xH を右コセット，Hx を左コセットと呼ぶ．G が可換群ならばむろん右コセットと左コセットは一致する．必ずしも可換群でなくても

---

1)　確かめよ．H が部分群でないと成り立たないことに注意．

(3) $$xH = Hx, \qquad \forall x \in G$$

が成り立てば，左コセットと右コセットは一致し，また xH, yH を二つのコセットすると

(4)[1] $$(xH)(yH) = x(Hy)H = xyHH = xyH$$

となり，これによってコセットの積を定義することができ，この算法に関してコセットを一つの元と考えたときその全体が群をなすことも容易にわかる．(3)を満たす G の部分群 H を G の正規部分群と呼び，コセットのなす群を G/H と書いて G の H による剰余群と呼ぶ．H が単なる部分群ならば(4)が成立せず，したがってコセットの妥当な積が定義できないことに注意しよう．

群 G から群 H の上への写像 φ ($\varphi(G)=\{\varphi(x);\ x\in G\}=H$)[2] が

(5) $$\varphi(xy) = \varphi(x)\varphi(y) \qquad (\forall x, y \in G)$$

を満たすとき，φ を準同型写像といい，G から H の上への準同型写像が存在すれば，G は H に準同型であるという．φ がとくに単射($x \neq y$ ならば $\varphi(x) \neq \varphi(y)$ つまり1対1写像)のとき φ を同型写像といい，G から H への同型写像が存在するとき G と H とは同型であると言い $G \cong H$ と書く．群 G から群 H の上への準同型写像 φ で H の単位元 e に写像される G の元全体つまり

(6) $$\{x;\ \varphi(x) = e,\ x \in G\}$$

を φ の核という．φ が同型写像ならばその核は G の単位元だけであり，核が G の単位元だけであるような準同型写像は同型写像である．

群 G の正規部分群 H があるとき，G のコセット x_iH の各元を G/H の x_iH (G/H の中で x_iH は一つの元)に写す写像は(4)から明らかなように準同型写像であり，H は G/H の単位元である．

---

1) X, Y を群 G の部分集合とするとき，$XY=\{xy;\ x\in X, y\in Y\}$.

2) 本書では準同型，同型を論ずるときは'上への'写像を前提とすることにする．

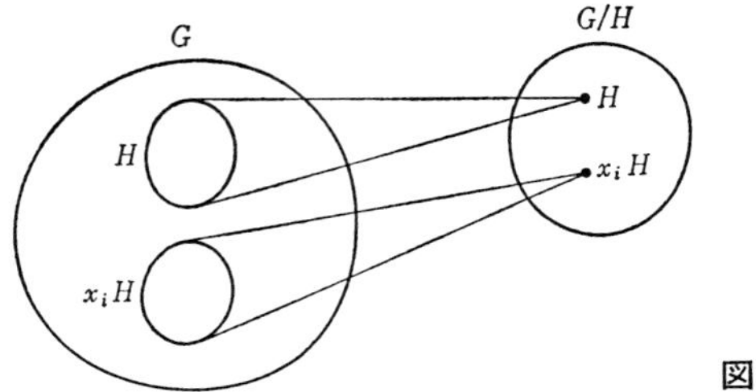

図 1

この逆の命題としてつぎの定理が重要である．

定理 1　群 G から群 H の上への準同型写像 φ があるとき，この核 K は G の正規部分群であり，任意の $h \in H$ に対して，h に写像される G の元全体は，G の K によるコセットの一つに一致する．

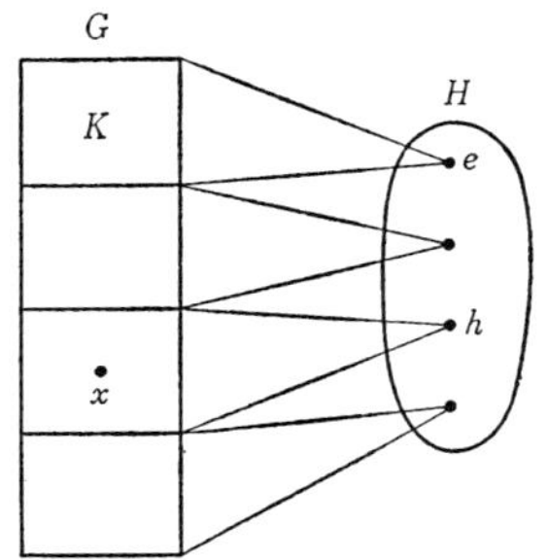

図 2

証明　任意の $x \in G$ を考え，$\varphi(x)=h$ としよう．そうするとまず $xK=\{u; \varphi(u)=h\}$ であることを示そう．xK の任意の元は xk $(k \in K)$ と書けるが，これは $\varphi(xk)=\varphi(x)\varphi(k)=\varphi(x)e=\varphi(x)=h$．逆に φ によって h に写される任意の元を y とすると，$y=xl$ と書ける（このような l は G が群だからつねに存在する．実際 $x^{-1}y=l$ とすればよい）．$\varphi(y)=\varphi(x)\varphi(l)$ だから $h=h\cdot\varphi(l)$ で $\varphi(l)=e$ となり

$l \in K$である．したがって$y \in xK$．またKxについて上と同様に考えれば$Kx=\{u;\ \varphi(u)=h\}$．したがって(Kが部分群であることは明らかだから)Kは正規部分群であり，Kによるコセット分割と，φによる同一元に写像される元のなすクラスによる分割とは一致する．∎

この定理は群Gから群Hへの準同型写像を規定するものは，その核であることを明示している．核がどういうものかがわかれば，それによるコセット分割は一意に決まるから，残りの部分の写像構造は自ら定ってしまうのである．

つぎの公理R1-R4を満たす集合Rを環という．

R1　任意の$x, y \in R$に対して2種の算法が定義され，その結果がRに含まれる(算法の一つを加法といい$x+y$で，他を乗法といい$x \cdot y$で表わす習慣がある)．

R2　加法について可換群(つまり加群)をなす(その単位元を0で表わすことにする)．

R3　乗法について結合律を満たす．

R4　分配律：任意の$x, y, z \in R$についてつぎが成り立つ．

$$x \cdot (y+z) = x \cdot y + x \cdot z, \qquad (x+y) \cdot z = x \cdot z + y \cdot z$$

(・と＋との算法の順序は前者を先に行なうことなどの普通の習慣に従うものとする.) ——

乗法に関して可換な環を可換環という．また0でない乗法単位元(これを1で表わす．環Rの乗法単位元であることを明記したいときは1_Rなどと書くこともある)をもつ環を，1をもつ環という．1をもつ環で(0以外の)各元が乗法逆元をもつ環を体という．さらにこれが乗法に関して可換ならば可換体という[1)]．本書で問

1)　第1章§1のF1-F6では可換体の公理系を直接書いた．これがここで述べた定義と同等なものであることは容易に確かめられるであろう．

題とする環や体はほとんどすべて可換環や可換体である．なお環 R の部分集合 S が(R の算法に関して)環をなせば，S を R の部分環という．体の場合も同様に，体 L に対して $K(\subseteqq L)$ が体をなせば，K は L の部分体といい，L のことを K の拡大体という(環の場合はどういうものか拡大環という言葉はあまり使われない)．

可換環 R の部分加群 I が

(7)[1]
$$RI \subseteqq I$$

を満たすとき，I を R のイデアルという．((7)は R が1をもてば $RI=I$ と同値である．) R 自身や0はイデアルである．R の I によるコセットを $x+I$，$y+I$ などと書くとき，I は部分加群であるから各コセットの和は(4)に相当するものとして定義できるが，積については

(8)[1]
$$(x+I)(y+I)=xy+xI+yI+I\cdot I \subseteqq xy+I$$

であるから，$x+I$ と $y+I$ とのコセットとしての積を $xy+I$ と定義すれば，$x+I$ の任意の元と $y+I$ の任意の元の(R としての)積がつねに $xy+I$ に入る．したがってこの定義は妥当なものとなる．(I が R の単なる部分環であるときは必ずしも(8)が成り立たないから，上のような積の定義は妥当性をもたないことに注意しよう．) このときコセット全体は環を構成するが，これを R の I による剰余環 R/I[2] という．

環 R から環 S の上への写像 φ が

(9)
$$\varphi(x+y)=\varphi(x)+\varphi(y), \qquad \varphi(xy)=\varphi(x)\varphi(y) \qquad (\forall x, y \in R)$$

---

1)　一般に環 R の部分集合 X, Y について $XY=\{xy;\ x\in X,\ y\in Y\}$ と定義するものとする．

2)　ここでのコセットは和に関するものであるから剰余群の場合の記号と対比させればむしろ $R-I$ とでも書くのが妥当なのかも知れないが，一般の慣習に従うこととする．

を満たすとき，φ を準同型写像あるいは環であることを明記したいときは環準同型写像といい，R から S 上への準同型写像が存在すれば，R は S に準同型であるという．体は環の特殊な場合としてその準同型は(9)と同様に定義される．環同型の場合も群の場合と同様である．環 R から環 S への準同型写像 φ があるとき，S の 0 に写像される R の元の全体

(10)　$$\{x;\ \varphi(x)=0,\ \ x\in R\}$$

を φ の核という．準同型写像 φ が同型写像である必要十分条件は φ の核が 0 だけからなることである．

二つの環 R, S が同型であるということは，R と S との環としての構造がまったく同一であることを意味する．R の元を表わす記号を適当につけ変えれば，R を S にまったく一致させることができる．むろん体や群についての同型も同様である．

また R から S への準同型写像や同型写像は，$S=R$ の特別な場合，R 上の自己準同型写像，自己同型写像と呼ぶ．

可換環 R のイデアル I があるとき，R から R/I への準同型写像が群の場合と同様に自然に定まる．また定理 1 と同様につぎの定理も容易に証明ができる．

定理 2　可換環 R から可換環 S の上への準同型写像 φ があるとき，φ の核 K は R のイデアルであり，R/K と S とは同型である．(証明は各自試みよ.) ——

また上の定理から，R のイデアルを I とすると，$\varphi(I)$ は S のイデアルとなることや，S のイデアル J に写される R の元全体 $\varphi^{-1}(J)$ が R のイデアルになることや，R が乗法単位元 1_R をもてば S も 1_S をもち，$\varphi(1_R)=1_S$ であることも容易にわかる．

例 1　整数全体 Z は 1 をもつ可換環であることは容易に確かめられる．任意の一つの整数 a を考え，a の倍数全体 $aZ=\{an;\ n$

$\in Z\}$ は明らかに Z のイデアルをなす．これを a が生成するイデアルといい $\langle a\rangle$ と書く．$\langle a\rangle$ は a を含む Z の最小のイデアルであることも容易にわかる．$\langle a\rangle$ によるコセットはコセットリーダを a より小さい非負の整数にとれば

$$(11)\qquad i+\langle a\rangle \qquad (i=0,1,\cdots,a-1)$$

となり，剰余環 $Z/\langle a\rangle$ の一つの元あるいは $\langle a\rangle$ による一つのコセット $i+\langle a\rangle$ を表わすのに，ここでは $\bar{i}$ と書くことにしよう．

整数 n からコセット $\bar{n}$ への写像は Z から $Z/\langle a\rangle$ への準同型写像で準同型写像の性質から

$$(12)\qquad \overline{i+an}=\bar{i},\quad \overline{i+j}=\bar{i}+\bar{j},\quad \overline{i\cdot j}=\bar{i}\cdot\bar{j}$$

（任意の $i,j,n\in Z$ に対して）

が成り立ち，$Z/\langle a\rangle$ での演算はいわゆる mod a の演算に他ならない．$Z/\langle a\rangle$ の中で $\bar{m}=\bar{n}$ が成り立つことを Z の世界で

$$(13)\qquad m\equiv n \pmod{a}$$

と書くこともよく知られた記法である．

例 2　可換体 K 上の不定元 θ に関する多項式全体 $K[\theta]$ は 1 をもつ可換環である．この環についての議論はほとんど Z と同様に進めることができる．任意の一つの多項式 $f(\theta)\in K[\theta]$ を考え，$f(\theta)$ の倍数全体 $\langle f(\theta)\rangle=\{f(\theta)g(\theta);\ g(\theta)\in K[\theta]\}$ は $K[\theta]$ の $f(\theta)$ の生成するイデアルであり，$K[\theta]/\langle f(\theta)\rangle$ がいわゆる mod $f(\theta)$ の演算と呼ばれるものである．$f(\theta)$ が n 次式であれば，$g(\theta)\in K[\theta]$ を $f(\theta)$ で割った余り，つまり $g(\theta)=q(\theta)f(\theta)+\bar{g}(\theta)$ として，$\bar{g}(\theta)$ を $\langle f(\theta)\rangle$ によるコセット $\bar{g}(\theta)+\langle f(\theta)\rangle$ のリーダとすれば，コセットリーダとして $n-1$ 次以下の多項式にとることができるが，そうすると

$$(14)\qquad K[\theta]/\langle f(\theta)\rangle=\{\overline{g(\theta)};\ \overline{g(\theta)}\text{ は }n-1\text{ 次以下の多項式}\}$$

でその演算ルールは多項式の和，積の結果を $f(\theta)$ で割った余りを

とればよいことになる.

定理3 p が素数であれば $Z/\langle p\rangle$ は体である. $p(\theta)$ が可換体 K 上の既約多項式であれば $K[\theta]/\langle p(\theta)\rangle$ は体である.

証明 $Z/\langle p\rangle=\{\bar{0},\bar{1},\cdots,\overline{p-1}\}$ の $\bar{0}$ 以外の任意の元 $\bar{a}$ に対して乗法逆元が $Z/\langle p\rangle$ の中にただ一つ存在することを示せばよい. a と p とは互いに素だから§A2定理1より

$$ax+py=1 \tag{15}$$

なる整数 x,y が存在する. したがって $\bar{a}\bar{x}=1$ で $\bar{x}$ が $\bar{a}$ の逆元である. 逆元があればそれがただ一つであることは群の公理G4の後で示した方法と同様に証明できる.

$p(\theta)$ を n 次とすれば, $K[\theta]/\langle p(\theta)\rangle=\{\overline{f(\theta)};\ f(\theta)$ は $n-1$ 次以下の多項式$\}$ と書けるが, この任意の元 $\overline{f(\theta)}\,(\neq\bar{0})$ に対して $f(\theta)$ と $p(\theta)$ とは互いに素(1次以上の共通因子がない)であるから, §A2定理2によって

$$f(\theta)x(\theta)+p(\theta)y(\theta)=1 \tag{16}$$

なる $x(\theta),\ y(\theta)\in K[\theta]$ が存在するから $\overline{f(\theta)}\overline{x(\theta)}=1$, $\overline{x(\theta)}$ が $\overline{f(\theta)}$ の逆元である. ▮

p が素数のとき $Z/\langle p\rangle$ は体であることが証明されたので, これから整数論でよく知られたフェルマーの定理を導出しておこう.

$Z/\langle p\rangle$ を(11)のように表わしこのうち $\bar{0}$ を除いた $\{\bar{1},\cdots,\overline{p-1}\}$ を考えよう. $\bar{0}$ に属さないつまり p の倍数でない任意の $x\in Z$ に対して, $\{\bar{x}\cdot\bar{1},\bar{x}\cdot\bar{2},\cdots,\bar{x}\cdot(\overline{p-1})\}$ を作ると, $\bar{i}\neq\bar{j}$ ならば $\bar{x}\cdot\bar{i}\neq\bar{x}\cdot\bar{j}$ ($\bar{x}$ が逆元をもつから)だから, これは $\{\bar{1},\cdots,\overline{p-1}\}$ に一致する. したがって

$$(\bar{x}\cdot\bar{1})(\bar{x}\cdot\bar{2})\cdots(\bar{x}\cdot(\overline{p-1}))=\bar{1}\cdot\bar{2}\cdots(\overline{p-1})$$

で, $Z/\langle p\rangle$ が体だから

$$\bar{x}^{p-1}=1. \tag{17}$$

これを Z の世界でみれば(13)の記法を使って

$$(x+np)^{p-1}\equiv 1 \pmod p \qquad (n\in Z)$$

であり，左辺を2項展開すれば，

$$x^{p-1}\equiv 1 \pmod p \tag{18}$$

（p は素数，$x\in Z$ は p の倍数でない）．

この(18)がよく知られたフェルマーの定理である．

注1　Z の中での mod a の演算とは，Z の中に

$$a=0$$

なる一つの関係式を導入して得られる代数系であると考えることができる．同様に $K[\theta]$ の中の mod $f(\theta)$ の演算とは $K[\theta]$ の中に

$$f(\theta)=f_0+f_1\theta+\cdots+f_{n-1}\theta^{n-1}+f_n\theta^n=0$$

なる関係式を導入して得られる代数系である(第1章§1注2)．そこでもし二つの多項式 $f(\theta)$，$g(\theta)$ に対して

$$f(\theta)=0, \qquad g(\theta)=0$$

なる関係を導入する場合はどうかというと，これは $f(\theta)$ と $g(\theta)$ の最大公約多項式を $d(\theta)$ として

$$d(\theta)=0$$

を導入した場合と同値になり，2個以上の関係を導入しても新しい意味はない．

しかし2変数以上の多項式の作る環の世界では，2個以上の関係を導入するとこの意味がでてくる．この問題は代数的多様体の理論として発展する．とくに有限体上のこの種の理論が重要な役割を果すものと期待される．

§A2　ユークリッドアルゴリズム

定理1　任意の二つの整数 m, n に対して，m, n の最大公約数を d とすると，

(1)
$$mx+ny=d$$
となる整数 x, y が存在する．特別な場合として，m, n が互いに素であれば(1)で $d=1$ となる．——

この定理を証明するためと，(1)の x, y や d を具体的に求めるために，ユークリッドの互除法と呼ばれるアルゴリズムをのべよう．例として
$$m=231, \qquad n=420$$
としよう．

整数値をとる変数 x_1, x_2 を考え

(2)
$$y=231x_1+420x_2$$
なる1次式を考えよう．これをつぎのように変形して行く；

(3)
$$\begin{aligned}
y &= 231x_1+420x_2 \\
&= 231x_1+(1\times 231+189)x_2, && 420=1\times 231+189^{1)} \\
&= 231(x_1+1\times x_2)+189x_2, && x_3=x_1+1\times x_2 && \text{(イ)} \\
&= (1\times 189+42)x_3+189x_2, && 231=1\times 189+42 \\
&= 42x_3+189(x_2+1\times x_3), && x_4=x_2+1\times x_3 && \text{(ロ)} \\
&= 42x_3+(4\times 42+21)x_4, && 189=4\times 42+21 \\
&= 42(x_3+4\times x_4)+21x_4, && x_5=x_3+4\times x_4 && \text{(ハ)} \\
&= 2\times 21x_5+21x_4, && 42=2\times 21 \\
&= 21(x_4+2\times x_5).
\end{aligned}$$

このとき最後の式の係数21が231, 420の最大公約数で，最後の式で $x_4=1$，$x_5=0$ とおくと，$y=21$ となり，さらに

(ハ)　より　$x_3=-4$

(ロ)　より　$x_2=5$

(イ)　より　$x_1=-9$

1)　420を231で割り，商1，余り189を出す．

と順次求まり結局(1)において，$x=x_1=-9$，$y=x_2=5$ で

$$21=231\times(-9)+420\times 5$$

を得る．

以上の操作によって最後の式の係数が最大公約数となる理由を以下に示そう．上のアルゴリズムの1ステップの変形操作をみると一般に

$$\begin{aligned}(4)\qquad & ax_i+bx_j \\ &= ax_i+(qa+c)x_j, \qquad b=qa+c \quad (0\leqq c<a) \qquad (\text{イ}) \\ &= a(x_i+qx_j)+cx_j, \\ &= ax_k+cx_j, \qquad x_k=x_i+qx_j \qquad (\text{ロ})\end{aligned}$$

の形で ax_i+bx_j が ax_k+cx_j に変形されている．ここではじめの式の係数 a, b の公約数全体は後の式の係数 a, c の公約数全体と一致する．なぜなら，a, c の任意の公約数は(4)(イ)より b の約数であるから，a, b の公約数である．逆に a, b の任意の公約数は，(4)(イ)を $c=b-qa$ とみればわかるように，c の約数であるから a, c の公約数である．

したがって(3), (4)の変形で係数の公約数は不変である．故に最後の式の係数の公約数ははじめの式の公約数と一致する．したがってその特別な場合として最大公約数もそうであり，最後の式の最大公約数は係数そのものである．

ユークリッド互除法の各ステップで絶対値最小剰余をとると，つまり(4)(イ)のかわりに

$$(5)\qquad b=qa+c \qquad |c|\leqq a/2$$

をとっても以上の議論はそのまま成り立ち，しかも収束は速くなる．平均的にいうと1/2の回数ですむ．したがって実際の計算では(5)を用いることが望ましい．

問1　$m=53$, $n=61$ とし普通のやり方と，絶対値最小剰余を

とる場合とで比較せよ．——

また以上の定理1やアルゴリズム(3)を3個以上の変数の場合に拡張することは容易である．この際各ステップで絶対値最小の係数で残りの係数を割って余りをとればよい．

問2 $l=462$, $m=525$, $n=980$ の最大公約数 d を求めよ．また $lx+my+nz=d$ となる整数 x, y, z を求めよ．

定理2 可換体 K 上の多項式全体を $K[x]$ とするとき，任意の $f(x), g(x)\in K[x]$ に対して，$f(x), g(x)$ の最大公約多項式を $d(x)$ とすると

$$f(x)r(x)+g(x)s(x)=d(x) \tag{6}$$

となるような $r(x), s(x)\in K[x]$ が存在する．特別な場合として $f(x), g(x)$ が互いに素であれば，$d(x)$ は K の元 a だから，(6)の両辺を a で割れば，(6)の右辺を1とすることができる．——

この定理の証明もまた問2でみたような3個以上に対する拡張もほぼ定理1と同様に進められる．ここではつぎの問を課すにとどめよう．

問3 (イ) $GF(3)$ 上 $f(x)=x^4+1$, $g(x)=x^5+x^4+x^3+2x+2$, (ロ) $GF(3)$ 上 $f(x)=x^3+2x+1$, $g(x)=x^4+1$ の最大公約多項式および(6)の $r(x), s(x)$ を求めよ．

問の答

1 普通の方法で行なうと，

$$\begin{aligned}
y &= 53x_1+61x_2 \\
&= 53x_1+(53\times 1+8)x_2 = 53(x_1+1\times x_2)+8x_2, && x_3 = x_1+1\times x_2 \\
&= (8\times 6+5)x_3+8x_2 = 5x_3+8(x_2+6x_3), && x_4 = x_2+6x_3 \\
&= 5x_3+(5\times 1+3)x_4 = 5(x_3+1\times x_4)+3x_4, && x_5 = x_3+1\times x_4 \\
&= (3\times 1+2)x_5+3x_4 = 2x_5+3(x_4+1\times x_5), && x_6 = x_4+1\times x_5 \\
&= 2x_5+(2\times 1+1)x_6 = 2(x_5+1\times x_6)+x_6, && x_7 = x_5+1\times x_6
\end{aligned}$$

$= 2x_7 + x_6.$

したがって最大公約数は 1 であり，$x_7=0$，$x_6=1$ とおくと以下順に $x_5=-1$，$x_4=2$，$x_3=-3$，$x_2=20$，$x_1=-23$ と定まる．つぎに絶対値最小剰余で行なうと

$$\begin{aligned}
y &= 53x_1 + 61x_2 \\
&= 53x_1 + (53\times1+8)x_2 = 53(x_1+1\times x_2)+8x_2, \qquad & x_3 &= x_1+1\times x_2 \\
&= (8\times7-3)x_3+8x_2 \quad = -3x_3+8(x_2+7x_3), & x_4 &= x_2+7x_3 \\
&= -3x_3+(3\times3-1)x_4 = -3(x_3-3x_4)-x_4, & x_5 &= x_3-3x_4 \\
&= -3x_5-x_4.
\end{aligned}$$

$x_5=0$，$x_4=-1$ とおけば以下順次 $x_3=-3$，$x_2=20$，$x_1=-23$.

2

$$\begin{aligned}
&462x_1+525x_2+980x_3 \\
&= 462x_1+(462\times1+63)x_2+(462\times2+56)x_3, \\
&= 462(x_1+1\times x_2+2x_3)+63x_2+56x_3, \qquad & x_4 &= x_1+1\times x_2+2x_3 \\
&= (56\times8+14)x_4+(56\times1+7)x_2+56x_3, \\
&= 14x_4+7x_2+56(8x_4+1\times x_2+x_3), & x_5 &= 8x_4+1\times x_2+x_3 \\
&= 7(2x_4+x_2+8x_5).
\end{aligned}$$

したがって最大公約数は 7 であり，$x_5=x_4=0$，$x_2=1$ とおけば以下順に $x_3=-1$，$x_1=1$ と定まる．

3

(イ)

$$\begin{aligned}
&(x^4+1)X_1+(x^5+x^4+x^3+2x+2)X_2, \\
&= (x^4+1)X_1+\{(x^4+1)(x+1)+x^3+x+1\}X_2, \\
&= (x^4+1)(X_1+(x+1)X_2)+(x^3+x+1)X_2, \qquad & X_3 &= X_1+(x+1)X_2 \\
&= \{(x^3+x+1)x+2x^2+2x+1\}X_3+(x^3+x+1)X_2, \\
&= (2x^2+2x+1)X_3+(x^3+x+1)(xX_3+X_2), & X_4 &= xX_3+X_2 \\
&= (2x^2+2x+1)X_3+(2x^2+2x+1)(2x+1)X_4 \\
&= (2x^2+2x+1)(X_3+(2x+1)X_4).
\end{aligned}$$

したがって最大公約多項式は $2x^2+2x+1$ であり，$X_4=0$，$X_3=1$ とおけば $X_2=-x(=s(x))$，$X_1=1+x(x+1)(=r(x))$ と順次定まる．

(ロ)は途中の計算を省略して結果のみを示すと

$$d(x) = 1, \qquad r(x) = x^3+2x+2, \qquad s(x) = 2x^2+2.$$

§A3　可換体論の基礎

ここでは必ずしも有限でない可換体について本書に必要な基礎をのべる．この節で単に体といえば可換体を意味するものとする．

体とは第1章§1でみたように実数の四則性を抽象化した集合と考えられる．可換体論は歴史的には実数という物理的実在のささえのある概念を対象とする立場から出発したと考えられる．

たとえば有理数体上の方程式 $x^2-2=0$ の根 $\theta=\sqrt{2}$ を考えるとき，θ は直角をはさむ2辺の長さが1である直角2等辺3角形の斜辺の長さという幾何学的実在としてその存在を是認できる．また実数体上の方程式 $x^2+1=0$ の根 i は物理的実在ではないとしてもその数学的概念の存在を疑うものは今ではない．

このような見地から体論を構成しようとするときは，或る一つの大きな体(上の例の複素数体に相当)の存在を前提として，今考えている体はその一つの部分体であるという認識に立つ場合が多い．したがって或る一つの体 K を考え，K 上の既約多項式[1] $p(x)$ を考え，

$$p(x)=0 \tag{1}$$

の根 θ が K の外側にあるというとき，θ は K を含むより大きな体の中にあることを前提としている．

しかし有限体のような人工的に構成される体を論ずるときは，そのような大きな一つの体の存在を仮定するという立場はとれない．そこで任意の一つの体 K とその上の既約多項式 $p(x)$ を与えたとき，(1)のような方程式の根の存在は自明の理ではないし，

---

1)　可換体 K 上の多項式 $f(x)$ に対して，$f(x)=g(x)h(x)$ となるような1次以上の K 上の多項式 $g(x), h(x)$ があるとき，$f(x)$ は K 上可約，そうでないとき K 上既約という．1次式はすべて既約である．x^2-2 は有理数体上既約であるが，実数体上可約である．

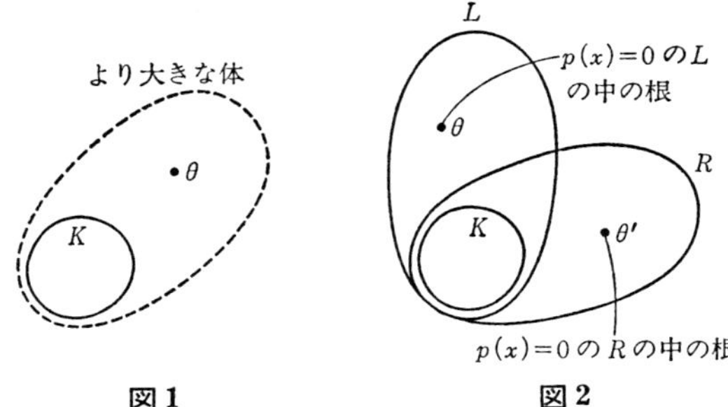

図 1　　**図 2**

またどのような代数系の中にあるのかを明記しないことには，根といっても意味のないものになってしまう．

たとえば $p(x)$ が n 次であったとしても K の外側に K を含む環 R を考えれば，$p(x)=0$ の根は R の中に $n+1$ 個以上存在することもあり得る(→例 2)．これは K の外側に体 L を考える場合の根(→例 3)とはまったく違ったものとなるのである．

したがって(1)の根 θ の存在をいうときには同時に θ を含む体の存在をいう必要がある．このようにみてくるとつぎの定理が必ずしも自明でなく，その重要性が認められるであろう．

定理 1　体 K と K 上の既約多項式 $p(x)$ が任意に与えられたとき，K の拡大体 L が存在して L の中に(1)の少なくとも一つの根が存在する．

証明　不定元 θ に関する K 上の多項式全体を $K[\theta]$，$p(\theta)$ から生成される $K[\theta]$ のイデアルを $\langle p(\theta)\rangle$ とすれば，

(2)
$$K[\theta]/\langle p(\theta)\rangle = L$$

が求める拡大体である(→§A 1 定理 3)．$K[\theta]$ の $\langle p(\theta)\rangle$ によるコセット $\bar{\theta}$ は L の元とみれば，$\bar{\theta}$ は明らかに $p(x)=0$ の根である(→§A 1 例 2)．

問1　§A1例2で$K=GF(3)$, K上の既約多項式を$p(x)=x^2+2x+2$とすると，$p(x)=0$の根$\bar{\theta}$が$K[\theta]/\langle p(\theta)\rangle=L$の中にある．$p(x)=0$のもう一つの根を$L$の中に見出せ．——

定理1の証明ではKと$p(x)$を与えて(1)の一つの根を含むKの拡大体を(2)のように一つ構成した．しかしこれが或る意味で一意であることを示すのがつぎの定理である．

定理2　体Kとそれを含むKの拡大体Mがあり，K上の既約多項式$p(x)$に対して(1)の任意の一つの根αがMの中にあるとき，αを含むKの最小の拡大体$K(\alpha)$[1]は(2)で定義されたLに同型である(→図3)．

証明　$\forall f(\theta)\in K[\theta]$の$\theta$に$\alpha$を代入して得られる$M$の元を$f(\alpha)$としよう．$f(\theta)$を$p(\theta)$で割った商を$q(\theta)$, 余りを$\bar{f}(\theta)$とする，つまり

$$f(\theta) = q(\theta)p(\theta)+\bar{f}(\theta) \tag{3}$$

($\bar{f}(\theta)$は$n-1$次以下の多項式)

とすると，

$$f(\alpha) = q(\alpha)p(\alpha)+\bar{f}(\alpha) = \bar{f}(\alpha)$$

となる．

この写像により得られるMの元全体$\overline{K}(\alpha)=\{\bar{f}(\alpha);\ f(\theta)\in K[\theta]\}$は，(2)の$L$の元$\bar{f}(\theta)$に$\bar{f}(\alpha)$を対応させれば，$L$に同型であることは明らかである．したがって$\overline{K}(\alpha)$は$K,\alpha$を含む$M$の部分体である．

つぎに$\overline{K}(\alpha)$は，K,αを含むMの最小の部分体$K(\alpha)$に一致することを示せばよい．$\forall\bar{f}(\alpha)\in\overline{K}(\alpha)$は$K$の元と$\alpha$との積と和を

1)　体Kとその拡大体Mがあるとき，$\alpha\in M$を含むKの最小の拡大体を$K(\alpha)$と書き，$\alpha_1,\cdots,\alpha_k\in M$を含む$K$の最小の拡大体を$K(\alpha_1,\cdots,\alpha_k)$と書く．当然，$K(\alpha_1,\cdots,\alpha_k)=K(\alpha_1,\cdots,\alpha_{k-1})(\alpha_k)$などが成り立つ．

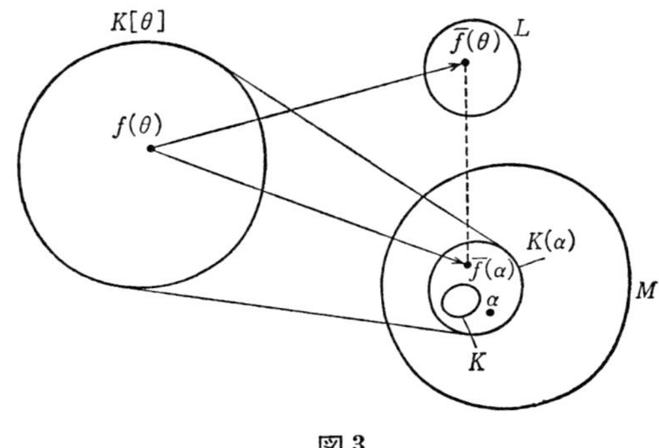

図 3

有限回繰り返して得られるものだから，体の中で算法が閉じていることを考えれば，これは明らかに $K(\alpha)$ に含まれる．故に $\overline{K}(\alpha) \subseteqq K(\alpha)$ であり，$K(\alpha)$ が最小であることから $\overline{K}(\alpha)=K(\alpha)$. ▍

この定理 2 によって，(2) で作った L が K と $p(x)$ を与えたとき，(1) の任意の一つの根を含む最小の体であることが示された．またもし他の作り方で (1) の任意の一つの根 α を含む最小の体 L' が得られたとしても (L' を M と見なせば) これは L に同型であることがいえる．

またこの定理 2 から，(1) の方程式の任意の二つの根 α, α' がそれぞれ拡大体 M, M' の中にあれば，$K(\alpha), K(\alpha')$ とはともに L に同型だから，$K(\alpha)$ と $K(\alpha')$ とは同型であることがすぐわかる．

例 1　K として有理数体 Q を考えると，Q 上の $p(x)=x^3-2=0$ の根は $\sqrt[3]{2}$, $\sqrt[3]{2}\,\omega$, $\sqrt[3]{2}\,\omega^2$ ($\omega=(-1+\sqrt{3}\,i)/2$) で，これらはいずれも Q の拡大体である複素数体 C の中にあるが，上の定理から，$Q(\sqrt[3]{2})$, $Q(\sqrt[3]{2}\,\omega)$, $Q(\sqrt[3]{2}\,\omega^2)$ は同型であることがわかる (→図 4)．($\sqrt[3]{2}$ に対応する M として実数体を，$\sqrt[3]{2}\,\omega$ に対応する M' として複素数体 C をとるなど自由であるが，$M=M'=C$ としておい

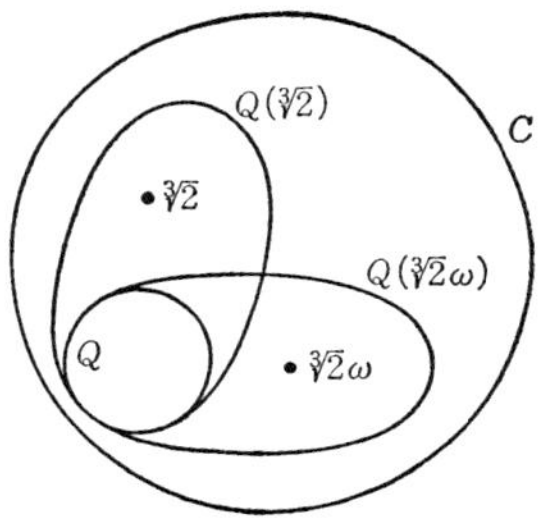

図 4

てもよい.) ——

体 K と K 上既約な多項式 $p(x)$ が与えられ, $p(x)=0$ の一つの根 α が K の拡大体 M の中にあるとき, 定理 2 の証明中の (3) で定まる, $K[\theta]$ から $K(\alpha)$ 上へ, の写像が準同型写像(→§A 1(9))であることは容易にわかるが, これはきわめて重要な写像であり, これに関するつぎの性質はきわめて有用である.

定理 2 系 1　体 K と K 上の既約多項式 $p(x)$ が与えられており, $p(x)=0$ の根 α が K の拡大体 M の中にあるとき, (3) で定まる写像の核(→§A 1(10))は $K[\theta]$ の $p(\theta)$ で生成されるイデアル $\langle p(\theta)\rangle=\{f(\theta)p(\theta);\ f(\theta)\in K[\theta]\}$ に等しい(→図 5).

証明　(3) の写像の核が $p(\theta)$ の倍数全体と一致することをいえ

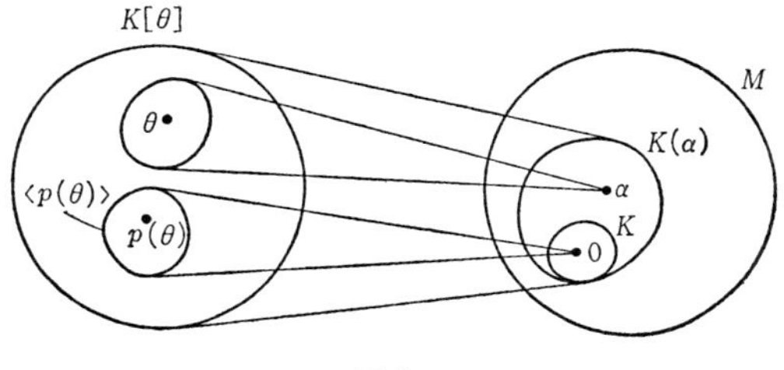

図 5

ばよい．$g(\theta)\in K[\theta]$ が $p(\theta)$ の倍数ならば 0 に写像される，つまり核に属することは明らかであるから，$g(\theta)$ が $p(\theta)$ の倍数でないとすると，($p(\theta)$ が既約であることから) § A 2 定理 2 より $g(\theta)r(\theta)+p(\theta)s(\theta)=1$ なる $r(\theta), s(\theta)\in K[\theta]$ が存在する．上の θ に α を代入すると $g(\alpha)r(\alpha)=1$ となり，$g(\alpha)\neq 0$ で $g(\theta)$ は核に属さない．▌

問 2　体 K 上の既約多項式 $p(x)$ があるとき，$p(x)=0$ の一つの根を α とする．K 上の多項式 $f(x)$ で $f(\alpha)=0$ を満たすものは $p(x)$ の倍数となることを示せ．

[ヒント: 定理 2 系 1 を利用せよ]

問 3　体 K とその拡大体 M があり，$\alpha\in M$ が K 上の多項式 $f(x)$ の零点であるとき，つまり $f(\alpha)=0$ であるとき，α は <u>K 上代数的</u>であるという．K 上代数的な元 α を零点としてもつようなモニック多項式(→27 ページ)のうち最小次数のものを α の<u>最小多項式</u>という．α の最小多項式は既約であり，定数倍を除いて一意であることを示せ．——

以上は既約多項式 $p(x)$ の一つの根についての議論であったが，これを一般の多項式 $f(x)$ のすべての根の場合に拡張してゆこう．

定理 3　体 K と K 上 n 次の多項式 $f(x)$ を任意に与えたとき，K の拡大体 L が存在して L の中に

$$f(x)=0 \tag{4}$$

のすべての根が高々 n 個存在する．

証明　$f(x)$ を K 上で既約な多項式因子に分解[1]し

$$f(x)=(x-\theta)(x-\theta')\cdots f_1(x) \tag{5}$$

($f_1(x)$ は K の元か K 上 2 次以上の既約多項式の積)

---

1)　一般に体 K 上の多項式 $f(x)$ を K 上の既約多項式の積で表わすことを因子分解するという．これは定数因子(K の元)を除いて一意である(ちょうど整数の素因数分解が符号を除いて一意である(→[3])ように)．

となったとすると，$f(x)=0$ の根のうち $\theta, \theta', \cdots$ は K に含まれている．(5)においてもしすべてが1次因子ならば，つまり $f_1(x)=a_1 \in K$ ならば $K=L$，そうでない場合 $f_1(x)$ の既約因子の一つを $p_1(x)$ とすると定理1によって $p_1(x)=0$ の少なくとも一つの根 θ_1 が K の或る拡大体の中にある．そこで $f_1(x)$ を $K(\theta_1)$ 上で因子分解して

$$(6) \qquad f_1(x)=(x-\theta_1)(x-\theta_1')\cdots f_2(x)$$

($f_2(x)$ は $K(\theta_1)$ の元か $K(\theta_1)$ 上2次以上の既約多項式の積)

となったとすると，$\theta_1, \theta_1', \cdots$ は $K(\theta_1)$ に含まれる．(6)においてもしすべてが1次因子ならば，つまり $f_2(x)=a_2 \in K(\theta_1)$ ならば $L=K(\theta_1)$ とすればよい．そうでない場合 $f_2(x)$ の既約因子の一つを $p_2(x)$ とすると，定理1によって $p_2(x)=0$ の少なくとも一つの根 θ_2 が $K(\theta_1)$ の或る拡大体の中にある．

そこでさらに $f_2(x)$ を $K(\theta_1, \theta_2)$ 上で因子分解するという操作をつづければ有限回のステップで $f_{k+1}(x)=a_{k+1} \in K(\theta_1, \cdots, \theta_k)$ となり，このとき

$$(7) \qquad L=K(\theta_1, \cdots, \theta_k)$$

が求める K の拡大体である(→図6)．そしてまたこのとき，

$$(8) \qquad f(x)=(x-\theta)(x-\theta')\cdots(x-\theta_1)(x-\theta_1')\cdots (x-\theta_k)(x-\theta_k')\cdots a_{k+1}$$

となり，$\theta, \theta', \cdots, \theta_1, \theta_1', \cdots, \theta_k, \theta_k', \cdots$ が $f(x)=0$ のすべての根で，これらの中に同一のものがなければ根の数は n，同一のものがあれば根の数は n より小となる．∎

定理3は任意の体上の任意の多項式 $f(x)$ を与えたとき，$f(x)=0$ の根をすべて含む K の拡大体(これを $f(x)$ の<u>分解体</u>と呼ぶ)が存在することを謳っている．$f(x)$ の分解体のうち(K を含む)最小のものつまり<u>最小分解体</u>がとくに重要で，定理3の証明で示

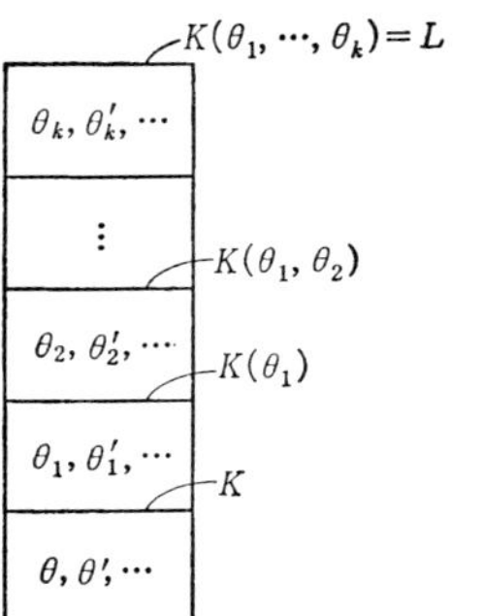

図 6

した L は各ステップで定理 2 を考えればわかるように最小分解体を与えたことになる.

はじめに述べたように, (4)の根といっても K の外側にどのような代数系を考えるかによってその意味が違ってくる. もし K の外側に環 R を考えると, n 次方程式(4)の根が $n+1$ 個以上になることがつぎの例 2 で示される. しかし体論の世界では, (4)の根というときはつねに K の拡大体の中の根をいうのであって, 例 2 に示すような根ではないことを注意しておこう.

例 2　$K=GF(2)$ 上の $f(x)=1+x^4+x^5$ を考えよう. $R=K[\theta]/\langle f(\theta)\rangle$ なる剰余環を考え, 代表元を θ の 4 次以下の多項式で表わそう(→§A 1 例 2. ここでは煩雑さをさけるために $\bar{\theta}$ などを単に θ で表わす). R はつまり $\mathrm{mod}\, f(\theta)$ の演算を考えたものである.

R の中で($\theta^5=1+\theta^4$ の関係で θ の多項式はすべて θ の 4 次以下の多項式で表わせる)

$$\theta = \theta$$
$$\theta^2 = \theta^2$$
$$\theta^4 = \theta^4$$
$$\theta^8 = 1+\theta+\theta^2+\theta^3+\theta^4$$

$$\theta^{16} = 1+\theta^3+\theta^4$$

$$\theta^{32} = 1+\theta^2+\theta^3$$

なる6個の元はすべて $f(x)=1+x^4+x^5=0$ なる5次方程式の根である(→図7).(→各自確かめよ.)

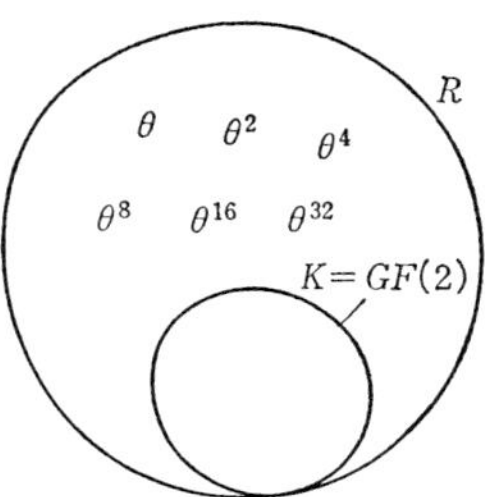

図 7

例 3　上の例2の問題に対して定理3の証明で述べた方法によって $f(x)$ の分解体を作ってみよう.

まず

$$f(x) = (1+x+x^2)(1+x+x^3) = f_1(x)$$

と因子分解し,$p_1(x)=1+x+x^2$ とし,$p_1(x)=0$ の根を α とすると,$K(\alpha)$ は α の1次式以下全体で $\mathrm{mod}\,(1+\alpha+\alpha^2)$ で計算される体とみなせる.

$K(\alpha)$ 上で $f_1(x)$ を因子分解すると

$$f_1(x) = (x-\alpha)(x-(1+\alpha))(1+x+x^3) \qquad (f_2(x)=1+x+x^3)$$

となり,$p_2(x)=1+x+x^3$ とし,$p_2(x)=0$ の根を β とすると,$K(\alpha)$ 上 β の2次以下の多項式全体に $\mathrm{mod}\,(1+\beta+\beta^3)$ を考えたものが $K(\alpha,\beta)$ であって,この中で $f_2(x)$ は

$$f_2(x) = (x-\beta)(x-\beta^2)(x-(1+\beta))$$

と分解でき,したがって $L=K(\alpha,\beta)$ が求める分解体である.この中に $f(x)=0$ の根は $\alpha, 1+\alpha, \beta, \beta^2, 1+\beta$ の5個存在する(→図8).

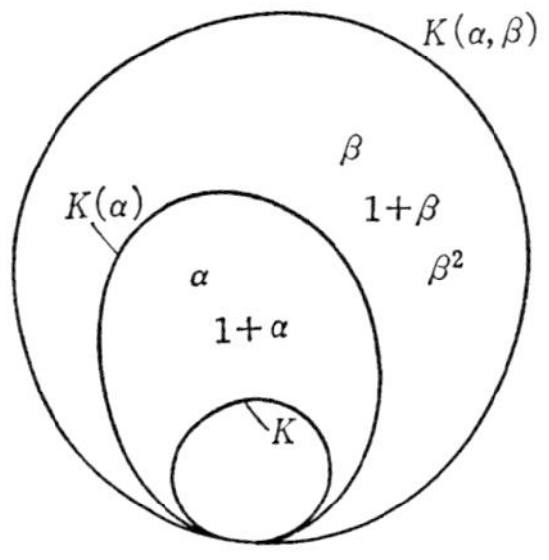

図8

注1 たとえば体 L 上の多項式 $f(x)$ で異なる $\alpha, \beta \in L$ について $f(\alpha)=0$, $f(\beta)=0$ ならば, $f(x)=(x-\alpha)(x-\beta)h(x)$ ($h(x)$ は L 上多項式) という, いわゆる因数定理は, 例2でみたような環上では成り立たないことに注意しよう. この原因は環では零因子(つまり $x \neq 0, y \neq 0$ で, かつ $xy=0$ なるもの) が存在するからである. 体で上の定理は; $f(\alpha)=0$ ならば $f(x)=(x-\alpha)g(x)$ で $f(\beta)=0$ であるから $f(\beta)=(\beta-\alpha)g(\beta)=0$, '$\beta-\alpha \neq 0$ だから $g(\beta)=0$'. したがって $g(x)=(x-\beta)h(x)$ という論法で証明されるが, この' 'の部分の論法が零因子がある環では成立しない. ——

注2 定理3で $f(x)$ の分解体 $L(\supseteqq K)$ の中での $f(x)$ の1次式の分解が

$$f(x) = (x-\theta)^{r}(x-\theta_1)^{r_1}(x-\theta_2)^{r_2}\cdots$$

$(\theta, \theta_1, \theta_2, \cdots$ は異なる L の元$)$

となり $r>1$ であるとき, θ は $f(x)=0$ の r 重根であるといい, $r=1$ のときは単根という. 上式の両辺の次数の比較から, すべての根が単根ならば, (4)の根はちょうど n 個存在することは明らかである. ——

定理2のあとに述べたことの形式的な拡張としてつぎの系は自明である.

定理2系2　同型な体 H と H_φ とがありその同型写像を φ とする．H 上の既約多項式 $p(x)$ に対して，その係数を φ で写像した H_φ 上の多項式 $p_\varphi(x)$ は明らかに H_φ 上既約であり，$p(x)=0$ の(H の拡大体の中にある)任意の一つの根を θ，$p_\varphi(x)=0$ の(H_φ の拡大体の中にある)任意の一つの根を α とすると，$H(\theta)$ と $H_\varphi(\alpha)$ は同型である．——

これを利用してつぎの定理4を証明しよう．

定理4　体 K とそれを含む K の拡大体 M があり，K 上の多項式 $f(x)$ に対して，$f(x)=0$ のすべての根 $\alpha_1, \cdots, \alpha_n$ が M の中にあるとき，$\alpha_1, \cdots, \alpha_n$ を含む K の最小の拡大体 $K(\alpha_1, \cdots, \alpha_n)$ は(7)で作った $L=K(\theta_1, \cdots, \theta_k)$(→定理3証明)に同型である(→図9)．

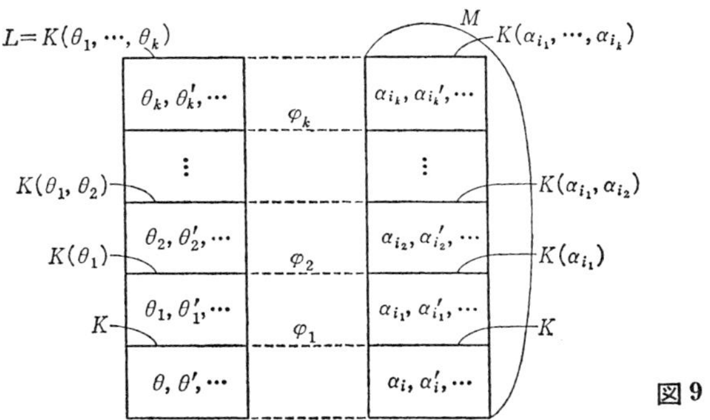

図9

証明　$\alpha_1, \cdots, \alpha_n$ のうち K に属するものが $\alpha_i, \alpha_i', \cdots$ であるとする．そうすると(5)の分解でこれらは全体として $\theta, \theta', \cdots$ と一致する．

$\alpha_1, \cdots, \alpha_n$ のうち((5)の後で選んだ) $p_1(x)$ の根の<u>任意の一つ</u>を α_{i_1} とすると，定理2より $K(\theta_1)$ は $K(\alpha_{i_1})$ に同型である．この同型写像 φ_1 によって $\theta_1, \theta_1', \cdots$ は $\alpha_1, \cdots, \alpha_n$ のどれかに写像されるが

これらをそれぞれ $\alpha_{i_1}, \alpha'_{i_1}, \cdots$ としよう．

(6)と同じように $f_1(x)$ は $K(\alpha_{i_1})$ 上で

(9) $$f_1(x)=(x-\alpha_{i_1})(x-\alpha'_{i_1})\cdots f_2^{\varphi_1}(x)$$

($f_2^{\varphi_1}$ は f_2 の係数を φ_1 で写像した $K(\alpha_{i_1})$ 上の多項式)

と因子分解されたとしよう．そうすると(6)の後で選んだ $p_2(x)$ の係数を φ_1 で写像した $p_2^{\varphi_1}(x)$ は明らかに $K(\alpha_{i_1})$ 上既約で $f_2^{\varphi_1}(x)$ の因子である．$p_2^{\varphi_1}(x)=0$ の任意の一つの根を α_{i_2} とすると，(9)からこれは $f(x)=0$ の根であり，したがって $\alpha_1, \cdots, \alpha_n$ のどれかに一致する．そして定理2系2より $K(\theta_1)(\theta_2)=K(\theta_1, \theta_2)$ と $K(\alpha_{i_1})(\alpha_{i_2})=K(\alpha_{i_1}, \alpha_{i_2})$ とは同型である．

以上の操作を k ステップ繰り返せば $K(\theta_1, \cdots, \theta_k)$ と $K(\alpha_{i_1}, \cdots, \alpha_{i_k})$ との同型写像が完成する．そして

(10) $$f(x)=(x-\alpha_i)(x-\alpha'_i)\cdots(x-\alpha_{i_1})(x-\alpha'_{i_1})\cdots(x-\alpha_{i_k})(x-\alpha'_{i_k})\cdots b_{k+1} \qquad (b_{k+1}\in K(\alpha_{i_1}, \cdots, \alpha_{i_k}))$$

となり，$\alpha_i, \alpha'_i, \cdots, \alpha_{i_1}, \alpha'_{i_1}, \cdots, \alpha_{i_k}, \alpha'_{i_k}, \cdots$ は全体として $\alpha_1, \cdots, \alpha_n$ に一致する．したがって $K(\alpha_{i_1}, \cdots, \alpha_{i_k})=K(\alpha_1, \cdots, \alpha_n)$. ▎

定理4から体 K 上の任意の多項式 $f(x)$ に対して $f(x)$ の最小分解体はどれも同型であることがわかった．また定理3の L の作り方の或る意味での一意性が保証された．とくに重要なことは，定理3の証明の中で $p_j(x)=0$ の根の中から θ_j を選ぶときその選び方には無関係に出来上った L は一意(厳密には同型)であることがわかる．このことは定理4で α_{i_j} を選ぶときも同様である．

問の答

2 $f(\alpha)=0$ となる $f(\theta)$ はすべて $\langle p(\theta)\rangle$ に属するから $p(\theta)$ の倍数である．

3 α を零点にもつ K 上最小次数の多項式を $\varphi(x)$ とする．もし $\varphi(x)=h(x)k(x)$ (h, k は K 上1次以上の多項式)となれば，$\varphi(\alpha)=h(\alpha)k(\alpha)=0$

で $h(\alpha)=0$ か $k(\alpha)=0$ のいずれかが成り立たねばならず，φ が最小であることに反する．またもし $\bar{\varphi}(x)$ が α を零点とする最小次数多項式ならば，φ と $\bar{\varphi}$ とは同一次数でかつ問2より $\bar{\varphi}(x)$ は $\varphi(x)$ の倍数である．

附　　表

T 1　原始既約多項式

$GF(p)$ 上 n 次原始既約多項式のうち最も簡単と思われるものを，各 p, n について一つずつ選んで示した．これらは J. D. Alanen and D. E. Knuth: Tables of Finite Fields, Sankhya, Vol. 26 (1964) より抜萃したが独自にチェックした．$(p, n) \leqq (2,7), (3,5)$ については，附表 T 3 に原始既約多項式がすべてフロベニウスサイクルの最小多項式として示されている．なおこれら以外の範囲のものについては，上記の表およびつぎを参照せよ；W. W. Peterson and E. J. Weldon, Jr., Error-Correcting Codes, 2nd ed., MIT Press (1972), Appendics C.

$GF(2)$

x^2+x+1
x^3+x+1
x^4+x+1
x^5+x^2+1
x^6+x+1
x^7+x+1
$x^8+x^4+x^3+x^2+1$
x^9+x^4+1
$x^{10}+x^3+1$
$x^{11}+x^2+1$
$x^{12}+x^8+x^2+x+1$
$x^{13}+x^5+x^2+x+1$
$x^{14}+x^{12}+x^2+x+1$
$x^{15}+x+1$
$x^{16}+x^{12}+x^3+x+1$
$x^{17}+x^3+1$
$x^{18}+x^7+1$
$x^{19}+x^5+x^2+x+1$
$x^{20}+x^3+1$
$x^{21}+x^2+1$
$x^{22}+x+1$
$x^{23}+x^5+1$
$x^{24}+x^7+x^2+x+1$
$x^{25}+x^3+1$
$x^{26}+x^6+x^2+x+1$
$x^{27}+x^5+x^2+x+1$
$x^{28}+x^3+1$
$x^{29}+x^2+1$

$GF(3)$

x^2+2x+2
x^3+2x+1
x^4+2x+2
x^5+2x+1
x^6+2x+2
x^7+x^3+x+1
x^8+2x^3+2
$x^9+x^4+x^2+1$
$x^{10}+2x^3+2x+2$

$GF(5)$

x^2+4x+2
x^3+4x+3
x^4+4x^2+4x+3

T 2　ガロア体の巡回表現

$GF(p^n)$ の原始元を α とするとき，α の最小多項式つまり原始既約多項式を $x^n-p_{n-1}x^{n-1}-\cdots-p_1x-p_0$ とすると

(1)　$\alpha^n=p_0+p_1\alpha+\cdots+p_{n-1}\alpha^{n-1}$ によって

(2)　$\alpha^i=a_{i,0}+a_{i,1}\alpha+\cdots+a_{i,n-1}\alpha^{n-1}$　$(i=0,1,\cdots,p^n-2,\ a_{i,j}\in GF(p))$

なる関係が定る．以下の表は(2)の左辺の指数 i と右辺の係数との対応

(3)　i——$a_{i,0}\ a_{i,1}\cdots a_{i,n-1}$

を示す表である．(表中アンダラインは(1))

$GF(2^2)$

$\alpha^2=1+\alpha$	
0	10
1	01
2	11

$GF(2^3)$

$\alpha^3=1+\alpha$	
0	100
1	010
2	001
3	110
4	011
5	111
6	101

$GF(2^4)$

$\alpha^4=1+\alpha$	
0	1000
1	0100
2	0010
3	0001
4	1100
5	0110
6	0011
7	1101
8	1010
9	0101
10	1110
11	0111
12	1111
13	1011
14	1001

$GF(2^5)$

$\alpha^5=1+\alpha^2$	
0	10000
1	01000
2	00100
3	00010
4	00001
5	10100
6	01010
7	00101
8	10110
9	01011
10	10001
11	11100
12	01110
13	00111
14	10111
15	11111
16	11011
17	11001
18	11000
19	01100
20	00110
21	00011
22	10101
23	11110
24	01111
25	10011
26	11101
27	11010
28	01101
29	10010
30	01001

$GF(2^6)$

$\alpha^6=1+\alpha$	
0	100000
1	010000
2	001000
3	000100
4	000010
5	000001
6	110000
7	011000
8	001100
9	000110
10	000011
11	110001
12	101000
13	010100
14	001010
15	000101
16	110010
17	011001
18	111100
19	011110
20	001111
21	110111
22	101011
23	100101
24	100010
25	010001
26	111000
27	011100
28	001110
29	000111
30	110011
31	101001
32	100100
33	010010
34	001001
35	110100
36	011010
37	001101
38	110110
39	011011
40	111101
41	101110
42	010111
43	111011
44	101101
45	100110
46	010011
47	111001
48	101100
49	010110
50	001011
51	110101
52	101010
53	010101
54	111010
55	011101
56	111110
57	011111
58	111111
59	101111
60	100111
61	100011
62	100001

$GF(2^7)$		25	1100111	52	1001011	79	1110110	106	1110011
$\alpha^7=1+\alpha$		26	1010011	53	1000101	80	0111011	107	1011001
0	1000000	27	1001001	54	1000010	81	1111101	108	1001100
1	0100000	28	1000100	55	0100001	82	1011110	109	0100110
2	0010000	29	0100010	56	1110000	83	0101111	110	0010011
3	0001000	30	0010001	57	0111000	84	1110111	111	1101001
4	0000100	31	1101000	58	0011100	85	1011011	112	1010100
5	0000010	32	0110100	59	0001110	86	1001101	113	0101010
6	0000001	33	0011010	60	0000111	87	1000110	114	0010101
7	1100000	34	0001101	61	1100011	88	0100011	115	1101010
8	0110000	35	1100110	62	1010001	89	1110001	116	0110101
9	0011000	36	0110011	63	1001000	90	1011000	117	1111010
10	0001100	37	1111001	64	0100100	91	0101100	118	0111101
11	0000110	38	1011100	65	0010010	92	0010110	119	1111110
12	0000011	39	0101110	66	0001001	93	0001011	120	0111111
13	1100001	40	0010111	67	1100100	94	1100101	121	1111111
14	1010000	41	1101011	68	0110010	95	1010010	122	1011111
15	0101000	42	1010101	69	0011001	96	0101001	123	1001111
16	0010100	43	1001010	70	1101100	97	1110100	124	1000111
17	0001010	44	0100101	71	0110110	98	0111010	125	1000011
18	0000101	45	1110010	72	0011011	99	0011101	126	1000001
19	1100010	46	0111001	73	1101101	100	1101110		
20	0110001	47	1111100	74	1010110	101	0110111		
21	1111000	48	0111110	75	0101011	102	1111011		
22	0111100	49	0011111	76	1110101	103	1011101		
23	0011110	50	1101111	77	1011010	104	1001110		
24	0001111	51	1010111	78	0101101	105	0100111		

$GF(3^2)$

$\alpha^2=1+\alpha$	
0	1 0
1	0 1
2	1 1
3	1 2
4	2 0
5	0 2
6	2 2
7	2 1

$GF(3^3)$

$\alpha^3=2+\alpha$	
0	1 0 0
1	0 1 0
2	0 0 1
3	2 1 0
4	0 2 1
5	2 1 2
6	1 1 1
7	2 2 1
8	2 0 2
9	1 1 0
10	0 1 1
11	2 1 1
12	2 0 1

$(\alpha^{13}=2,\ \alpha^{13+i}=2\alpha^i)$

$GF(3^4)$

$\alpha^4=1+\alpha$	
0	1 0 0 0
1	0 1 0 0
2	0 0 1 0
3	0 0 0 1
4	1 1 0 0
5	0 1 1 0
6	0 0 1 1
7	1 1 0 1
8	1 2 1 0
9	0 1 2 1
10	1 1 1 2
11	2 0 1 1
12	1 0 0 1
13	1 2 0 0
14	0 1 2 0
15	0 0 1 2
16	2 2 0 1
17	1 0 2 0
18	0 1 0 2
19	2 2 1 0
20	0 2 2 1
21	1 1 2 2
22	2 0 1 2
23	2 1 0 1
24	1 0 1 0
25	0 1 0 1
26	1 1 1 0
27	0 1 1 1
28	1 1 1 1
29	1 2 1 1
30	1 2 2 1
31	1 2 2 2
32	2 0 2 2
33	2 1 0 2
34	2 1 1 0
35	0 2 1 1
36	1 1 2 1
37	1 2 1 2
38	2 0 2 1
39	1 0 0 2

$(\alpha^{40}=2$
$\alpha^{40+i}=2\alpha^i)$

$GF(3^5)$

$\alpha^5=2+\alpha$	
0	1 0 0 0 0
1	0 1 0 0 0
2	0 0 1 0 0
3	0 0 0 1 0
4	0 0 0 0 1
5	2 1 0 0 0
6	0 2 1 0 0
7	0 0 2 1 0
8	0 0 0 2 1
9	2 1 0 0 2
10	1 1 1 0 0
11	0 1 1 1 0
12	0 0 1 1 1
13	2 1 0 1 1
14	2 0 1 0 1
15	2 0 0 1 0
16	0 2 0 0 1
17	2 1 2 0 0
18	0 2 1 2 0
19	0 0 2 1 2
20	1 2 0 2 1
21	2 2 2 0 2
22	1 1 2 2 0
23	0 1 1 2 2
24	1 2 1 1 2
25	1 0 2 1 1
26	2 2 0 2 1
27	2 0 2 0 2
28	1 1 0 2 0
29	0 1 1 0 2
30	1 2 1 1 0
31	0 1 2 1 1
32	2 1 1 2 1
33	2 0 1 1 2
34	1 1 0 1 1
35	2 2 1 0 1
36	2 0 2 1 0
37	0 2 0 2 1
38	2 1 2 0 2
39	1 1 1 2 0
40	0 1 1 1 2
41	1 2 1 1 1
42	2 2 2 1 1
43	2 0 2 2 1
44	2 0 0 2 2
45	1 1 0 0 2
46	1 0 1 0 0
47	0 1 0 1 0
48	0 0 1 0 1
49	2 1 0 1 0
50	0 2 1 0 1
51	2 1 2 1 0
52	0 2 1 2 1
53	2 1 2 1 2
54	1 1 1 2 1
55	2 2 1 1 2
56	1 1 2 1 1
57	2 2 1 2 1
58	2 0 2 1 2
59	1 1 0 2 1
60	2 2 1 0 2
61	1 1 2 1 0
62	0 1 1 2 1
63	2 1 1 1 2
64	1 1 1 1 1
65	2 2 1 1 1
66	2 0 2 1 1
67	2 0 0 2 1
68	2 0 0 0 2
69	1 1 0 0 0
70	0 1 1 0 0
71	0 0 1 1 0
72	0 0 0 1 1
73	2 1 0 0 1
74	2 0 1 0 0
75	0 2 0 1 0
76	0 0 2 0 1
77	2 1 0 2 0
78	0 2 1 0 2
79	1 2 2 1 0
80	0 1 2 2 1
81	2 1 1 2 2
82	1 1 1 1 2
83	1 0 1 1 1
84	2 2 0 1 1
85	2 0 2 0 1
86	2 0 0 2 0
87	0 2 0 0 2
88	1 2 2 0 0
89	0 1 2 2 0
90	0 0 1 2 2
91	1 2 0 1 2
92	1 0 2 0 1
93	2 2 0 2 0
94	0 2 2 0 2
95	1 2 2 2 0
96	0 1 2 2 2
97	1 2 1 2 2
98	1 0 2 1 2
99	1 0 0 2 1
100	2 2 0 0 2
101	1 1 2 0 0
102	0 1 1 2 0
103	0 0 1 1 2
104	1 2 0 1 1
105	2 2 2 0 1
106	2 0 2 2 0
107	0 2 0 2 2
108	1 2 2 0 2
109	1 0 2 2 0
110	0 1 0 2 2
111	1 2 1 0 2
112	1 0 2 1 0
113	0 1 0 2 1
114	2 1 1 0 2
115	1 1 1 1 0
116	0 1 1 1 1
117	2 1 1 1 1
118	2 0 1 1 1
119	2 0 0 1 1
120	2 0 0 0 1

$(\alpha^{121}=2,$
$\alpha^{121+i}=2\alpha^i)$

T 3　フロベニウスサイクルとトレース

$GF(p^n)$ の元を附表 T 2 に示した指数 i で表わし，その $GF(p)$-フロベニウスサイクル(第 1 章 § 5)とその和，すなわちトレース(括弧内の値)を示す．また各サイクルの右にその最小多項式を示す．$GF(p^n)$ 中の長さ n のサイクルに対する最小多項式全体は $GF(p)$ 上 n 次既約多項式の全体に一致する．このうちアンダラインのあるものが原始既約多項式である．なお * のついたサイクルは正規基底(第 1 章 § 5)を構成する．なお $GF(3^n)$ で (→ν) とあるのは「ν の最小多項式の x を $2x$ に変換すれば当多項式を得る」ことを意味する．

$GF(2^2)$

0	(1)		$x+1$
*1	2	(1)	$\underline{x^2+x+1}$

$GF(2^3)$

0	(1)			$x+1$
1	2	4	(0)	$\underline{x^3+x+1}$
*3	6	5	(1)	$\underline{x^3+x^2+1}$

$GF(2^4)$

0	(1)				$x+1$
1	2	4	8	(0)	$\underline{x^4+x+1}$
*3	6	12	9	(1)	$x^4+x^3+x^2+x+1$
5	10	(1)			x^2+x+1
*11	7	14	13	(1)	$\underline{x^4+x^3+1}$

$GF(2^5)$

0	(1)					$x+1$
1	2	4	8	16	(0)	$\underline{x^5+x^2+1}$
*3	6	12	24	17	(1)	$\underline{x^5+x^4+x^3+x^2+1}$
*5	10	20	9	18	(1)	$\underline{x^5+x^4+x^2+x+1}$
7	14	28	25	19	(0)	$\underline{x^5+x^3+x^2+x+1}$
*11	22	13	26	21	(1)	$\underline{x^5+x^4+x^3+x+1}$
15	30	29	27	23	(0)	$\underline{x^5+x^3+1}$

$GF(2^6)$

0	(1)						$x+1$
1	2	4	8	16	32	(0)	$\underline{x^6+x+1}$
3	6	12	24	48	33	(0)	$x^6+x^4+x^2+x+1$

*5	10	20	40	17	34	(1)	$\underline{x^6+x^5+x^2+x+1}$
7	14	28	56	49	35	(0)	x^6+x^3+1
9	18	36	(1)				x^3+x^2+1
11	22	44	25	50	37	(1)	$\underline{x^6+x^5+x^3+x^2+1}$
13	26	52	41	19	38	(0)	$\underline{x^6+x^4+x^3+x+1}$
*15	30	60	57	51	39	(1)	$\underline{x^6+x^5+x^4+x^2+1}$
21	42	(1)					x^2+x+1
*23	46	29	58	53	43	(1)	$\underline{x^6+x^5+x^4+x+1}$
27	54	45	(0)				x^3+x+1
*31	62	61	59	55	47	(1)	$\underline{x^6+x^5+1}$

GF(2^7)

0	(1)							$x+1$
1	2	4	8	16	32	64	(0)	$\underline{x^7+x+1}$
3	6	12	24	48	96	65	(0)	$\underline{x^7+x^5+x^3+x+1}$
5	10	20	40	80	33	66	(0)	$\underline{x^7+x^3+x^2+x+1}$
7	14	28	56	112	97	67	(1)	$\underline{x^7+x^6+x^5+x^4+x^3+x^2+1}$
9	18	36	72	17	34	68	(0)	$\underline{x^7+x^5+x^4+x^3+1}$
11	22	44	88	49	98	69	(0)	$\underline{x^7+x^3+1}$
*13	26	52	104	81	35	70	(1)	$\underline{x^7+x^6+x^5+x^2+1}$
15	30	60	120	113	99	71	(0)	$\underline{x^7+x^5+x^4+x^3+x^2+x+1}$
*19	38	76	25	50	100	73	(1)	$\underline{x^7+x^6+x^5+x^3+x^2+x+1}$
*21	42	84	41	82	37	74	(1)	$\underline{x^7+x^6+x^3+x+1}$
23	46	92	57	114	101	75	(0)	$\underline{x^7+x^5+x^2+x+1}$
*27	54	108	89	51	102	77	(1)	$\underline{x^7+x^6+x^5+x^4+x^2+x+1}$
29	58	116	105	83	39	78	(0)	$\underline{x^7+x^4+1}$
*31	62	124	121	115	103	79	(1)	$\underline{x^7+x^6+x^4+x^2+1}$

*43	86	45	90	53	106	85	(1)	$\underline{x^7+x^6+x^4+x+1}$
47	94	61	122	117	107	87	(1)	$\underline{x^7+x^6+x^5+x^4+1}$
55	110	93	59	118	109	91	(0)	$\underline{x^7+x^4+x^3+x^2+1}$
*63	126	125	123	119	111	95	(1)	$\underline{x^7+x^6+1}$

$\boldsymbol{GF}(3^2)$

0	(1)		$x+2$
*1	3	(1)	$\underline{x^2+2x+2}$
2	6	(0)	x^2+1
4	(2)		$x+1$
*5	7	(2)	$\underline{x^2+x+2}$

$\boldsymbol{GF}(3^3)$

0	(1)			$x+2$	
1	3	9	(0)	$\underline{x^3+2x+1}$	
*2	6	18	(2)	x^3+x^2+x+2	
*4	12	10	(2)	x^3+x^2+2	
*5	15	19	(1)	$\underline{x^3+2x^2+x+1}$	(→2)
*7	21	11	(2)	$\underline{x^3+x^2+2x+1}$	
*8	24	20	(1)	x^3+2x^2+2x+2	(→7)
13	(2)			$x+1$	
14	16	22	(0)	x^3+2x+2	(→1)
*17	25	23	(1)	$\underline{x^3+2x^2+1}$	(→4)

$\boldsymbol{GF}(3^4)$

0	(1)				$x+2$
1	3	9	27	(0)	$\underline{x^4+2x+2}$
2	6	18	54	(0)	x^4+x^2+2x+1
*4	12	36	28	(1)	x^4+2x^3+x+1
5	15	45	55	(0)	x^4+x^2+2
7	21	63	29	(1)	$\underline{x^4+2x^3+2x^2+x+2}$
*8	24	72	56	(1)	$x^4+2x^3+x^2+2x+1$
10	30	(2)			x^2+x+2
*11	33	19	57	(2)	$\underline{x^4+x^3+x^2+2x+2}$

*13	39	37	31	(1)	$\underline{x^4+2x^3+2}$	
20	60	(0)			x^2+1	
22	66	38	34	(2)	$x^4+x^3+x^2+1$	
25	75	65	35	(0)	x^4+2x^2+2	
40	(2)				$x+1$	
41	43	49	67	(0)	$\underline{x^4+x+2}$	(→1)
42	46	58	14	(0)	x^4+x^2+x+1	(→2)
*44	52	76	68	(2)	x^4+x^3+2x+1	(→4)
47	61	23	69	(2)	$\underline{x^4+x^3+2x^2+2x+2}$	(→7)
*48	64	32	16	(2)	$x^4+x^3+x^2+x+1$	(→8)
50	70	(1)			x^2+2x+2	(→10)
*51	73	59	17	(1)	$\underline{x^4+2x^3+x^2+x+2}$	(→11)
*53	79	77	71	(2)	$\underline{x^4+x^3+2}$	(→13)
62	26	78	74	(1)	$x^4+2x^3+x^2+1$	(→22)

GF (3^5)

0	(1)						
1	3	9	27	81	(0)	$\underline{x^5+2x+1}$	
2	6	18	54	162	(0)	x^5+x^3+x+2	
*4	12	36	108	82	(1)	$x^5+2x^4+2x^2+x+2$	
*5	15	45	135	163	(1)	$\underline{x^5+2x^4+x^3+x^2+x+1}$	
7	21	63	189	83	(0)	$\underline{x^5+2x^3+x^2+1}$	
*8	24	72	216	164	(1)	x^5+2x^4+2x+2	
*10	30	90	28	84	(2)	$x^5+x^4+2x^3+2x+2$	
11	33	99	55	165	(0)	$x^5+2x^3+2x^2+2x+1$	
*13	39	117	109	85	(2)	$\underline{x^5+x^4+x^3+x+1}$	
*14	42	126	136	166	(2)	$x^5+x^4+x^3+2x^2+x+2$	(→5)

*16	48	144	190	86	(1)	$x^5+2x^4+x^3+x^2+x+2$	
*17	51	153	217	167	(1)	$x^5+2x^4+2x^3+x^2+1$	
*19	57	171	29	87	(2)	$\underline{x^5+x^4+2x^3+1}$	
20	60	180	56	168	(0)	$x^5+2x^3+x^2+x+2$	
*22	66	198	110	88	(2)	$x^5+x^4+2x^3+x^2+2$	
*23	69	207	137	169	(2)	$\underline{x^5+x^4+x^3+2x^2+x+1}$	(→16)
25	75	225	191	89	(0)	$\underline{x^5+x^3+2x^2+2x+1}$	
*26	78	234	218	170	(2)	x^5+x^4+x+2	
*31	93	37	111	91	(1)	$\underline{x^5+2x^4+2x^2+2x+1}$	
*32	96	46	138	172	(2)	$x^5+x^4+2x^3+2x^2+2$	(→17)
34	102	64	192	92	(0)	x^5+x^2+x+2	
*35	105	73	219	173	(2)	$\underline{x^5+x^4+2x^3+x^2+x+1}$	
38	114	100	58	174	(0)	$x^5+x^3+x^2+2$	
*40	120	118	112	94	(2)	x^5+x^4+2	
41	123	127	139	175	(0)	$\underline{x^5+x^3+x+1}$	(→2)
*43	129	145	193	95	(2)	$\underline{x^5+x^4+2x+1}$	(→8)
44	132	154	220	176	(0)	$x^5+2x^3+x^2+2x+2$	(→11)
47	141	181	59	177	(0)	$\underline{x^5+2x^3+2x^2+x+1}$	(→20)
*49	147	199	113	97	(1)	$\underline{x^5+2x^4+x+1}$	(→26)
*50	150	208	140	178	(1)	$x^5+2x^4+2x^3+2$	(→19)
*52	156	226	194	98	(1)	$x^5+2x^4+2x^3+2x^2+x+2$	(→35)
53	159	235	221	179	(0)	$\underline{x^5+x^3+2x^2+1}$	(→38)
*61	183	65	195	101	(2)	$\underline{x^5+x^4+2x^3+2x^2+1}$	
*62	186	74	222	182	(1)	$x^5+2x^4+2x^3+x^2+2$	(→61)
*67	201	119	115	103	(2)	$\underline{x^5+x^4+x^2+1}$	
68	204	128	142	184	(0)	$x^5+2x^3+2x^2+2$	(→7)
70	210	146	196	104	(0)	$x^5+x^3+x^2+2x+2$	(→25)

71	213	155	223	185	(0)	$\underline{x^5+2x^2+x+1}$	(→34)
*76	228	200	116	106	(1)	$x^5+2x^4+x^3+2x^2+2x+2$	
*77	231	209	143	187	(1)	$x^5+2x^4+2x^3+2x^2+1$	(→22)
*79	237	227	197	107	(2)	$\underline{x^5+x^4+x^3+x^2+2x+1}$	(→76)
*80	240	236	224	188	(1)	$x^5+2x^4+2x^2+2$	(→67)
121	(2)					$x+1$	
122	124	130	148	202	(0)	x^5+2x+2	(→1)
*125	133	157	229	203	(2)	$\underline{x^5+x^4+x^2+x+1}$	(→4)
*131	151	211	149	205	(1)	$\underline{x^5+2x^4+2x^3+2x+1}$	(→10)
*134	160	238	230	206	(1)	$x^5+2x^4+x^3+x+1$	(→13)
*152	214	158	232	212	(2)	$x^5+x^4+x^2+2x+2$	(→31)
*161	241	239	233	215	(1)	$\underline{x^5+2x^4+1}$	(→40)

T 4　有限幾何の初期直線

有限幾何における直線は，点を巡回的に表現しておけば巡回的に構成できるので，その初期直線を与えればあとはすべて構成できる(第2章§6)．ここでは点の巡回表現を附表 T 2 で与えたものとするときの初期直線を列挙する．＊は短サイクルを示す．また(　)を附したものは直前の初期直線から得られるサイクルからフロベニウス変換によって得られることを示す(したがって事実上は(　)のつかないもののみを記憶しておけば十分である)．

$\boldsymbol{AG}(2,3)$

0 1 6
*∞ 0 4
mod 8

$\boldsymbol{AG}(3,3)$

0 1 22
(0 3 14)
(0 9 16)
0 2 8
*∞ 0 13
mod 26

$\boldsymbol{PG}(2,2)$

0 1 3
mod 7

$\boldsymbol{PG}(3,2)$

0 1 4
(0 2 8)
*0 5 10
mod 15

$\boldsymbol{PG}(4,2)$

0 1 18
(0 2 5)
(0 4 10)
(0 8 20)
(0 16 9)
mod 31

$\boldsymbol{PG}(5,2)$

0 1 6
(0 2 12)
(0 4 24)
(0 8 48)
(0 16 33)
(0 32 3)
0 7 26
(0 14 52)
(0 28 41)
0 9 45
*0 21 42
mod 63

$\boldsymbol{PG}(6,2)$

0 1 7
(0 2 14)
(0 4 28)
(0 8 56)
(0 16 112)
(0 32 97)
(0 64 67)
0 5 54
(0 10 108)
(0 20 89)
(0 40 51)
(0 80 102)
(0 33 77)
(0 66 27)
0 9 90
(0 18 53)
(0 36 106)
(0 72 85)
(0 17 43)
(0 34 86)
(0 68 45)
mod 127

$\boldsymbol{PG}(2,3)$

0 1 3 9
mod 13

$\boldsymbol{PG}(3,3)$

0 1 4 13
0 2 17 24
(0 6 11 32)
*0 10 20 30
mod 40

$\boldsymbol{PG}(4,3)$

0 1 5 69
(0 3 15 86)
(0 9 45 16)
(0 27 14 48)
(0 81 42 23)
0 2 46 74
(0 6 17 101)
(0 18 51 61)
(0 54 32 62)
(0 41 96 65)
mod 121

参 考 文 献

第1章

[1] 銀林浩: 有限世界の数学, 上, 下, 国土社(1972)

[2] E. R. Berlekamp: Algebraic Coding Theory, McGraw-Hill (1968)

[3] 高木貞治: 初等整数論講義, 第2版, 共立出版(1971)

第2章

[4] 増山元三郎: 実験計画法, 第2版, 岩波全書(1972)

[5] 奥野忠一, 久米均, 芳賀敏郎, 吉沢正: 多変量解析法, 日科技出版(1971)

[6] 松田正一, 高橋磐郎: 経営のための数学, 第2版, 森北出版(1971)

[7] 林知己夫, 樋口伊佐夫, 駒沢勉: 情報処理と統計数理, 第2版, 産業図書(1971)

[8] S. Moriguti: Optimality of Orthogonal Designs, Res. Stat. Appl. Res., JUSE, Vol. 3(1954)

[9] 竹内啓: Optimality Design について, 経営科学(1961)

[10] 永尾汎: 群とデザイン, 岩波書店(1974)

[11] C.R. Rao: Difference Sets and Combinatorial Arrangements derivable from Finite Geometries, Proc. Nat. Inst. Sci. India, Vol. 12(1946)

[12] S. Yamamoto, T. Fukuda and N. Hamada: On Finite Geometries and Cyclically Generated Incomplete Block Designs, J. Sci. Hiroshima Univ. Ser. A-I, Vol. 30(1966)

[13] 田口玄一: 実験計画法, 第3版, 丸善, 上(1967); 下(1977)

[14] R. Fuji-Hara: On Automatical Construction for Orthogonal Designs of Experiments, Rep. Stat. Appl. Res., JUSE, Vol. 25(1978)

第3章

[15] J. H. van Lint: Coding Theory, Springer-Verlag(1971)

[16] I. F. Blake and R. C. Mullin: The Mathematical Theory of Coding, Academic Press(1975)

[17] 宮川洋，岩垂好裕，今井秀樹：符号理論，昭光堂(1973)

[18] 嵩忠雄，都倉信樹，岩垂好裕，稲垣康善：符号理論，コロナ社(1975)

第4章

[19] 野崎昭弘：スイッチング理論，共立出版(1972)

[20] D. E. Knuth: The Art of Computer Programming, Addison-Wesley(1968-)

[21] E. F. Codd: Cellular Automata, Academic Press(1968)

あとがき

本書を読み終えられた読者は，序論でのべた難問，16人麻雀総当り問題，がガロア体を用いることによってすぐ解けることに気づいたことと思う；$GF(2^2)=F$ の2次元空間 F^2 のすべての点とすべての直線を考える．点を人に，直線を麻雀卓に対応させればよいが，この際4本の平行直線を1回分の4卓と見ればよいのである．

さて本書を書き終えてみると，自己完結たらしめるための基礎的事項の解説にかなり多くのページが消費され，ガロア体の応用に関することは全部のせようという最初の希望とは程遠いものとなってしまった．とくに序論で述べた，組合せファイルの問題に触れる余裕がなかったこと，またブロックデザイン関係への応用，組合せ乱数への応用，線形数値解析への応用など，さらに符号理論における畳み込み符号などの最近の多くの発展なども同様であるが，これらはまたいつか機会があればまとめてみたいと思っている．

しかし基礎的な事項の解説という目的のためには一応納得の行くものが書けたつもりである．

この分野への手ほどきを筆者は，ワシントンのカソリック大学における増山元三郎先生の講義から受けたのであるが，その当時五里霧中であったものがこの頃になってようやく見えてきた感が深い．本書を書き上げることができたのも先生の御指導の賜に他ならず，ここに深く感謝の意を表したい．

また組合せ理論執筆に関して筆者を推薦して下さった岩堀長慶先生および出版に当り種々お世話をいただいた岩波書店の荒井秀男氏に厚くお礼申し上げる．

また本書は，毎週土曜の午後筆者の研究室でこの分野の研究ゼミに参加してともに勉強にはげんだグループの方々にも深く負っていることを銘記しておきたい．

索　引

あ　行

r重根　250
アーベル群　227
誤り訂正符号　4
　e-——　151
誤りの検出　151
誤りの訂正　151
誤りロケータ多項式　182

e-誤り訂正符号　151
位数　11, 49
1 の原始 n 乗根　49

a が生成するイデアル　234

オイラー関数　43
大きさ　11
　——p^n のガロア体　15

か　行

可換　227
　——環　231
　——群　227
　——体　9
核　229
拡大体　20, 232
　α を含む K の最小の——　243
　n 次——　20
加群　228
数え上げの問題　2
ガロア体　4
　大きさ p^n の——　15
環　231
　——同型　233
　1 をもつ——　231
　可換——　231
　剰余——　232
　部分——　232
完全計画　72

記憶　6
基準形　154
逆元　227
極小イデアル　164
極大イデアル　164
キーワード縮約　190

組合せ回路　6
群　227
　加——　228
　可換——　227
　剰余——　229
　部分——　228

K 上代数的　246
計量　1
計量因子　67
結合律　227

検査行列 154
　パリティ―― 154
検索 6
検査ビット 154
原始 BCH 符号 176
原始既約多項式 30
原始元 29
検定 80

交互作用効果 70
構成問題 3
交絡 144
　――法 144
コセット 228
　――分割 228
　――リーダ 228
　左―― 228
　右―― 228

さ 行

サイクル 134
　全―― 134
　短―― 134
最小距離 151
最適化の問題 2
残差 79
　――平方和 79

自己準同型写像 233
自己同型写像 233
実数 1
射影幾何符号 175
自由度 80
主効果 68
巡回的構成 123
　直線の―― 123
巡回的表現 33, 121
巡回表現
　$PG(n, q)$の点の―― 125
巡回符号 164
巡回変換 123
準同型 229, 233
　――写像 229, 233
　環――写像 233
　自己――写像 233
照合 6
情報処理の世界での複素解析 208
情報ビット 154
剰余環 232
剰余群 229
剰余類 228
　――の代表元 228
シンドロウム 159
真理表 193

水準 68

正規基底 40
正規部分群 229
生成行列 145
線形回路 172
線形空間 20
線形符号 153
　(n, k)―― 153

双対原理 132
　ブール代数の―― 197
双対符号 155
素体 18

た　行

体　231
　可換——　9, 231, 241
　拡大——　232
　部分——　232
第1次近似のモデル　68
第2次近似の仮定　70
代数系　227
代数的多様体　236
代数的閉体　52
多元配置　72
多項式
　——による符号　163
　——符号　185
　誤りロケーター——　182
　インデクスィング——　32
　円分——　50
　ガウスの——　131
　原始既約——　30
　最小——　246
　特性——　24
　表現——　15
　符号 C の生成——　164
　マトソン・ソロモンの随伴——　176
　モニック——　27
単位元　227
単根　250

中心効果　68
直線の巡回的構成　123
直交計画　87
　強さ2の——　88
　強さ t の——　88
直交表　4
　強さ2の——　97

t-独立集合　157
　最大——　157

同型　229
　——写像　229
　環——写像　233
　自己——写像　233
特性方程式　24
トレース　44

な　行

2因子交互作用効果　70
二進対称チャネル　147

は　行

ハッシング　190
ハミングウェイト　155
ハミング距離　149
パリティー検査行列　154

非計量化問題　1
標準形　198
標数　18

ファイル構成　5
フェルマーの定理　236
復号　151
　——表　159
　——方式　151
複素数　1
符号　151
　——C の生成多項式　164

——語 151
——の長さ 151
BCH—— 175
誤り訂正—— 4
一般ハミング—— 158
原始 BCH—— 176
射影幾何—— 175
双対—— 155
多項式による—— 163
リード・マラー—— 175
部分環 232
部分群 228
部分体 232
不偏推定量 77
不偏分散 82
フラット 130
0-—— 124
1-—— 124
2-—— 124
t-—— 124, 130
ブール代数 196
——の双対原理 197
ブロックデザイン 4
フロベニウスサイクル 39
K-—— 39
フロベニウス変換 39
K-—— 30
分解体 247
最小—— 247
分配律 231
分類 6

平方和 81
——の自由度 82
ベクトル空間 20

ま 行

無限 1

mod a の演算 234
モデル 68
第1次近似の—— 68

や 行

有限 1
有限アフィン幾何 120, 121
有限アフィン空間 121
有限幾何 120
有限射影幾何 120
有限射影空間 125
有限体 10
ユークリッドの互除法 237

要因計画 68
要因分析 67

ら 行

離散 1
離散因子 67

連続 1

わ 行

割りつけ 137
割りつけの原則
交互作用のないときの—— 138

■岩波オンデマンドブックス■

組合せ理論とその応用

1979年6月22日　第1刷発行
1989年4月6日　第2刷発行
2019年1月10日　オンデマンド版発行

著　者　高橋磐郎（たかはしいわろう）

発行者　岡本　厚

発行所　株式会社　岩波書店
〒101-8002　東京都千代田区一ツ橋2-5-5
電話案内　03-5210-4000
http://www.iwanami.co.jp/

印刷／製本・法令印刷

ISBN 978-4-00-730841-3　　Printed in Japan